高等职业教育通信类专业新形态教材

数据通信与计算机网络

主　编　滕丽丽　葛婷婷　崔海滨
副主编　李　翠　李素叶
主　审　王　平　左进哲

北京理工大学出版社
BEIJING INSTITUTE OF TECHNOLOGY PRESS

内容简介

本教材主要介绍了交换和路由的定义、原理与主要协议，以及交换机、路由器的组网和应用。在内容的组织上，本教材设置了 11 个模块。这些模块根据知识逻辑由浅入深地逐渐展开，主要内容包括基础认知、地址计算、网络设备认知、VLAN 隔离、路由配置、访问列表应用、NAT 和 PAT 应用及网络可靠性实施等。学习这些模块之后，学生可以具备网络工程师的基本的职业能力。

本教材可供高等职业院校、职业本科院校、技师类院校和应用型本科院校学生使用，也可作为计算机网络从业者的入门学习资料。

版权专有　侵权必究

图书在版编目（CIP）数据

数据通信与计算机网络 / 滕丽丽，葛婷婷，崔海滨主编. --北京：北京理工大学出版社，2024.1（2024.7 重印）

ISBN 978-7-5763-3558-3

Ⅰ.①数… Ⅱ.①滕… ②葛… ③崔… Ⅲ.①数据通信-教材②计算机网络-教材 Ⅳ.①TN919②TP393

中国国家版本馆 CIP 数据核字（2024）第 045459 号

责任编辑：封　雪		**文案编辑**：毛慧佳	
责任校对：刘亚男		**责任印制**：施胜娟	

出版发行	/ 北京理工大学出版社有限责任公司
社　　址	/ 北京市丰台区四合庄路 6 号
邮　　编	/ 100070
电　　话	/ (010) 68914026（教材售后服务热线）
	(010) 68944437（课件资源服务热线）
网　　址	/ http://www.bitpress.com.cn
版 印 次	/ 2024 年 7 月第 1 版第 2 次印刷
印　　刷	/ 河北盛世彩捷印刷有限公司
开　　本	/ 787 mm×1092 mm　1/16
印　　张	/ 18.25
字　　数	/ 407 千字
定　　价	/ 54.50 元

图书出现印装质量问题，请拨打售后服务热线，负责调换

前言

自进入20世纪以来，计算机网络成为行业信息化的基础工具，实现了各种信息与数据传播、交互和共享以及管理流程的协调，在社会的管理层面实现了流程化、自动化和智能化，推动了国民经济飞速发展。当今社会已经进入数字化时代，而计算机网络凭借其更先进的技术、更强大的平台、更广泛的应用场景，从社会的生产层面再造和重塑业务流程与业务模型，成为行业数字化最基础的支点。因此，培养一大批熟练掌握网络技术并具有综合应用能力的人才，是当今社会发展的迫切需要。

计算机网络的理论性和实践性都很强，要想真正掌握网络技术，达到融会贯通、学以致用的目的，仅学习书本上的理论知识远远不够。只有在一定的网络实训环境中进行大量、反复的实习实训，理论联系实际，方能取得良好的学习效果。

目前，计算机网络教学存在的问题主要有：第一，教材过分偏重讲理论，讲解得又太抽象，学生难以理解消化；第二，实践方面的教材虽然不少，但是通常仅仅罗列脚本，缺乏对于分析、规划、实施、验证和总结的逻辑串联，导致学生即使掌握了单个知识点，也不能综合运用其来解决实际问题。

为了解决以上问题，本教材以实现网络功能为目标，将计算机网络的主要内容根据功能和知识逻辑划分为多个模块。在横向上，每个模块分为多个任务，完成一个模块的所有任务即可掌握该模块相关的知识和技能；在纵向上，多个模块之间依据知识逻辑串联，前后循序渐进、由浅入深，完成所有模块之后，就具备了计算机网络基本的组网和应用能力。本教材基本涵盖了计算机网络中最重要的交换和路由的概念、原理、协议等知识点，以及组网的数据规划、数据配置和业务验证的主要技能点。本教材中的实战项目进一步检验、锻炼和提升了学生应用所学知识和技能分析问题、解决问题的能力。

本书由济南职业学院的滕丽丽、葛婷婷，以及中兴协力（山东）教育科技集团有限公司的崔海滨担任主编，济南职业学院的李翠、李素叶担任副主编。中兴协力（山东）教育科技集团有限公司的丁伟、王加群，以及中兴通讯股份有限公司的黄帮涛、李虎也参加了本书的编写。本书由济南职业学院王平，淄博市技师学院左进哲担任主审。

其中，滕丽丽负责本书的整体设计以及本书的统稿，并参与模块5、模块6、模块7、模块 8、模块 9 的编写；葛婷婷参与本书模块 0、模块 1、模块 2、模块 3、模块 4 的编写；崔海滨参与模块 10 的编写，提供了企业实训案例。

  李翠参与本书配套 PPT 课件的制作、拓展视频、动画的制作、拓展资料的撰写及线上平台资源的运维与管理，李素叶参与本书拓展视频、动画的制作及推广。丁伟负责本书配套实训视频的讲解录制，王加群负责视频脚本的审核与后期包装制作。黄帮涛负责企业案例的审核与实训指令的设备验证。李虎负责企业部分案例脚本的优化与审核。

  编者在本书的编写过程中参考了国内外有关计算机网络的相关文献和资料，在此对相关作者表示深深的谢意。由于编者水平有限，教材中难免存在不妥之处，敬请广大读者批评指正。

编　者

目 录

模块 0　IP 和以太网络基础认知 ·· 1
　0.1　计算机网络概述 ·· 2
　　0.1.1　计算机网络发展和组成 ·· 2
　　0.1.2　衡量计算机网络的性能指标 ·· 5
　　0.1.3　计算机网络分类 ·· 6
　　0.1.4　网络拓扑 ·· 9
　　0.1.5　IP 和通信网络 ·· 12
　0.2　OSI 和 TCP/IP 参考模型 ·· 14
　　0.2.1　OSI 参考模型 ···15
　　0.2.2　TCP/IP 参考模型 ·· 19
　　0.2.3　模型对比 ···21
　　0.2.4　数据封装与解封装 ·· 22
　0.3　以太网 ·· 23
　　0.3.1　以太网技术 ·· 24
　　0.3.2　以太网分类和标准 ·· 26
　　0.3.3　MAC 地址 ·· 28
　　0.3.4　以太网帧结构 ·· 30
　0.4　TCP/IP 协议族 ·· 31
　　0.4.1　网络层协议和 IP 地址 ·· 31
　　0.4.2　传输层协议和端口号 ·· 38
　　0.4.3　应用层协议 ·· 43
　模块总结 ·· 47
　模块练习 ·· 47

模块 1　IPv4 IP 地址计算 ·· 50
　任务 1.1　IPv4 规范地址计算 ·· 50

知识准备：IPv4 规范 IP 地址认知 ·· 51

任务实施：IPv4 规范 IP 地址的计算 ··· 54

任务总结 ··· 55

任务评估 ··· 55

任务 1.2　VLSM IP 地址计算 ··· 56

知识准备：VLSM IP 地址认知 ·· 56

任务实施：VLSM 地址计算 ·· 57

任务总结 ··· 58

任务评估 ··· 58

任务 1.3　子网划分 ·· 59

知识准备：子网划分认知 ·· 59

任务实施：子网划分 ·· 60

任务总结 ··· 62

任务评估 ··· 62

模块总结 ··· 62

模块练习 ··· 63

模块 2　IP 设备认知

任务 2.1　模拟交换机 MAC 地址表构建 ··· 66

知识准备：交换和交换机认知 ·· 66

任务实施：模拟交换机 MAC 地址表构建 ·· 71

任务总结 ··· 72

任务评估 ··· 72

任务 2.2　模拟路由和转发流程 ··· 73

知识准备：路由和路由器认知 ·· 73

任务实施：模拟路由和数据转发 ··· 77

任务总结 ··· 79

任务评估 ··· 79

任务 2.3　网线制作 ·· 80

知识准备：传输介质和接口认知 ··· 80

任务实施：网线制作 ·· 84

任务总结 ··· 86

任务评估 ··· 87

任务 2.4　Windows 系统 IP 地址配置和 ping 测试 ································· 87

知识准备：Windows 系统 IP 配置和 ping 测试 ································· 88

任务实施：Windows 系统主机配置 IP 和 ping 测试 ··························· 90

任务总结 ··· 93

任务评估 ··· 93

模块总结 ··· 93
模块练习 ··· 94

模块 3　交换机和路由器配置准备·· 96
任务 3.1　交换机和路由器串口连接 ·· 96
知识准备：配置口、串口线和 SecureCRT 软件认知 ·· 97
任务实施：交换机和路由器基串口连接配置 ·· 99
任务总结 ·· 101
任务评估 ·· 101
任务 3.2　交换机和路由器配置清除 ·· 102
知识准备：交换机和路由器文件认知 ·· 102
任务实施：交换机和路由器配置清除 ·· 103
任务总结 ·· 105
任务评估 ·· 105
模块总结 ··· 106
模块练习 ··· 106

模块 4　配置 VLAN 实现交换机端口隔离··· 107
任务 4.1　单交换机端口隔离 ·· 107
知识准备：VLAN 认知 ·· 108
任务实施：单交换机 VLAN 配置 ·· 116
任务总结 ·· 118
任务评估 ·· 118
任务 4.2　跨交换机端口隔离 ·· 119
知识准备：跨交换机 VLAN 划分认知 ·· 119
任务实施：跨交换机 VLAN 配置 ·· 121
任务总结 ·· 123
任务评估 ·· 123
模块总结 ··· 124
模块练习 ··· 124

模块 5　路由配置实现网络互联··· 126
任务 5.1　直连路由配置 ·· 127
知识准备：直连路由认知 ·· 127
任务实施：路由器直连配置 ·· 131
任务总结 ·· 133
任务评估 ·· 133
任务 5.2　静态路由配置 ·· 133
知识准备：静态路由认知 ·· 134
任务实施：路由器静态路由配置 ·· 138

- 3 -

任务总结 ··· 141
　　　任务评估 ··· 141
　任务 5.3　OSPF 路由配置 ·· 142
　　　知识准备：OSPF 认知 ·· 142
　　　任务实施：OSPF 配置 ·· 146
　　　任务总结 ··· 149
　　　任务评估 ··· 150
　任务 5.4　BGP 路由配置 ··· 151
　　　知识准备：动态路由 BGP 认知 ·· 151
　　　任务实施：动态路由 BGP 配置 ·· 152
　　　任务总结 ··· 154
　　　任务评估 ··· 155
　任务 5.5　路由器 IPv6 直连和静态路由配置 ·· 155
　　　知识准备：IPv6 地址认知 ·· 155
　　　任务实施：路由器 IPv6 直连和静态路由配置 ··· 159
　　　任务总结 ··· 161
　　　任务评估 ··· 162
　任务 5.6　多路由选择 ·· 162
　　　知识准备：路由选择认知 ··· 163
　　　知识准备：浮动静态路由配置 ·· 165
　　　任务总结 ··· 168
　　　任务评估 ··· 169
　任务 5.7　交换机和路由器 Telnet 远程连接 ·· 169
　　　知识准备：Telnet 协议认知 ··· 170
　　　任务实施：交换机和路由器 Telnet 远程连接 ··· 172
　　　任务总结 ··· 175
　　　任务评估 ··· 176
　模块总结 ··· 176
　模块练习 ··· 177

模块 6　VLAN 间路由配置实现 VLAN 间互相访问 ··· 180
　任务 6.1　路由器多接口方式实现 VLAN 互通 ·· 180
　　　知识准备：路由器多接口实现 VLAN 互通的认知 ································· 181
　　　任务实施：路由器多接口实现 VLAN 互通实施 ····································· 181
　　　任务总结 ··· 183
　　　任务评估 ··· 183
　任务 6.2　路由器单臂路由实现 VLAN 互通 ·· 184
　　　知识准备：路由器单臂路由认知 ··· 185

  任务实施：路由器单臂路由实施 ·· 185
  任务总结 ·· 187
  任务评估 ·· 187
 任务 6.3 三层交换机实施 VLAN 互通 ··· 188
  知识准备：三层交换机路由原理认知 ··· 189
  任务实施：三层交换机 VLAN 路由实施 ··· 190
  任务总结 ·· 193
  任务评估 ·· 193
 模块总结 ·· 194
 模块练习 ·· 194

模块 7 ACL 配置实现网络访问限制 ·· 196
 任务 7.1 ACL 标准列表实施 ·· 196
  知识准备：ACL 认知 ·· 197
  任务实施：标准 ACL 实施 ··· 200
  任务总结 ·· 203
  任务评估 ·· 203
 任务 7.2 ACL 扩展列表实施 ·· 203
  知识准备：扩展 ACL 认知 ··· 204
  任务实施：扩展 ACL 实施 ··· 205
  任务总结 ·· 207
  任务评估 ·· 207
 模块总结 ·· 208
 模块练习 ·· 208

模块 8 NAT 和 PAT 实现内外网互相访问 ··· 210
 任务 8.1 路由器动态 NAT 配置 ··· 210
  知识准备：NAT 认知 ·· 211
  任务实施：路由器动态 NAT 配置 ··· 214
  任务总结 ·· 216
  任务评估 ·· 216
 任务 8.2 路由器动态 PAT 配置 ··· 217
  知识准备：PAT 认知 ·· 217
  任务实施：路由器动态 PAT 配置 ··· 220
  任务总结 ·· 222
  任务评估 ·· 223
 模块总结 ·· 223
 模块练习 ·· 224

模块 9　网络可靠性实施 ··· 225

任务 9.1　交换机 STP 协议避免环路实施 ··· 226
　　知识准备：STP 协议认知 ··· 226
　　任务实施：交换机 STP 协议配置 ··· 231
　　任务总结 ·· 233
　　任务评估 ·· 233

任务 9.2　交换机 LACP 协议扩充互连带宽实施 ·· 233
　　知识准备：LACP 认知 ·· 234
　　任务实施：交换机 LACP 协议配置 ··· 239
　　任务总结 ·· 241
　　任务评估 ·· 241

任务 9.3　DHCP 协议实现 IP 地址自动分配 ·· 242
　　知识准备：DHCP 认知 ·· 242
　　任务实施：路由交换机 DHCP 实施 ··· 245
　　任务总结 ·· 247
　　任务评估 ·· 248

任务 9.4　路由器 VRRP 实施 ··· 248
　　知识准备：VRRP 认知 ·· 249
　　任务实施：路由器 VRRP 协议配置 ··· 252
　　任务总结 ·· 253
　　任务评估 ·· 254

模块总结 ·· 255
模块练习 ·· 255

模块 10　项目实战——企业简单组网 ·· 257
　项目说明 ·· 257
　项目实施 ·· 258
　项目评估 ·· 275
　任务拓展 ·· 278

附录　英文全称和中文翻译 ·· 279

模块 0

IP和以太网络基础认知

数据通信是由通信技术和计算机技术结合产生的一种新的通信方式，是实现社会信息化的支撑技术，而 IP 和以太网是当前数据通信的核心技术，是构建互联网和企业网络的主流技术。特别是随着应用范围的不断扩展，IP 技术已经逐渐深入传统的电信领域，成为电信网络互联互通、数据承载传送、数据路由交换和业务封装承载的通信基础技术之一。本模块系统地介绍了 IP 和以太网网络的发展演进、网络分类、开放系统互连参考模型 OSI 和 TCP/IP 模型的各层功能、以太网和 IP 的帧结构、地址、端口和协议等内容。在完成本模块的学习后，学生能够掌握 IP 和以太网网络基础理论和基本技术，为之后的学习打下基础。

【知识目标】

1. 了解计算机网络的发展，IP 和以太网技术与计算机网络的关系以及 IP 在通信领域的应用；
2. 了解 IP 网络的分类，熟悉 IP 网络使用的各种传输介质的特性和特点；
3. 熟悉 OSI 和 TCP/IP 参考模型，熟悉参考模型的各层的功能和相邻两层之间的相互关系；
4. 了解 OSI 和 TCP/IP 参考模型之间的区别，了解 OSI 和 TCP/IP 参考模型在不同系统中的应用；
5. 掌握基于 OSI 模型的数据封装和解封装的原理、过程和应用；
6. 掌握 MAC 地址的定义和组成；
7. 了解以太网技术及其工作原理，了解以太网帧的组成；
8. 掌握 TCP/IP 协议族的主要协议；
9. 掌握 IPv4 地址的定义。

【技能目标】

1. 能够正确地识别局域网、广域网、城域网和互联网；
2. 能够正确地识别各种网络传输介质；
3. 能够正确描述一个数据业务的封装和解封装过程；
4. 能够正确地识别设备的 MAC 地址；
5. 会使用一些基于 TCP/IP 协议的应用系统和工具；

6. 能够正确识别 A 类、B 类和 C 类地址，网络地址、主机地址、子网掩码等，以及特殊的 IP 地址。

【素养目标】

培养改革创新的时代精神，大胆探索、勇于创新。

融入点：学习我国互联网不同阶段的发展历程后，学生可以理解以改革创新为核心的时代精神，从而孜孜不倦地奋斗，最终实现中国梦。

0.1 计算机网络概述

0.1.1 计算机网络发展和组成

计算机在诞生之初都是单机工作，但是人们发现，计算机之间在共享文件的时候只能借助于软盘的拷贝，非常麻烦。为了解决资源共享的问题，人们将计算机通过线缆、网络设备连接起来，通过专门的控制和管理软件，实现资源共享和数据交换，这就是计算机网络。

1. 计算机网络的功能

（1）资源共享：凡是接入网络的计算机均能享受网络中各个计算机系统的全部或部分软件、硬件和数据资源，这是计算机网络最本质的功能。

（2）互为备份或者负荷分担：网络中的每台计算机都可通过网络相互成为后备机。一旦某台计算机出现故障，它的任务就可由其他的计算机代为完成，这样可以避免在单机情况下，一台计算机发生故障引起整个系统瘫痪的现象，从而提高系统的可靠性。而当网络中的某台计算机负担过重时，网络又可以将新的任务交给较空闲的计算机完成，均衡负载，从而提高了每台计算机的可用性。

（3）分布处理：通过合理的算法将大型的、复杂的任务提交给不同的计算机同时进行处理，不同的计算机分别处理部分任务，提高了整个任务的处理速度。

（4）信息通信：联网的计算机之间可以借助应用程序实现信息传送和交换，比如电子邮件、即时通信软件、数字语音电话软件、文件传输软件、远程登录软件等，这是计算机网络在发展过程中逐渐完善的功能。

2. 计算机网络的发展阶段

（1）第一阶段，使用调制解调器的远程拨号网络。自计算机问世以来，第一次出现的网络是终端使用一对调制解调器连接专用线缆访问服务器，为适应多个终端与计算机的连接，出现了多重线路控制器。这种以单个计算机为中心的远程联机系统，称为面向终端的计算机通信网络，如图 0.1-1 所示。

随着终端个数的增多，终端与计算机的通信对批处理造成了额外开销，出现了前置处理机 FEP 来取代多重线路控制器；同时，还要在终端密集处设置集中器或复用器。

（2）第二阶段，20 世纪 60 年代后期，又出现多台主计算机通过通信线路互连构成的计

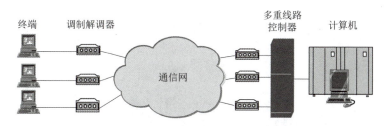

图 0.1-1　使用调制解调器的远程拨号网络

算机网络。主计算机承担着数据处理和通信双重任务。为了提高主计算机的数据效率，出现了 CCP（Communication Control Processor，通信控制处理机）。CCP 负责通信控制任务，而主计算机仅负责数据处理，从而形成了处于内层的各 CCP 构成的通信子网以及处于外层的主计算机和终端构成的资源子网，如图 0.1-2 所示。

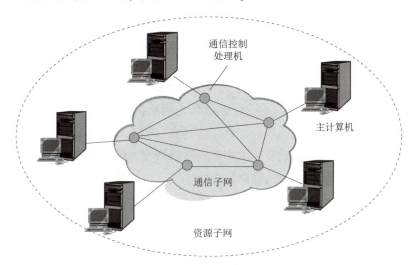

图 0.1-2　多台主计算机通过通信线路互连构成的计算机网络

（3）第三阶段，1977 年，国际标准化组织为适应计算机网络向标准化发展的趋势，成立了专门的研究机构，并研究出了"OSI/RM"（Open System Interconnection/Reference Model，开放系统互连参考模型）。OSI 是一个设计计算机网络的国际标准化的框架结构。后来，又出现开放系统下的所有网民和网管人员都在使用的"传输控制协议"（Transmission Control Protocol，TCP）和"传输控制协议"（Internet Protocol，IP），即 TCP/IP 协议。使用这些协议把多个计算机网络通过路由器连起来，就构成了一个覆盖范围更大的网络，即互联网，解决了因没有统一的网络体系结构而造成的不同制造商生产的计算机及网络产品互连困难的问题，如图 0.1-3 所示。

3. 计算机网络的组成

计算机网络由计算机网络硬件系统和计算机网络软件系统组成。

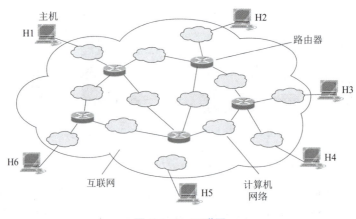

图 0.1-3 互联网

1) 硬件系统

计算机网络的硬件系统由网络的主体设备、网络的连接设备和网络的传输介质这三部分组成。

（1）网络的主体设备。计算机网络中的主体设备称为主机，一般可分为中心站（又称为服务器）和工作站（客户机）两类。服务器是为网络提供共享资源的基本设备，在其上运行网络操作系统，是网络控制的核心。其工作速度、磁盘及内存容量的指标要求都较高，携带的外部设备多且大都为高级设备。工作站是网络用户入网操作的节点，有自己的操作系统。用户既可以通过运行工作站上的网络软件共享网络上的公共资源，也可以不进入网络而单独工作。

（2）网络的连接设备。网络的连接设备是指在计算机网络中起连接和转换作用的一些设备或部件，如调制解调器、网络适配器、集线器、中继器、交换机、路由器和网关等。

（3）网络的传输介质。传输介质是网络中连接收发双方的物理通道，也是通信中实际传送信息的载体。传输介质是指计算机网络中用来连接主体设备和网络连接设备的物理介质，可分为有线传输介质和无线传输介质两大类。其中，有线传输介质包括同轴电缆、双绞线和光纤等；无线传输介质包括无线电波、微波、红外线和激光等。

2) 软件系统

计算机网络的软件系统主要包括网络通信协议、网络操作系统和各类网络应用软件。

（1）网络通信协议。网络通信协议是指实现网络数据交换的规则，在通信时，双方必须遵守相同的通信协议才能实现，如上文提到的 TCP/IP 协议。

（2）网络操作系统。网络操作系统是多任务、多用户，安装在网络服务器上，提供网络操作的基本环境。网络操作系统具备处理器管理、文件管理、存储器管理、设备管理、用户界面管理、网络用户管理、网络资源管理、网络运行状况统计、网络安全性的建立、网络通信等功能，如 Windows Server、Unix、Linux 等。

（3）网络应用软件。网络应用软件是用来对网络资源进行监控、共享、分配和传输，以及对网络设备、线路进行维护的软件，如 SNMP（Simple Network Management Protocol，简单网络管理协议）软件、FTP（File Transfer Protocol，文件传输协议）软件等。

0.1.2 衡量计算机网络的性能指标

由于组成计算机网络的设备、线缆和软件的不同，计算机网络的性能就有所区别，衡量计算机网络性能常用的指标如下。

1. 速率

主机在数字通信上传送数据的速率，其单位为 bit/s（比特每秒），其中比特是数据量的单位，一个比特代表一个二进制数字，0 或者 1。有时也会使用 Byte/s（字节每秒）为单位。

2. 带宽

其本意是指某个信号具有的频带宽度，在计算机网络中，带宽指网络的通信线路传送数据的能力，单位时间内从网络中的某一个点到另一个点所能通过的"最高数据率"，带宽的单位为 bit/s。一条通信链路的带宽越宽，最高数据率也就越高。

3. 吞吐量

吞吐量是指单位时间内通过某个网络（通信线路、接口）的数据量。吞吐量受制于带宽或者网络的额定速率。

4. 全双工和半双工

全双工（Full Duplex）是指在一条通信信道上可以同时在收发方向上传送和接收数据，它在能力上相当于两个单工通信方式的结合。半双工（Half Duplex）是指数据可以在一个信道的两个方向上传输，但是在同一时刻只能发送数据或者接收数据。

5. 同步传输和异步传输

数据是逐位发送的，有两种类型，即同步传输和异步传输。在同步传输中，数据以块或帧的形式以全双工模式流动。发送方和接收方之间的同步是必要的，以便发送方知道新字节的开始位置。因此，每个字符块都用同步字符标记，接收设备获取数据，直至识别出特殊的结束字符。同步传输高效、可靠，用于传输大量数据。在异步传输中，数据以半双工模式流动，每次 1 个字节或 1 个字符。它以连续的字节流传输数据。通常，发送的字符的大小为10 位，其中添加了奇偶校验位，即一个起始位和一个停止位，异步传输简单、快速、经济，不需要双向通信。

6. 时延

时延是指数据帧从网络的一端发到另一端所需要的时间，包括以下几种情况。

（1）发送时延：主机或者路由器发送数据帧所需要的时间。

$$发送时延=数据帧长度/发送速率$$

（2）传播时延：数据在信道中传播一定的距离需要花费的时间。

$$传播时延=信道长度/电磁波在信道上的传播速率$$

（3）处理时延：路由器对数据进行转发处理所花费的时间，如首部处理、差错检验、转发时间。

(4) 排队时延：数据在网络传输时，进入路由器后，要在输入队列中排队等待处理，而当路由器确定转发接口后，还要在输出队列中排队等待转发，这就是排队时延。

总时延由上面的四种时延相加得出。

7. 信道利用率和网络利用率

信道利用率指某信道有数据传输时占时间的百分比。网络利用率指全网络的信道利用率的加权平均值。信道或者网络利用率过高会产生非常大的时延。

0.1.3 计算机网络分类

计算机网络的分类方式很多，如果按网络范围，可将其分为局域网、广域网、城域网和互联网四类。

1. 局域网

局域网（Local Area Network，LAN）是在一个局部的地理范围内，如一个学校、工厂和机关，一般是方圆几千米以内，将网络服务器、网络工作站、网络打印机、网卡、网络互联设备使用网络传输介质连接起来组成一个网络，并在这个网络上运行操作系统、数据库和网络软件。局域网可以实现文件管理、应用软件共享、打印机共享、扫描仪共享、工作组内的日程安排、电子邮件和传真通信服务等功能。局域网严格意义上是封闭型的，局域网专用性非常强，具有比较稳定和规范的拓扑结构。

局域网的特点如下。

(1) 覆盖的地理范围较小。局域网的覆盖范围小到一个房间，大到一栋楼内，一个校园或工业区内，其距离一般在 0.1~10 km。局域网的规模大小主要取决于网络的性质和单位的用途。

(2) 使用专门铺设的传输介质进行联网，数据传输速率高。由于在局部的区域有大量的计算机接入网络，加之一个单位内的各种信息资源的关联性很强，造成网络通信线路的数据流量比较大，需要采用高质量大容量的传输介质。采用双绞线组网的局域网传输速率一般为 10 Mbit/s~10 Gbit/s，采用光纤组网的局域网传输速率能够达到 400 Gbit/s。

(3) 通信延迟时间短，可靠性较高。因为局域网通常采用短距离基带传输，传输介质质量比较好、可靠性较高、误码率很低。

(4) 易于实现。局域网便于安装、维护和扩充，由于网络区域有限，网络设备相对较少，拓扑结构的形式简单而多样化，协议简单，建网成本较低且建网周期较短。

(5) 可以支持多种传输介质。局域网支持双绞线、同轴电缆、光纤等多种传输介质。

2. 广域网

广域网（Wide Area Network，WAN）通常跨接很大的物理范围，它能连接多个城市或国家，也能横跨几个洲并能提供远距离通信，形成国际性的远程网络。广域网通常由多个局域网组成，计算机通过使用运营商提供的设备作为信息传输平台，通过公用网络、电话网、光纤连接到广域网，也可以通过专线或卫星连接。

通常，广域网的数据传输速率不比局域网高，信号的传播延迟比局域网要大得多，但是随着新技术的应用，广域网的速率提高得也非常快。广域网的典型速率有 56 Kbit/s、155 Mbit/s、622 Mbit/s、2.4 Gbit/s、10 Gbit/s、40 Gbit/s，甚至更高速率，传播延迟可从几毫秒到几百毫秒。

广域网具有与局域网不同的特点。

（1）覆盖范围广、通信距离远，可达数千千米以及全球。

（2）不同于局域网的一些固定结构，广域网没有固定的拓扑结构，通常使用高速光纤作为传输介质。

（3）主要提供面向通信的服务，支持用户使用计算机进行远距离的信息交换。

（4）局域网通常作为广域网的终端用户，与广域网相连。

（5）广域网的管理和维护相对局域网较为困难。

广域网一般由电信部门或公司负责组建、管理和维护，并向全社会提供面向通信的有偿服务、流量统计和计费问题。

3. 城域网

城域网（Metropolitan Area Network，MAN）是在一个城市范围内所建立的计算机通信网，属宽带局域网。由于采用具有有源交换元件的局域网技术，网络中的传输时延较小，它的传输媒介主要采用光缆，传输速率在 100 Mbit/s 以上。

城域网的典型应用即为宽带城域网，就是在城市范围内，以 IP 和 ATM（Asynchronous Transfer Mode，异步传输模式）电信技术为基础，以光纤作为传输媒介，集数据、语音、视频服务于一体的高带宽、多功能、多业务接入的多媒体通信网络。

城域网络分为三个层次：核心层、汇聚层和接入层。

（1）核心层主要提供高带宽的业务承载和传输，完成和已有网络如 ATM、FR（Frame Relay，帧中继）、DDN（Digital Data Network，数字数据网络）、IP 网络的互联互通，其特征为宽带传输和高速调度。

（2）汇聚层的主要功能是给业务接入节点提供用户业务数据的汇聚和分发处理，同时要实现业务的服务等级分类。

（3）接入层利用多种接入技术，进行带宽和业务分配，实现用户的接入，接入节点设备完成多业务的复用和传输。

城域网的特点如下：

①传输速率高，宽带城域网用户的数据传输速度能达到 100~1 000 Mb/s。

②投入少，宽带城域网用户端设备便宜而且普及，可以使用路由器、交换机甚至普通的网卡。

③技术先进，技术上为用户提供了高度安全的服务保障。比如，宽带城域网在网络中提供了第二层的 VLAN 隔离，这就保证了安全性。

④采用直连技术光纤，直连技术是指以太网交换机、路由器等 IP 城域网网络设备直接通过光纤相连。

4. 互联网

互联网（Internet）又称国际网络，是指网络与网络之间串联成的庞大网络，这些网络以一组通用的协议相连，形成了逻辑上的单一巨大国际网。它始于1969年诞生的ARPANET（Advanced Research Projects Agency Network，阿帕网），是最早使用分组交换的计算机网络之一。1983年，ARPA和美国国防部通信局研制成功了用于异构网络的TCP/IP协议，美国加州大学伯克莱分校把该协议作为其BSD UNIX的一部分，使其得以广泛应用。1989年，ARPANET中的民用部分改名为互联网。

20世纪90年代初期，互联网已经有了非常多的子网，各个子网分别负责自己的架设和运作费用，而这些子网又通过NSFNET（美国国家科学基金网络）互联起来。NSFNET连接全美上千万台计算机，拥有几千万用户，是互联网最主要的成员网。随着计算机网络在全球的拓展和扩散，美国以外的网络也逐渐接入NSFNET主干或其子网。

1993年是因特网发展过程中非常重要的一年，在这一年中互联网完成了截至目前所有最重要的技术创新，WWW-万维网和浏览器的应用使因特网上有了一个令人耳目一新的平台：人们在互联网上所看到的内容不仅只是文字，而且有了图片、声音和动画，甚至还有了电影。互联网演变成了一个拥有文字、图像、声音、动画、影片等多种媒体交相辉映的新世界，更以前所未有的速度席卷了全世界。

我国互联网发展起源于1987年，这段时期国内的科技工作者开始接触互联网资源。在此期间，以中科院高能物理所为首的一批科研院所与国外机构合作，开展了一些与互联网相关的科研课题，通过拨号方式使用互联网的电子邮件系统，并为国内一些重点院校和科研机构提供国际互联网电子邮件服务。

1990年10月，我国正式向国际互联网信息中心登记注册了最高域名cn，从而开始使用自己的域名发送电子邮件。1994年1月，美国国家科学基金会受理我国正式接入国际互联网的要求。1994年3月，我国获准加入国际互联网。同年5月，相关联网工作全部完成，而我国网络的域名也最终确定为cn。

1994年至今，我国实现了和互联网的TCP/IP连接，从而逐步开通了互联网的全功能服务。大型计算机网络项目正式启动，互联网在我国进入了飞速发展时期。1995年，中国电信分别在北京和上海设立专线，并通过电话线、DDN专线以及X.25网面向社会提供互联网接入服务。1995年5月，开始筹建CHINANET（中国公用计算机互联网）全国骨干网，1996年1月，CHINANET骨干网建成并正式投入使用，全国范围的公用计算机互联网络开始提供服务，这标志着我国互联网进入快速发展阶段。

互联网采用了目前最流行的客户机/服务器工作模式，凡是使用TCP/IP协议，并能与互联网的任意主机进行通信的计算机，无论是何种类型、采用何种操作系统，均可看成是互联网的一部分。严格的说，用户并不是将自己的计算机直接连接到互联网上，而是连接到其中的某个网络上，再由该网络通过网络干线与其他网络相连。网络干线之间通过路由器连接，使各个网络上的计算机都能相互进行数据和信息传输。例如，用户的计算机连接到本地的某个ISP（Internet Service Provider，互联网服务提供商）的主机上，而ISP的主机又通过高速干线与本国及世界各国各地区的无数主机相连,这样,用户仅通过一个 ISP 的主机,便可遍访互联网。因此,也可以说,互联网是分布在全球的 ISP 通过高速通信干线连接而成的网络。

> ★我国互联网之所以能够快速发展,是无数位科技工作者艰苦奋斗、大胆探索、敢于创新的结果。请同学们搜索相关资料,学习改革创新的时代精神。

互联网具有以下特点:

(1) 灵活多样的入网方式。这是由于 TCP/IP 成功地解决了不同的硬件平台、网络产品、操作系统之间的兼容性问题。

(2) 采用分布网络中最为流行的客户机/服务器模式,大大提高了网络信息服务的灵活性。

(3) 将网络技术、多媒体技术融为一体,体现了现代多种信息技术互相融合的趋势。

(4) 方便易行。任何地方仅需通过网线、Wi-Fi(Wireless Fidelity,无线局域网标准)、4G(第四代移动通信)、5G(第五代移动通信)等即可接入互联网。

(5) 能够向用户提供极其丰富的信息资源,包括大量免费使用的资源。

0.1.4 网络拓扑

网络拓扑是指构成网络的元素,包括计算机、通信设备、信号中继器、接口等设备之间使用传输媒介进行物理连接或者设备之间相对布放的位置关系,设备之间可以直接相连也可以不直接相连,如一台计算机和一台交换机之间可以直接使用网线连接,也可以通过与其他的设备和线路"绕远"的间接连接。

网络拓扑包括四个要素:节点、结点、链路和通路。

"节点"其实就是一个网络端口。节点又分为转节点和访问节点两类。转节点的作用是支持网络的连接,它通过通信线路转接和传递信息,如交换机、网关、路由器、防火墙设备的各个网络端口等;而访问节点是信息交换的源点和目标点,通常是用户计算机上的网卡接口。

"结点"是指一台网络设备,因为它们通常连接了多个"节点"。计算机网络中的结点又分为链路结点和路由结点,分别对应的是网络中的交换机和路由器。

"链路"是两个节点间的线路。链路分物理链路和逻辑链路(或称数据链路)两种,前者是指实际存在的通信线路,由设备网络端口和传输介质连接实现;后者是指在逻辑上起作用的网络通路,由计算机网络体系结构中的数据链路层的标准和协议来实现。

"通路"是从发出信息的节点到接收信息的节点之间的一串节点和链路的组合,是一系列穿越通信网络而建立起来的节点到节点的链路。它与"链路"的区别主要在于一条"通路"中可能包括多条"链路",由计算机网络体系结构中的网络层和传输层的标准和协议实现。

网络的拓扑结构多种多样,在网络发展过程中先后出现过总线型、星形、环形和树形等,每种拓扑都有它自己的特性、优点和缺点。因此,设计一个网络的时候,应考虑每种拓扑的特点并根据实际情况选择正确的拓扑方式。

1. 总线型拓扑结构

总线型拓扑结构是将网络中的所有设备通过相应的硬件接口直接连接到公共总线上,结点之间按广播方式通信,一个结点发出的信息,总线上的其他结点均可"收听"。总线型拓扑结构有一条主干线,主干线上面有很多分支。总线型拓扑结构如图 0.1-4 所示。

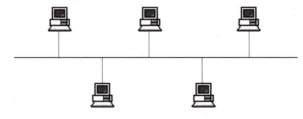

图 0.1-4　总线型拓扑结构

2. 星形拓扑结构

星形拓扑结构是一种以中央节点为中心,把若干外围节点通过传输介质连接起来的辐射式互联结构,这种结构适用于局域网,其结构如图 0.1-5 所示。

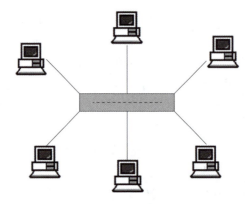

图 0.1-5　星形拓扑结构

3. 环形拓扑结构

环形拓扑结构中的各结点通过通信线路组成闭合回路,环中的数据只能单向传输,信息在每台设备上的延时时间是固定的,特别适合实时控制的局域网系统,如图 0.1-6 所示。

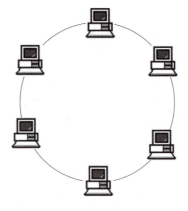

图 0.1-6　环形拓扑结构

4. 树形拓扑结构

树形拓扑结构是一种层次结构，结点按层次连接，信息交换主要在上下结点之间进行，相邻结点或同层结点之间一般不进行数据交换，树形拓扑结构就像是数据结构中的树，如图 0.1-7 所示。

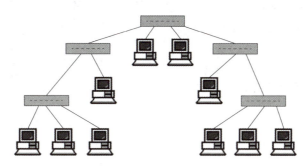

图 0.1-7　树形拓扑结构

5. 网状拓扑结构

网状结构主要是指各节点通过传输线互相连接起来，并且其中的每个节点至少与其他两个节点相连，如图 0.1-8 所示。

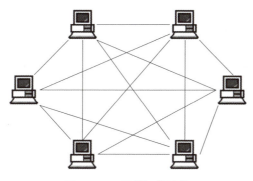

图 0.1-8　网状拓扑结构

以上各种拓扑结构各有优缺点，具体如表 0.1-1 所示。

表 0.1-1　各种拓扑结构的优缺点

拓扑结构	优点	缺点
总线型	安装简单，所需要的电缆数量比星形拓扑结构少，可以较方便地在网络中添加或删除结点	如果主干电缆发生故障，整个网络将会瘫痪，并且很难确定故障的位置
星形	硬件安装比较简单、成本低廉，向网络中添加或删除结点简便	如果中心结点发生故障，整个网络通信将完全瘫痪。另外，由于网络各设备间不能直接通信，需要通过中心结点转发，通信时会产生一定的时延

续表

拓扑结构	优点	缺点
环形	对于计算机网络来说，环状拓扑结构中的硬件安装相对简单，发生故障时比较容易确定故障位置	对于计算机网络来说，其中任意一个节点发生故障都会导致整个网络瘫痪；虽然比较容易实现在网络添加和删除结点，但在添加或删除结点时，整个网络将不能工作
树形	易于扩展，可以延伸出很多分支和子分支，因此容易在网络中加入新的分支或新的节点。另外，还易于隔离故障	如果某一线路或某一分支节点出现故障，主要影响局部区域，因此能比较容易地将故障部位跟整个系统隔离开。树形拓扑结构的缺点与星形拓扑结构类似，若根节点出现故障，也会导致全网不能正常工作
网状形	任意两个设备间有自己专用的通信通道，不会产生网络冲突，当某个设备发生故障时，不会影响网络中其他设备的通信	硬件实现比较困难，需要的电缆数量多，n 个结点的网络至少需要 $n(n-1)/2$ 条连接电缆，安装成本高，向网络中添加或删除结点都非常困难

在实际应用中，多采用混合型网络拓扑结构，所谓混合型网络拓扑结构是由以上各种结构的网络结合在一起形成的网络结构，综合了各种网络架构的优点，没有单一网络拓扑的缺陷，这样的拓扑结构更能满足较大型网络的需求，但是技术复杂且不易维护。

0.1.5 IP 和通信网络

通信网络技术的发展经历了三个阶段，即电路交换、报文交换和分组交换，如图 0.1-9 所示。

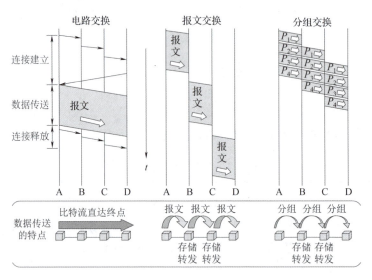

图 0.1-9 通信网络发展的三个阶段

电路交换是通信网中最早出现的一种交换方式，通信之前要在通信两方之间建立一条被两方独占的物理通道，属于点对点的连接，这条物理通道一般是电路或者虚电路。所以电路交换业务成功率高、服务质量好、时延低，但是浪费资源。电路交换网主要有两种：PSTN（Public Switched Telephone Network，公共交换电话网）和 ISDN（Integrated Services Telephone Network，综合业务数字网）。其中，PSTN 提供语音服务，而 ISDN 既能够提供语音服务也可以提供数据服务，所以可以用来连接计算机网络。

随着技术的发展，通信交换技术又发展为报文交换。报文交换网络中的每个节点接收整个报文，检查目标节点地址，然后根据网络的占用情况在适当的时候转发到下一个节点。经过多次的存储-转发，最后到达目标，因此，这样的网络叫作存储-转发网络，其中的交换结点要有足够大的存储空间，用以缓冲收到的长报文。

报文交换的应用时间较短，又逐渐被分组交换取代。分组交换与报文交换类似，仍采用存储转发传输方式，但将一个长报文先分割为若干个较短的分组，然后把这些分组（携带源、目的地址和编号信息）逐个发送出去。因此，分组交换除了具有报文的优点外，比报文交换效率更高，其中的分组交换应用最为广泛的类型是 IP 交换。

互联网的渗透打破了传统电信领域的疆界，网络融合、业务融合，以及运营转型等一系列变革要求一种效率和标准化程度更高，能够支撑更多业务类型、提供更大带宽的技术，因此具备以上特点的 IP 技术成为了通信网络的基础技术。IP 交换简化了信令，解决了节点设备复杂化的问题，使建网成本大幅下降，可以实现所有现存业务的综合承载，如图 0.1-10 所示。

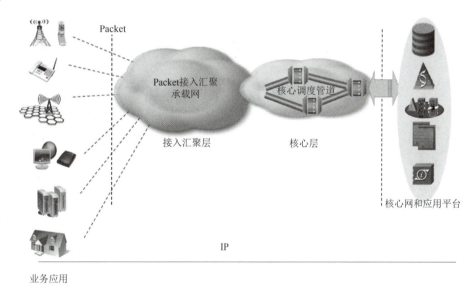

图 0.1-10 通信网络 IP 化

因此，现代通信网络架构已经实现了全 IP 化。IP 化架构是一个端到端的 IP 化结构，涉及核心网、传送网、数据网和接入网，也减少了网络层级，网络架构趋于扁平化，业务流程和管理流程更加简洁、高效。

在核心网层面，核心网协议栈的网络层、传输层使用了 TCP/IP、UDP、SCTP 协议，各种 GTP（GPRS Tunneling Protocol，GPRS 隧道协议）的数据包封装成 UDP/IP 包，SCTP

（Stream Control Transmission Protocol，流控制传输协议）数据包封装成 IP 包进行路由和交换，完成业务流程，提供各种业务。比如，以 VoIP（Voice over Internet Protocol，基于 IP 的语音传输）技术为基础的 IMS（IP Multimedia Subsystem，IP 多媒体子系统）系统可以提供丰富的多媒体业务，实现网络的融合。

在传送网层面，IP 化的承载网成为主流，如 PTN（Packet Transport Network，分组传送网）和 IPRAN（IP Radio Access Network，基于 IP 的无线接入网）不仅使用 IP 包的分组传送技术，而且使用一些 IP 或者以太网的协议和技术，比如 OSPF 协议、IS-IS 协议、BGP 协议、VLAN 技术、VPN（Virtual Private Network，虚拟专网）技术。在骨干网上，IP 技术和传统的光传输技术会在很长时间内分层共存，其中的"IP over DWDM（Dense Wavelength Division Multiplexing，密集波分复用）"是最主要技术。

在接入网层面，光纤接入网的 PON（Passive Optical Network，网络无源光网络）技术，采取的下行 IP 广播技术和上行 TDM（Time-Division Multiplexing，时分复用）技术，不仅可以开通宽带业务，也可以开通 IP 电话业务，还可以模拟 E1 线路并开通传统电话业务。在无线接入网，基站的协议栈的网络层和传输层都是 TCP/IP、UDP、SCTP 协议，所有业务都可以 IP 的形式完成。

在终端侧，语音、数据、图像等所有业务类型都是 IP 包承载，如固话中的 IP 电话，电视中的 IPTV（Internet Protocol Television，网络电视），以及通过 PON 设备实现的宽带接入，都使用了 IP 技术。

所以，学习 IP 技术不仅仅是组建计算机网络的需要，也是建设和维护通信网络的需要。

0.2　OSI 和 TCP/IP 参考模型

在网络上，多个厂商生产的服务器、个人计算机、无盘工作站、路由器、交换机、防火墙、网络打印机等设备之间要想进行通信，必须采用相同的信息交换规则，这和在路上行驶的各种车辆都必须遵守相同的交通规则道理是一样的。人们把在计算机网络中用于规定数据信息的格式及如何发送和接收数据信息的一套规则称为网络协议或通信协议，它是保证网络设备协同工作的最重要的基础技术。

为了减少网络协议设计的复杂性，网络设计者并不是设计一个单一、巨大的协议来满足所有形式的通信的需求，而是采用把通信问题划分为许多个小环节，然后为每个小环节设计一个单独的协议的方法，这样做使得每个协议的设计、分析、编码和测试都比较容易；即使用分层模型这种设计方法来开发网络协议。通过使用层次结构，可以把网络的故障定位在通信的某一阶段，而不是在通信的整个过程中寻找故障点，这大幅提高了定位故障点的准确度，加快了故障的排除速度。

基于上述原因，ISO（International Organization for Standardization，国际标准化组织）制定了标准化开放式计算机网络层次结构模型——OSI（Open System Interconnection，开放系统互连）参考模型。

0.2.1 OSI 参考模型

开放系统互连参考模型是由国际标准化组织制定的标准化开放式计算机网络层次结构模型，又称 ISO/OSI 参考模型。"开放"表示能使任何两个遵守参考模型和有关标准的系统进行互连。

OSI 包括体系结构、服务定义和协议规范三级抽象。OSI 的体系结构定义了一个七层模型，用以进行进程间的通信，并作为一个框架来协调各层标准的制定；OSI 的服务定义描述了各层所提供的服务，以及层与层之间的抽象接口和交互用的服务原语；OSI 各层的协议规范，精确地定义了应当发送何种控制信息及用何种过程来解释该控制信息。参考模型并非具体实现的描述，它只是一个为制定标准而提供的概念性框架，其中，只有各种协议是可以实现的，而网络中的设备只有与 OSI 的有关协议一致时才能互连。

如图 0.2-1 所示，OSI 七层模型从下到上分别为物理层（Physical Layer，PL）、数据链路层（Data Link Layer，DL）、网络层（Network Layer，NL）、传输层（Transport Layer，TL）、会话层（Session Layer，SL）、表示层（Presentation Layer，PL）和应用层（Application Layer，AL）。在 OSI 模型中，各层之间的交互采用 SAP（Service Access Point，服务访问点），是 N 层实体提供服务给 $N+1$ 层的接口。从图 0.2-1 中可见，整个开放系统环境由作为信源和信宿的端开放系统及若干中继开放系统通过物理媒体连接组成。通俗地说，它们就相当于资源子网中的主机和通信子网中的节点机。只有在主机中才可能需要包含所有七层的功能，而在通信子网中，一般只需要最下面三层甚至只要最低两层的功能就可以了。OSI 中系统间的通信信息流动过程如下：发送端先从上到下逐层加上控制信息，构成比特流，再传递到物理信道，然后传输到接收端的物理层，再从下到上逐层去掉相应层的控制信息，将得到的数据流传送到应用层。

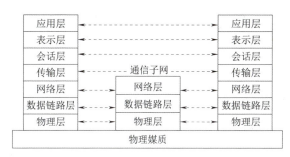

图 0.2-1 OSI 参考模型示意

OSI 模型中各层的功能如下。

1. 物理层

物理层是 OSI 模型中最低的一层。物理层提供建立、维护和释放物理连接的方法，实现在物理信道上进行比特流的传输。该层直接与物理信道相连，起到数据链路层和传输媒体之间的逻辑接口作用。物理层协议主要规定了计算机或终端与通信设备之间的接口标准，包括接口的机械特性、电气特性、功能特性、规程特性。物理层主要由数据终端设备、数据通信设备和互连设备组成。

1) 数据终端设备

数据终端设备（Data Terminal Equipment，DTE），是指能够向通信子网发送和接收数据的设备。数据终端设备通常由输入设备、输出设备和输入输出控制器组成。其中，输入设备对输入的数据信息进行编码，以便进行信息处理；输出设备对处理过的结果信息进行译码输出；输入输出控制器则对输入、输出设备的动作进行控制，并根据物理层的接口特性（包括机械特性、电气特性、功能特性和规程特性）与线路终端接口设备（如调制解调器、多路复用器、前端处理器等）相连。

不同的输入、输出设备可以与不同类型的输入、输出控制器组合，从而构成各种各样的数据终端设备。由于这类设备是一种人机接口设备，通常由人操作，工作速率较低。大家最为熟悉的计算机、手机、平板电脑、传真机、卡片输入机、磁卡阅读器等都可作为数据终端设备。

2) 数据通信设备

数据通信设备（Data Communications Equipment，DCE）在 DTE 和传输线路之间提供信号变换和编码功能，并负责建立、保持和释放链路的连接，如 Modem。DCE 设备通常是与 DTE 对接，因此针脚的分配相反。对于标准的串行端口，通常从外观就能判断是 DTE 还是 DCE，DTE 是针头（俗称公头），DCE 是孔头（俗称母头），只有这样，两种接口才能连接上。DTE 和 DCE 示意如图 0.2-2 所示。

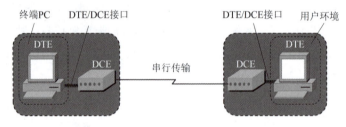

图 0.2-2　DTE 和 DCE 示意

3) 互连设备

互连设备指将 DTE、DCE 连接起来的装置。网络中的各种同轴电缆、网线、光纤、T 形接头、插头、中继器等都属物理层互连设备。

物理层的主要功能如下。

（1）为数据端设备提供传送数据的通路。

数据通路可以是一个物理媒体，也可以由多个物理媒体连接而成。一次完整的数据传输，包括激活物理连接、传送数据、终止物理连接。所谓激活，就是不管有多少物理媒体参与，都要在通信的两个数据终端设备间连接起来，形成一条通路。

（2）传输数据。

物理层要形成适合数据传输需要的实体，为数据传送服务。一是要保证数据能在其上正确通过，二是要提供足够的带宽，以缓解信道的拥塞状况。传输数据的方式能满足点到点、一点到多点、串行或并行、半双工或全双工、同步或异步传输的需要。

2. 数据链路层

数据链路层是 OSI 参考模型中的第二层，介于物理层和网络层之间。数据链路层在物理层提供的比特流服务的基础上，在相邻节点之间建立链路，向网络层提供无差错的透明传输的服务，并对传输中可能出现的差错进行检错和纠错。

数据链路层主要负责数据链路的建立、维持和拆除，并在两个相邻节点的线路上，将网络层送下来的信息（包）组成帧传送，每一帧包括一定数量的数据和一些必要的控制信息。为了保证数据帧的可靠传输，链路层应具有差错控制功能。简单的说，数据链路层是在不太可靠的物理链路上实现可靠的数据传输。数据链路层传送的基本单位是 Frame（帧）。

数据链路层的最基本的功能是向该层用户提供透明的和可靠的数据传送基本服务。透明性是指该层上传输的数据的内容、格式及编码没有限制，也没有必要解释信息结构的意义；比特流在物理层中传送可能会面临丢失信息、顺序出错、数据错误等问题，在数据链路层中必须用纠错码来检错与纠错。数据链路层是对物理层传输原始比特流的功能的加强，将物理层提供的可能出错的物理连接改造成为逻辑上无差错的数据链路，使之为网络层提供无差错的传输服务。

数据链路层包含 LLC（Logical Link Control，逻辑链路层）和 MAC（Media Access Control，介质访问控制层）两个子层。

1) LLC 子层

LLC 子层用于设备间单个连接的错误控制和流量控制。

2) MAC 子层

MAC 子层的作用是解决当局域网中共用信道的使用产生竞争时，如何分配信道使用权的问题。MAC 的主要功能是调度，即把逻辑信道映射到传输信道，负责根据逻辑信道的瞬时源速率为各个传输信道选择适当的传输格式。

3. 网络层

网络层是 OSI 模型的第三层，是 OSI 参考模型中最复杂的一层，也是通信子网的最高层，它在下两层的基础上向资源子网提供服务。网络层的主要任务是为网络上的不同主机提供通信。它通过路由选择算法，为分组通过通信子网选择最适当的路径，以实现网络的互连功能。具体地说，数据链路层中的数据在这一层被转换为数据包，然后通过路径选择、分段组合、流量控制、拥塞控制等将信息从一台网络设备传送到另一台网络设备。网络层负责在网络中传送的数据单元是分组或包，其功能包括三方面。

（1）处理来自传输层的分组发送请求。收到请求后，将分组装入 IP 数据报，填充报头，选择去往信宿机的路径，然后将数据报发往适当的网络接口。

（2）处理输入数据报。应先检查其合法性，再开始寻径。假如该数据报已到达信宿机，则去掉报头，将剩下部分交给适当的传输协议；若该数据报尚未到达信宿，则转发该数据报。

（3）解决路径、流控、拥塞等问题。

4. 传输层

传输层是 OSI 参考模型的第四层，实现端到端的数据传输。该层是两台计算机经过网络进行数据通信时，第一个端到端的层次。传输层的作用是在终端用户之间提供透明的数据传输，向上层提供可靠的数据传输服务。传输层在给定的链路上进行流量控制、分段/重组和差错控制。

传输层既是 OSI 参考模型中负责数据通信的最高层，又是面向网络通信的低三层和面向信息处理的高三层之间的中间层。该层弥补高层所要求的服务和网络层所提供的服务之间的差距，并向高层用户屏蔽通信子网的细节，使高层用户看到的只是在两个传输实体间的一条端到端的、可由用户控制和设定的、可靠的数据通路。传输层传送信息的基本单位是段或报文。

传输层面对的数据对象不是网络地址和主机地址，而是和会话层的界面端口。传输层采用分流/合流、复用/解复用技术来调节各个通信子网在吞吐量、速率和数据延迟等方面的差异性，对上层提供了统一的接口。此外，传输层还具备差错恢复、流量控制等功能。

传输层提供了主机应用程序进程之间的端到端的服务，其基本功能如下。

（1）数据传输服务：分割与重组数据、按端口号寻址、连接管理、差错控制和流量控制、纠错等。

（2）服务可靠性：向会话层提供通信服务的可靠性，避免报文的出错、丢失、延迟、时间紊乱、重复、乱序等差错。

传输层定义了两个主要的协议：TCP 和 UDP（User Datagram Protocol，用户数据报协议）。

5. 会话层

会话层是 OSI 参考模型的第五层，它建立在传输层之上，会话层的主要功能是在两个节点间建立、维护和释放面向用户的连接，并对会话进行管理和控制，保证会话数据可靠传送。会话层的具体作用如下。

（1）建立会话。A、B 两台计算机之间要通信，要在它们之间建立一条交流的通道供它们使用，这条通道叫作会话，在建立会话的过程中会有 A、B 双方的身份验证、权限鉴定等，保证是在真实的 AB 端建立会话。

（2）保持会话。通信会话建立后，A、B 通信双方开始传递数据，当数据传递完成后，根据应用程序和应用层的设置对该会话进行维护，在会话维持期间两者可以随时使用这条会话传输数据。

（3）断开会话。当应用程序或应用层规定的超时时间到期后，会话层才会释放这条会话。或者当 A、B 进行重启、关机、手动执行断开连接的操作时，会话层也会将 A、B 之间的会话断开。

6. 表示层

表示层位于 OSI 参考模型的第六层，解决的是 OSI 系统之间用户信息的表示问题，它通过抽象的方法来定义一种数据类型或数据结构，并通过使用这种抽象的数据结构在各端系统之间实现数据类型和编码的转换。

会话层以下的五层完成了端到端的数据传送，并且是可靠、无差错的传送。但是数据传送只是手段不是目的，最终是要实现对数据的使用。表示层的主要作用之一是为异种机通信提供一种公共语言，以便能进行互操作。这种类型的服务之所以有必要，是因为不同的计算机体系结构使用的数据表示方法不同。与第五层提供透明的数据运输不同，表示层是处理所有与数据表示及运输有关的问题，包括数据的编码、加密和压缩等。每台计算机可能有它自己的表示数据的内部方法，如 ASCII（American Standard Code for Information Interchange，美国标准信息交换码）码与 EBCDIC（Extended Binary Coded Decimal Interchange Code，广义二进制编码的十进制交换码）码，因此需要表示层协议来保证不同的计算机可以彼此理解。

对于用户数据来说，可以从两个侧面来分析，一个是数据含义被称为语义；另一个是数据的表示形式，称为语法。像文字、图形、声音、文种、压缩、加密等都属于语法范畴。表示层设计了 3 类 15 种功能单位，其中的上下文管理功能单位就是沟通用户间的数据编码规则，以便双方具有一致的数据形式，能够互相识别。

在表示层，数据将按照网络能理解的方案进行格式化；这种格式化也因所使用网络的类型不同而不同。表示层管理数据的解密与加密，如系统口令的处理。如果在互联网上查询银行账户，使用的即是一种安全连接。账户数据在发送前被加密，在网络的另一端，表示层将对接收到的数据解密。除此之外，表示层协议还可以对图片和文件格式信息进行解码和编码。

7. 应用层

应用层是 OSI 参考模型的最高层，是直接为应用进程提供服务的，是计算机网络与最终用户间的接口，是利用网络资源唯一向应用程序直接提供服务的层。

应用层为用于通信的应用程序和用于消息传输的底层网络提供接口。应用层提供各种各样的应用层协议，这些协议嵌入在各种应用程序中，为用户与网络之间提供一个交互接口。比如，IE 浏览器使用的是应用层的 HTTP 协议；Outlook 使用收发邮件的 SMTP、POP3 协议等。这里要注意一点，我们使用的软件是应用程序，这些软件只是软件开发者编程开发出来的，这些应用软件只是一个壳子，而这些软件里嵌套的协议才是应用层的内容。

总体来看，OSI 参考模型的每一层都完成特定的功能，都为它的上一层提供服务，而每一层都使用其下层提供的服务，即每一层都利用它的下层提供的服务为它的上层提供服务，除了第一层和第七层，因为第一层直接为第二层服务，第七层为模型外的用户服务。

OSI 模型是对发生在网络设备间的信息传输过程的一种理论化描述，它仅仅是一种理论模型，并没有定义如何通过硬件和软件实现每一层功能，与实际使用的 TCP/IP 协议有一定区别。虽然 OSI 仅是一种理论化的模型，但它是所有网络学习的基础，因此，除了解各层的名称外，更应深入了解它们的功能及工作方式。

0.2.2 TCP/IP 参考模型

虽然 OSI 参考模型的概念明确，理论也较完整，但它既复杂又不实用。OSI 参考模型是在其协议被开发出来之前设计出来的,它并非基于某个特定的协议集而设计,所以具有通用性,但在协议实现方面存在不足,也从来没有存在一种完全遵守 OSI 参考模型的协议族。

计算机网络中存在着一种更加适合计算机网络特点的模型,这就是 TCP/IP 模型。TCP/IP 模型是先有协议后有模型,只是对现有协议的描述,和现有协议非常吻合,因此,也叫 TCP/IP 协议栈。但它在描述非 TCP/IP 网络时的用处不大。

TCP/IP 是用于实现网络互连的通信协议,TCP/IP 参考模型将协议分成四个层次,它们分别是网络接口层、网络层、传输层和应用层,如图 0.2-3 所示。但是网络接口层并没有规定具体内容,实际应用的是综合 OSI 和 TCP/IP 各自优点的五层协议的体系结构,如图 0.2-4 所示。

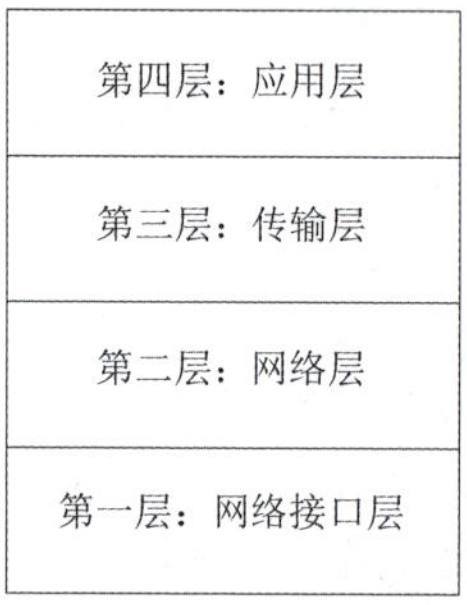

| 第四层:应用层 |
| 第三层:传输层 |
| 第二层:网络层 |
| 第一层:网络接口层 |

| 第五层:应用层 |
| 第四层:传输层 |
| 第三层:网络层 |
| 第二层:数据链路层 |
| 第一层:物理层 |

图 0.2-3　TCP/IP 协议的四层参考模型 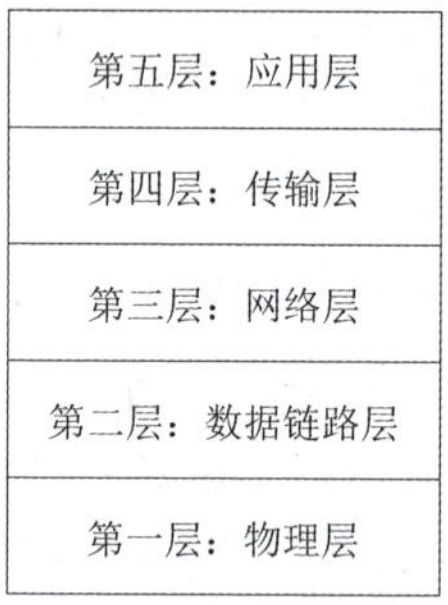　　图 0.2-4　TCP/IP 协议的五层参考模型

TCP/IP 参考模型各层(四层)的功能如下。

1. 网络接口层

对应于 OSI 的物理层和数据链路层,但是 TCP/IP 实际上并未真正提供这一层的实现,也没有提供协议,只是要求第三方实现的主机-网络层能够为上层提供一个访问接口,使得网络层能真正地利用主机-网络层来传递 IP 数据包。比如,当网络使用以太网时,只定义以太网与网络交互的接口层,体现了 TCP/IP 模型的兼容性与适应性,这是 TCP/IP 成功的关键。但是在实际应用中,我们更习惯于将网络接口层分为物理层和数据链路层,逻辑清楚、分工明确,更加符合网络设计、开发与维护情况,即 TCP/IP 协议的五层参考模型中的下面两层。

2. 网络层

在 TCP/IP 参考模型中,网络层是参考模型的第二层,其功能与 OSI 模型的网络层功能基本一致。

3. 传输层

在 TCP/IP 参考模型中,传输层是参考模型的第三层,其功能与 OSI 模型的传输层功能基本一致。

4. 应用层

应用层是 TCP/IP 协议的第一层,是直接为应用进程提供服务的,对于不同种类的应用程序，会根据自己的需要来选择使用不同的协议，能加密、解密、格式化数据，可以建立或解除与其他节点的联系，这样可以充分节省网络资源。

0.2.3 模型对比

OSI 参考模型与 TCP/IP 参考模型的共同之处是都采用了层次结构的概念，在传输层定义了相似的功能，但是二者在层次划分与使用的协议上有很大差别，也正是这种差别对两个模型的发展产生了两个截然不同的局面：OSI 参考模型主要应用于理论学习而 TCP/IP 模型被广泛应用于通信系统。表 0.2-1 所示为 OSI 参考模型和 TCP/IP 参考模型各层的对应关系。

表 0.2-1　OSI 参考模型和 TCP/IP 参考模型各层的对应关系

OSI 参考模型	TCP/IP 协议模型
应用层	应用层
表示层	应用层
会话层	应用层
传输层	传输层
网络层	网络层
数据链路层	网络接口层
物理层	网络接口层

OSI 参考模型和 TCP/IP 参考模型具备一些共同点，一是都是基于独立的协议栈；二是功能大体相似；三是在两个模型中，传输层及以上的各层都是为了通信的进程提供点到点、与网络无关的传输服务。

OSI 参考模型与 TCP/IP 参考模型也有很大的差别，如 TCP/IP 协议一开始就考虑到多种异构网的互联问题，并将网际协议 IP 作为 TCP/IP 协议的重要组成部分，但 ISO 最初只考虑到使用一种标准的公用数据网将各种不同的系统互连在一起；TCP/IP 协议一开始就强调面向连接和无连接服务，而 OSI 在开始时只强调面向连接服务；TCP/IP 协议有较好的网络管理功能，而 OSI 到后来才开始重视这个问题，在这方面两者有所不同。

OSI 参考模型和 TCP/IP 参考模型都不是完美的。OSI 的缺点主要包括 OSI 的会话层在大多数应用中很少用到，表示层几乎是空的；在数据链路层与网络层之间有很多的子层插入，每个子层有不同的功能；OSI 模型将"服务"与"协议"定义结合起来，使参考模型变得格外复杂；寻址、流控与差错控制在每一层里都重复出现，必然降低系统效率；缺乏数据安全性、加密与网络管理等方面的考虑与设计。参考模型的设计更多是被通信思想所支配，很多地方不适用于计算机与软件的工作方式。同样，TCP/IP 参考模型与协议也有它自身的缺陷，在服务、接口与协议的区别上不清楚；网络接口层本身并不是实际的一层，其定义了网络层与数据链路层的接口，物理层与数据链路层的划分是必要和合理的，一个好的参考模型应该可以将它们区分开来，而 TCP/IP 参考模型却没有做到这点。

0.2.4 数据封装与解封装

大家平时邮寄某件物品时，除了要填写收寄双方的地址，还要填写联系方式、是否需要保价等信息。另外快递公司可能还会有一些其他信息，如运输工具、服务级别、运送注意事项等信息也要附加在邮寄的物品详单上，目的都是保证准确可靠的完成邮寄。与此类似，在通信网络中，为了可靠和准确地发送数据到目的地，在所发送的数据包上附加上用来识别地址的比特数据以及一些用于纠错的比特数据；当传输有安全性和可靠性要求时，还要对传送的数据进行加密等处理。当数据达到目的地后，接收设备逐步剥离附加的地址信息、纠错字节等比特数据，然后将数据恢复为发送的原始数据。这个过程就叫作数据封装和解封装。

1. 数据封装

主机 A 和 B 使用计算机网络互相发送数据时，如 A 发送数据给 B，会进行数据封装和解封装的操作。A 发送数据时进行的是封装操作。数据封装就是根据 TCP/IP 模型，把业务数据由上层协议栈映射到下层协议栈，然后填充下层协议栈采用的协议的包头数据，生成按照协议格式封装的数据包，并完成速率适配。

以 TCP/IP 五层模型为例，完整的数据封装过程如图 0.2-5 所示。

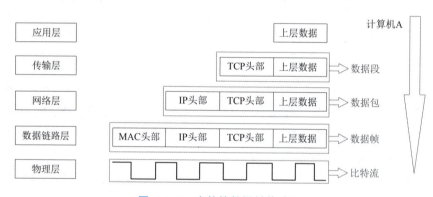

图 0.2-5 完整的数据封装过程

（1）用户使用手机或者计算机浏览器打开一个页面，或者是使用 HTTP 协议的其他应用，向数据服务器发起业务请求浏览一个网页，该业务数据是应用层的数据。

（2）业务数据从应用层和传输层之间的 SAP（服务访问点）进入传输层，而传输层在业务数据前增加"目标端口+源端口"的 TCP 或者 UDP 头部数据，封装生成为"目标端口+源端口+业务数据"的数据段。

（3）数据段从传输层和网络层之间的 SAP 进入网络层，网络层在数据段前增加"目标 IP 和源 IP"的 IP 头部数据，封装生成"目标 IP+源 IP+目标端口+源端口+业务数据"的 IP 数据报（包）。数据报（包）可以在不同的网络中传输。

（4）数据报（包）从网络层和数据链路层之间的 SAP 进入数据链路层，数据链路层在数据报（包）前增加"目标 MAC 和原 MAC 数据"，生成"目标 MAC+源 MAC+目标 IP+源 IP+目标端口+源端口+业务数据"的数据帧。数据帧在本地网络中传输。

(5) 数据帧从数据链路层和物理层之间的 SAP 进入物理层，转换为比特流，通过网络中的传输介质传输至服务器。

2. 数据解封装

当 B 用户接收到 A 发送的数据时，进行的操作是解封装，解封装是封装的逆过程，在 TCP/IP 各层拆解协议包，处理包头中的信息，取出净荷中的业务信息。

数据解封装的步骤如下。

(1) 服务器将用户要访问的数据的比特流通过网络的传输介质发送到对方的计算机的网卡。

(2) 比特流经过物理层和数据链路层之间的 SAP 进入数据链路层，生成数据帧，链路层识别并剥离 MAC 地址信息，解封装生成"目标 IP+源 IP+目标端口+源端口+业务数据"数据报（包）。

(3) 数据报（包）通过数据链路层和网络层之间的 SAP 进入网络层，识别并剥离 IP 地址信息后，解封装生成"目标端口+源端口+业务数据"的数据段。

(4) 数据段通过网络层和传输层之间的 SAP 进入传输层，传输层识别并剥离端口数据后，解封装生成"业务数据"的应用层数据。

(5) 应用层数据经过传输层和应用层之间的 SAP 进入应用层，用 App 处理后，将访问的数据呈现给用户。至此，数据解封装就完成了，如图 0.2-6 所示。

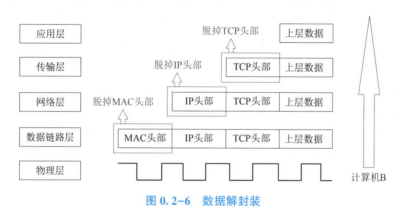

图 0.2-6 数据解封装

0.3 以太网

目前，数据链路层的主要协议有 PPP（Point to Point Protocol，点到点协议）、HDLC（High-level Data Link Control，高级数据链路控制协议）、FDDI（Fiber Distributed Data Interface，光纤分布式数据接口）等。PPP 主要用来通过拨号或专线方式建立点对点连接发送数据，是各种主机、网桥和路由器之间简单连接的一种解决方案；HDLC 协议是用于在网络结点间传送数据的协议，是一种高可靠性、高效率的数据链路控制规程，各项数据和控制信息都以比特为单位，采用"帧"的格式传输；FDDI 是一项局域网数据传输标准，于 20 世纪 80 年代中期发展起来，它提供的高速数据通信能力要高于当时的以太网（10 Mbit/s）和令牌网（4 或 16 Mbit/s）的能力。以太网是目前应用最为广泛的数据链路层的协议，大部分的局域网都应用了以太网协议和标准，使用了以太网技术和产品构建而成。

0.3.1 以太网技术

在 20 世纪 70 年代局域网出现了各种技术，主流的有以太网、令牌环和光纤分布式数据接口，随着时间推移，以太网技术逐渐成为局域网的主流技术。20 世纪 70 年代末，Xerox 公司首先推出由 Xerox、Intel 和 DEC 公司联合开发的基带局域网 DIX（即 DEC、Intel 和施乐 Xerox 公司的首字母）规范，由于其不属于国际标准，在 20 世纪 80 年代 IEEE（Institute of Electrical and Electronics Engineers，电气和电子工程师协会）802 组织成立 802.3 分委员会，在 DIX 标准的基础上发布了关于以太网技术的 IEEE 标准，即 IEEE10BASE5。随后，10BASE2、BASE5、10BASE-T 等标准陆续发布，IEEE 标准下的以太网技术快速发展，标准以太网（10 Mbit/s）、快速以太网（100 Mbit/s）、千兆（1 000 Mbit/s）以太网、万兆（10 000 Mbit/s）相继推出，垄断了局域网市场。

以太网技术有共享式以太网技术和交换式以太网技术。

1. 共享式以太网工作原理

早期的局域网一般工作在共享方式下，共享式以太网使用集线器或共用一条总线，采用了 CSMA/CD（Carries Sense Multiple Access with Collision Detection，载波检测多路侦听）机制来进行传输控制，各终端带宽共享、竞争带宽，发送时载波访问多路访问冲突检测。

共享式以太网是基于广播的方式来发送数据的，因为集线器不能识别帧，所以它就不知道一个端口收到的帧应该转发到哪个端口，它只好把帧发送到除源端口以外的所有端口，这样网络上所有的主机都可以收到这些帧，只要网络上有一台主机在发送帧，网络上所有其他的主机都只能处于接收状态，无法发送数据。也就是说，在任何一个时刻，所有的带宽只分配给了正在传送数据的那台主机。举例来说，虽然一台 100 Mbit/s 的集线器连接了 20 台主机，表面上看起来这 20 台主机平均分配 5 Mbit/s 带宽，但是实际上在任何一时刻只能有一台主机在发送数据，所有带宽都分配给它了，其他主机只能处于等待状态。之所以说每台主机平均分配有 5 Mbit/s 带宽，是指较长一段时间内的各主机获得的平均带宽，而不是任何一时刻主机都有 5 Mbit/s 带宽。共享式以太网是一种基于"竞争"的网络技术，也就是说，网络中的主机将会"尽其所能"地占用网络发送数据。因为同时只能有一台主机发送数据，所以相互之间就产生了"竞争"，好像千军万马过独木桥一样，谁能抢占先机，谁就能过去，否则就只能等待了。

在基于竞争的以太网中，只要网络空闲，任何一主机均可发送数据。当两个主机发现网络空闲而同时发出数据时，如果同一时间内网络上有两台主机同时发送数据，就会产生"碰撞"，这也被称为"冲突"，这时两个传送操作都遭到破坏。而此时，CSMA/CD 机制将会让其中的一台主机发出一个"通道拥挤"信号，这个信号将使冲突时间延长至该局域网上所有主机均检测到此碰撞。接下来，两台发生冲突的主机都将随机等待一段时间后再次尝试发送数据，避免再次发生数据碰撞的情况。共享式以太网这种带宽竞争的机制使得冲突（或碰撞）几乎不可避免，而且网络中的主机越多，碰撞的概率越大。共享式以太网的数据碰撞虽然任何一台主机在任何时刻都可以访问网络，但是在发送数据前，主机都要侦听网络是否存在堵塞的情况。假如共享式以太网上有一台主机想要传输数据，但是它检测到网上已经有数据了，就必须等一段时间，当检测到网络空闲时，主机才能发送数据，如图 0.3-1 所示。

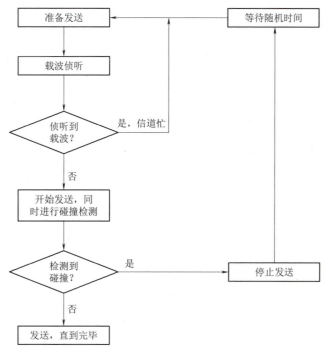

图 0.3-1　CSMA/CD 工作机制

共享式以太网虽然具有搭建方法简单、实施成本低（适合用于小型网络）的优点，但它的缺点是明显的：如果网络中的用户较多时，碰撞的概率将会大大增大。据实际经验，当网络的 10 min 平均利用率超过 37% 以上，整个网络的性能将会急剧下降。因此，依据实际的工程经验，采用 100 Mbit/s 集线器的站点不宜超过四十台，否则很可能会导致网络速度非常缓慢，所以共享式以太网已经被市场淘汰。

2. 交换式以太网

现在的局域网都是交换式以太网，即使用交换技术取代 CSMA/CD 技术的以太网。交换技术的应用，使交换机的每个端口可平行、安全、同时互相传输信息，而且具备很高的扩展性。比如一个 16 端口的以太网交换机允许 16 个站点在 8 条链路间通信。以太网交换机的工作原理很简单，它检测从以太端口接收来的数据包的源和目的地的 MAC 地址，然后在系统内部的动态 MAC 表进行查找，若数据包的 MAC 层地址在 MAC 表中找不到，则将该地址加入 MAC 表中，并将数据包发送给相应的目的端口，若数据包的 MAC 层地址在 MAC 表中，数据包则直接发送给 MAC 地址对应的接口。

交换机又分为直通式与存储转发两种。

直通方式的以太网交换机在输入端口检测到一个数据包时,先检查该包的包头,再获取目的地址,启动内部的动态 MAC 表转换成相应的输出端口,在输入与输出交叉处接通,把数据包直通到相应的端口,实现交换功能。由于不需要存储,延迟非常小、交换非常快,但是因为数据包的内容并没有被以太网交换机保存下来,所以无法检查所传送的数据包是否有误,不能提供错误检测能力,由于没有缓存,不能将具有不同速率的输入/输出端口直接接通,而且当以太网络交换机的端口增加时,交换矩阵变得越来越复杂,实现起来相当困难。

存储转发方式在计算机网络应用最为广泛,它把输入端口的数据包先存储起来,然后进行 CRC(Cyclic Redundancy Check,循环冗余校核)检查,当对错误包进行处理后,才取出数据包的目的地址,通过查找表转换成输出端口送出包。存储转发方式在数据处理时延时大,这是它的不足,但是它可以对进入交换机的数据包进行错误检测,尤其重要的是它可以支持不同速度的输入输出端口间的转换,保持高速端口与低速端口间的协同工作。

0.3.2 以太网分类和标准

按照带宽,以太网可以分为标准以太网、快速以太网、千兆以太网和万兆以太网。

1. 标准以太网

以太网最初只有 10 Mbit/s 的吞吐量,使用的是带冲突检测的载波监听多路访问的控制方法,称为标准以太网。标准以太网可以使用粗同轴电缆、细同轴电缆、非屏蔽双绞线、屏蔽双绞线和光纤等多种传输介质连接。传统的 IEEE802.3(局域网协议)标准以太网包括 10Base-2、10Base-5、10Base-T、10Base-F 这几个规范。以 10Base-2 为例,10 表示 10 Mbit/s 的传输速率,其中的 Base 表示传输的信号是基带信号(数字信号),2 表示采用细同轴电缆传输介质,最大单段长度 185 m。标准以太网的标准如表 0.3-1 所示。

表 0.3-1 标准以太网的标准

规范名称	传输介质	有效传输距离
10Base-2	细同轴电缆	185 m
10Base-5	粗同轴电缆	500 m
10Base-T	5 类 UTP	100 m
10Base-F	光纤,包括 10Base-FP、10Base-FL 和 10Base-FB	2 km

2. 快速以太网

1995 年,IEEE 颁布了百兆以太网标准——快速以太网 802.3u。快速以太网标准包括 100Base-T4、100Base-TX、100Base-FX,如表 0.3-2 所示。

模块 0　IP 和以太网络基础认知

表 0.3-2　快速以太网标准

规范名称	传输介质	有效传输距离
100Base-T4	可使用 3、4、5 类无屏蔽双绞线或屏蔽双绞线，使用 4 对双绞线，其中的三对用于在 33 MHz 的频率上传输数据，每一对均工作于半双工模式，第四对用于 CSMA/CD 冲突检测	100 m
100Base-TX	5 类数据级无屏蔽双绞线或屏蔽双绞线，用两对双绞线，一对用于发送，一对用于接收数据	100~550 m
100Base-FX	使用单模和多模光纤（62.5 μm 和 125 μm）	10 km

3. 千兆以太网

1998 年颁布了千兆以太网标准 802.3z，又名吉比特以太网。它为三种传输媒质定义了三种收发器：1000Base-LX 用于安装单模光纤，1000Base-SX 用于安装多模光纤，1000Base-CX 用于平衡、屏蔽铜缆，可以用于机房内设备的互连。1999 年 6 月，IEEE 颁布 802.3ab 标准，规定了在 5 类线的基础上运行千兆以太网，即 1000Base-T 的物理层，如表 0.3-3 所示。

表 0.3-3　千兆以太网标准

规范名称	传输介质	有效传输距离
1000Base-CX	150 Ω 平衡屏蔽双绞线（STP），使用 9 芯 D 型连接器连接电缆	25 m
1000Base-LX	1. 直径为 9 μm 或 10 μm 的单模光纤，工作波长范围为 1 270~1 355 nm	5 km
	2. 直径为 62.5 μm 或 50 μm 的多模光纤，工作波长范围为 1 270~1 355 nm	550 m
1000Base-SX	多模短波激光器的规格；只支持多模光纤，可以采用直径为 62.5 μm 或 50 μm 的多模光纤，工作波长为 770~860 nm	220~550 m
1000Base-T	四对五类双绞线	100 m

4. 万兆以太网

2002 年 6 月颁布了万兆位以太网（10GigE）802.3ae 标准，主要用于主干网络，包括的标准如表 0.3-4~表 0.3-6 所示。

表 0.3-4　基于光纤的万兆以太网标准

规范名称	描述	传输介质	有效传输距离
10GBase-SR	SR：Short Range 短距离	波长为 850 nm，多模光纤 MMF	300 m
10GBase-LR	LR：Long Range 长距离	波长为 1 310 nm，单模光纤 SMF	10 km
10GBase-ER	ER：Extended Range 超长距离	波长为 1 550 nm，单模光纤 SMF	40 km

表 0.3-5　基于双绞线（或铜线）万兆以太网标准

规范名称	传输介质	有效传输距离
10GBase-CX4	屏蔽双绞线	15 m
1 10GBase-T	6a 类双绞线	100 m
10GBase-KX4	铜线（并行接口）	1 m
10GBase-KR	铜线（串行接口）	1 m

表 0.3-6　基于光纤的万兆以太网标准

规范名称	传输介质	有效传输距离
10GBase-SW	波长为 850 nm 多模光纤	300 m
10GBase-LW	波长为 1 310 nm 单模光纤	10 km
10GBase-EW	波长为 1 550 nm 单模光纤	40 km
10GBase-ZW	波长为 1 550 nm 单模光纤	80 km

0.3.3　MAC 地址

MAC（Media Medium Access Control，介质访问控制）地址，又称为物理地址、硬件地址，用来识别 OSI 模型第二层数据链路层的地址。它由网络设备制造商生产时写在硬件内部，比如写在网卡、交换机接口上。MAC 地址与网络无关，即无论将带有这个地址的硬件接入网络的何处，MAC 地址不变。工作在数据链路层的交换机维护着计算机 MAC 地址和自身端口 MAC 地址的数据库，交换机根据收到的数据帧中的目的 MAC 地址字段来转发数据帧。

MAC 地址采用十六进制数表示，共 6 Byte，一共 48 bit。通常由高位到低位每 4 位比特为一组，表示 1 位十六进制，因此 MAC 表示为 12 个十六进制数，每 2 个十六进制数之间用冒号隔开，如 08:00:20:0A:8C:6D 就是一个 MAC 地址，其中前 6 位十六进制数（08:00:20）代表网络硬件制造商的编号，它由 IEEE 分配，称为"机构唯一标识符"。而后 6 位十六进制数（0A:8C:6D）代表该制造商所制造的某个网络产品（如网卡）的系列号，称为"扩展标识符"。每 2 位十六进制数中间的":"也可以用"-"或"."代替。

网卡的物理地址通常是由网卡生产厂家烧入网卡的 EPROM（Erasable Programmable Read-Only Memory，可擦写可编程只读存储器）。世界上每个以太网设备都具有唯一的 MAC 地址，也就是说，在数据链路层的数据传输过程中，是通过物理地址来识别主机的，一定是全球唯一的。需要说明的是，无线网卡也有 MAC 地址，格式和普通网卡一样。

我们可以很容易的获取到安装 Windows 系统中的计算机网卡的 MAC 地址，有以下两种方法：

（1）在 Windows 7/10 中单击"开始"-"运行"（或者单击"搜索"），在输入栏输入"cmd"后单击"Enter"键，在弹出的 DOS 窗口的">"后输入"ipconfig/all"后单击"Enter"键，如图 0.3-2 所示。

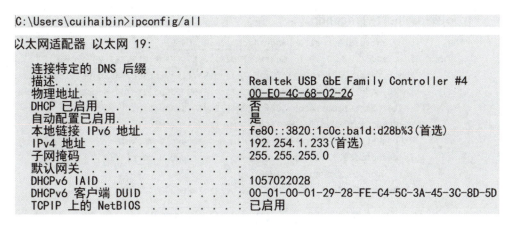

图 0.3-2　Windows 系统 MAC 地址示意

图 0.3-2 中的"物理地址"后面显示的"00-E0-4C-68-02-26"就是查询到的 MAC 地址。

（2）通过查看本地连接获取 MAC 地址：打开"网络和共享中心"，进入"本地连接"，单击"详细信息"即可看到 MAC 地址，如图 0.3-3 所示。

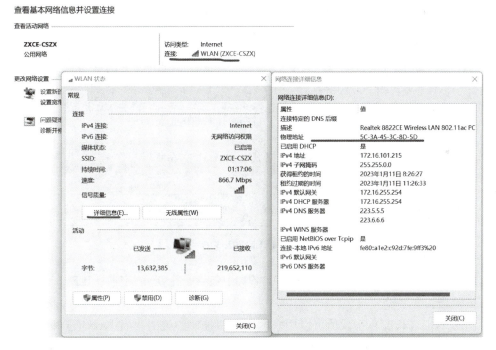

图 0.3-3　Windows 系统查询 MAC 地址示意

如果是 Linux/Unix 系统，在命令行输入"ifconfig"即可看到 MAC 地址（图 0.3-4），"HWaddr 4c:bb:58:9c:f5:55"就是查询到的网卡的 MAC 地址。

[root@localhost~]#ifconfig

```
eth0      Link encap:Ethernet  HWaddr 4c:bb:58:9c:f5:55
          inet addr:172.20.10.3  Bcast:172.20.10.15  Mask:255.255.255.240
          inet6 addr: 2401:4900:1d65:40a1:4ebb:58ff:fe9c:f555/64 Scope:Global
          inet6 addr: 2401:4900:1d65:40a1:f1c9:6a90:2d99:924e/64 Scope:Global
          inet6 addr: fe80::4ebb:58ff:fe9c:f555/64 Scope:Link
          UP BROADCAST RUNNING MULTICAST  MTU:1500  Metric:1
          RX packets:84110 errors:0 dropped:0 overruns:0 frame:0
          TX packets:59727 errors:0 dropped:0 overruns:0 carrier:0
          collisions:0 txqueuelen:1000
          RX bytes:70667629 (70.6 MB)  TX bytes:20886290 (20.8 MB)
```

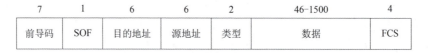

图 0.3-4 Linux 系统查询 MAC 地址示意

0.3.4 以太网帧结构

数据包在以太网物理介质上传播之前必须封装头部和尾部信息，封装后的数据包称为数据帧。以太网上传输的数据帧有两种格式，而选择哪种格式由 TCP/IP 协议族中的网络层决定。

第一种是 DIX v2 格式，即 Ethernet II 帧格式。Ethernet II 后来被 IEEE 802 标准接纳，它的帧格式如图 0.3-5 所示。

7	1	6	6	2	46-1500	4
前导码	SOF	目的地址	源地址	类型	数据	FCS

图 0.3-5 Ethernet II 的帧格式

第二种是 1983 年提出的 IEEE 802.3 格式，如图 0.3-6 所示。

7	1	6	6	2	46-1500	4
前导码	SOF	目的地址	源地址	长度	802.2帧头和数据	FCS

图 0.3-6 IEEE 802.3 的帧格式

这两种格式的主要区别在于 Ethernet II 格式中包含一个 Type 字段；IEEE802.3 格式中，同样的位置是长度字段。

不同的 Type（长度）字段值可以用来区别这两种帧的类型，当 Type（长度）字段值小于等于 1 500（或者十六进制的 0x05DC）时，说明是该段是“长度”，帧使用的是 IEEE 802.3 格式。当 Type 字段值大于等于 1 536（或者是十六进制的 0x0600）时，说明该段是“TYPE”，帧使用的是 Ethernet II 格式。TYPE 取值为 0x0800 的帧代表 IP 协议帧，TYPE 取值为 0x0806 的帧代表 ARP 协议帧。以太网中大多数的数据帧使用的是 Ethernet II 格式。

以太帧中还包括源和目的 MAC 地址，分别代表发送者的 MAC 和接收者的 MAC，此外还有帧校验序列字段，用于检验传输过程中帧的完整性。以太网帧大小必须为 64～1 518 Byte

(不包含前导码和定界符)，即包括目的地址（6 Byte）、源地址（6 Byte）、类型（2 Byte）、数据、FCS（4 Byte）在内，其中数据段大小为 46~1 500 Byte。如表 0.3-7 所示为以太网帧各个字段说明。

表 0.3-7 以太网帧各个字段说明

字段	字段长度/Byte	说明
前导码	7	提供一个较短但仍可靠的同步信号
帧开始符	1	帧起始符，表示帧信息来了，准备接收
目的地址	6	目的设备的 MAC 地址，当网卡收到一个数据帧时，首先检查该帧的目的地址是否与当前适配器的物理地址相同，如果相同，则进一步处理，如果不同则直接丢弃
源地址	6	发送设备的 MAC 物理地址，用于标识传输设备
长度/类型	2	帧数据字段长度/帧协议类型，字段值小于或等于 1 500，则指示帧的有效数据长度；字段值大于或等于 1 536，表示类型。Length 标识有效载荷的数据长度，不包含填充的长度
数据及填充	46~1 500	帧数据字段长度，区间是 46~1 500 Byte
帧校验序列	4	数据校验字段，用于存储 CRC 结果的校验结果

0.4 TCP/IP 协议族

早期的 ARPANET 采用的是一种名为 NCP（Network Control Protocol，网络控制协议）的网络协议，但是随着网络的发展，以及多节点接入和用户对网络需求的提高，NCP 协议已经不能充分支持 ARPANET 的发展需求。而且 NCP 还有一个非常严重的缺陷，就是它只能用于相同的操作系统环境中。也就是说，Windows 用户不能和 macOS 用户以及 Android 用户进行通信。

1974 年，Robert E. Kahn 和 Vinton G. Cerf 在 IEEE 期刊上发表了题为《关于分组交换的网络通信协议》的论文，正式提出 TCP/IP 协议，用以实现计算机网络之间的互联。经过 4 年时间的不断改进，TCP/IP 协议终于完成了基础架构的搭建，在 1983 年，ARPANET 用 TCP/IP 协议替代了 NCP 协议。

TCP/IP 协议是个类似于 OSI 模型的分层协议栈，TCP/IP 模型中，网络层、传输层和应用层包括了很多协议组合在一起，称为 TCP/IP 协议族，是构建 Internet 的基础。其中，IP 是 TCP/IP 协议族中最为核心的协议，所有的 TCP、UDP、ICMP、IGMP 数据都是以 IP 数据报格式传输。TCP/IP 协议族的组成如图 0.4-1 所示。

0.4.1 网络层协议和 IP 地址

网络层协议主要包括 IP 协议以及与 IP 协议相关的 ARP、RARP、ICMP、IGMP 等协议。

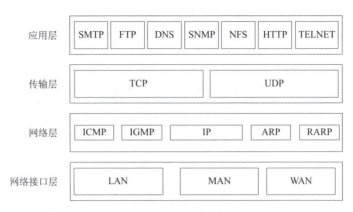

图 0.4-1 TCP/IP 协议族

1. IP 协议

IP 协议规定了计算机在因特网上进行通信时应当遵守的规则。正是因为有了 IP 协议，因特网才得以迅速发展成为世界上最大的、开放的计算机通信网络，IP 协议也叫作"互联网协议"。近年来，IP 协议已经被广泛应用于其他的网络通信系统，如 VoIP、IP over ATM (Asynchronous Transfer Mode，异步传输模式)、IP over SDH (Synchronous Digital Hierarchy，同步数字体系)、IP over WDM 等，成为通信协议中最基础、最重要的协议之一。

IP 协议中有一个非常重要的内容，就是 IP 协议给因特网上的每台数据终端设备和数据控制设备都规定了一个唯一的地址，叫作"IP 地址"，用于确定互联网上的每一台设备。IP 地址是一个 32 位的二进制数，通常被分割为 4 个 "8 位二进制数"（也就是 4 个字节）。IP 地址通常用"点分十进制"表示成 a.b.c.d 的形式，其中的 a、b、c、d 都是 0~255 的十进制整数，如 100.4.5.6。关于 IP 地址的分类、计算和应用，将在后文中详细介绍。

1) IP 数据报格式

使用 IP 协议传输数据的包被称为 IP 数据包，IP 协议规定数据包叫作 IP 数据报文或者 IP 数据报。IP 数据报由首部（称为报头）和数据两部分组成。首部的前一部分是固定长度，共 20 Byte，是所有 IP 数据报必须具有的。在首部的固定部分的后面是一些可选字段，其长度是可变的。每个 IP 数据报都以一个 IP 报头开始，IP 报头中包含大量的信息，如源 IP 地址、目的 IP 地址、数据报长度、IP 版本号等，每个信息都被称为一个字段。源计算机构造这个 IP 报头，而目的计算机利用 IP 报头中封装的信息处理数据。IP 数据报的格式如图 0.4-2 所示，其中每个字段的含义如下。

（1）版本。

占 4 bit，表示 IP 协议的版本。通信双方使用的 IP 协议版本必须一致。目前，被人们广泛使用的 IP 协议版本号为 4，即 IPv4。IPv6 的应用也在逐渐增多。

（2）首部长度。

占 4 bit，可表示的最大十进制数值是 15。该字段的单位是 4 Byte，因此，当 IP 的首部长度为 1111 时（十进制 15），首部长度就达到 15×4 = 60 Byte。当 IP 分组的首部长度不是 4 Byte 的整数倍时，必须利用最后的填充字段加以填充。当该字段取值 0101 时，首部长度

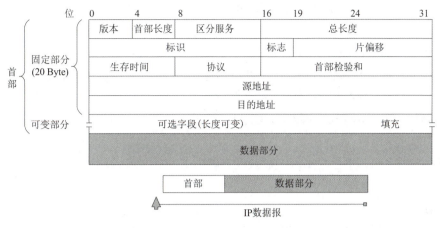

图 0.4-2 IP 数据报格式

就是 20 Byte，这是最常用的首部长度。

（3）区分服务。

区分服务也被称为 TOS（Type of Services）服务类型，占 8 bit，如图 0.4-3 所示。

图 0.4-3 TOS 字段

TOS 包括共 8 bit，包括 3 bit 的优先权字段，取值为 000~111 中的所有值，可以定义 8 个服务等级；4 bit 的 TOS 子字段称为 DTRC（Delay-Throughput-Reliability-Cost）位；1 bit 未用位，但必须置 0。

8 个优先级的定义如表 0.4-1 所示。

表 0.4-1 8 个优先级的定义

优先级	bit 值	优先级说明	应用
7	111	Network Control（网络控制）	网络控制数据使用，如路由
6	110	Internetwork Control（网间控制）	网络控制数据使用，如路由
5	101	Critic（关键）	语音数据使用
4	100	Flash Override（疾速）	视频会议和视频流使用
3	11	Flash（闪速）	语音控制数据使用
2	10	Immediate（快速）	数据业务使用
1	1	Priority（优先）	数据业务使用
0	0	Routine（普通）	默认

4 bit 的 TOS 分别代表：最小时延、最大吞吐量、最高可靠性和最小费用。4 bit 中只能

置其中 1 bit。如果所有 4 bit 均为 0，那么就意味着是一般服务，即

①normal service（一般服务）。

②1000-minimize delay（最小时延）。

③0100-maximize throughput（最大吞吐量）。

④0010-maximize reliability（最高可靠性）。

⑤minimize monetary cost（最低费用）。

(4) 总长度。

首部和数据之和，单位为 Byte。总长度字段为 16 位，因此数据报的最大长度为 $2^{16}-1=$ 65 535(Byte)。

(5) 标识。

用来标识数据报，占 16 bit。IP 协议在存储器中维持一个计数器，每产生一个数据报计数器就加 1，并将此值赋给标识字段。当数据报的长度超过网络的 MTU 必须分片时，这个标识字段的值就被复制到该数据报分片后的所有数据报的标识字段中。此时，具有相同的标识字段值的分片报文会被重组成原来的数据报。

(6) 标志。

标志占 3 bit，如图 0.4-4 所示。

图 0.4-4　标志字段

第一位未使用，其值为 0。第二位称为 DF（不分片），表示是否允许分片，取值为 0 时，表示允许分片；取值为 1 时，表示不允许分片。第三位称为 MF（更多分片），取值为 1 时表示有分片正在传输，而设置为 0 时，则表示没有更多分片需要发送或数据报没有分片。

(7) 片偏移。

片偏移占 13 bit。当报文被分片后，该字段标记该分片在原报文中的相对位置。片偏移以 8 Byte 为偏移单位。所以除最后一个分片，其他分片的偏移值都是 8 Byte 的整数倍。

(8) 生存时间。

表示数据报在网络中的寿命，占 8 bit。该字段由发出数据报的源主机设置，目的是防止数据报无限制地在网络中传输消耗网络资源。路由器在转发数据报之前，先把 TTL 值减 1，若 TTL 值减少到 0，则丢弃这个数据报，不再转发。因此，TTL 指明数据报在网络中最多可经过多少个路由器。TTL 的最大数值为 255。若把 TTL 的初始值设为 1，则表示这个数据报只能在本局域网中传送。

(9) 协议。

表示该数据报文所携带的数据所使用的协议类型，占 8 bit。该字段方便目的主机的 IP 层知道按照什么协议来处理数据部分。不同的协议有专门不同的协议号，如 TCP 的协议号为 6，UDP 的协议号为 17，ICMP 的协议号为 1。

(10) 首部检验和。

用于校验数据报的首部,占 16 bit。数据报每经过一个路由器,首部的字段都可能发生变化,所以需要重新校验。而数据部分不发生变化,所以不用重新生成校验值。

(11) 源地址。

表示数据报的源 IP 地址,占 32 bit。

(12) 目的地址。

表示数据报的目的 IP 地址,占 32 bit。

(13) 可选字段。

该字段用于一些可选的报头设置,主要用于测试、调试和安全的目的。

(14) 填充。

当数据报的报头不是 32 bit(4 Byte)的整数倍时,使用若干个 0 填充该字段以保证整个报头的长度是 32 位的整数倍。

(15) 数据部分。

来自传输层或者网络层的其他协议使用 IP 数据报传送数据,如 TCP、UDP、ICMP、IGMP 的数据。数据部分的长度不固定但是小于 65 535−首部长度。

2) IP 协议的功能

IP 协议提供了一种无连接、不可靠,尽力而为的数据报传输服务,功能主要有两个:寻址和路由,以及分片与重组。

(1) 寻址和路由。

IP 数据报中会携带源 IP 地址和目的 IP 地址来标识该数据报的源主机和目的主机。IP 数据报在传输过程中,每个中间节点(IP 网关、路由器)只根据网络地址进行转发,如果中间节点是路由器,则路由器会根据路由表选择合适的路径。IP 协议根据路由选择协议提供的路由信息对 IP 数据报进行转发,直至到达目的主机。

(2) 分片与重组。

IP 数据报在传输过程中可能会经过不同的网络设备,不同的网络设备对于通过的数据报的最大长度限制是不同的。如果一个数据报的长度超过了设备允许通过的数据报的最大长度,就需要将 IP 数据报分割成多个小的数据报分别传送,这个过程叫作分片。IP 协议给每个 IP 数据报分配一个标识符以及每个分片后的数据报的位置信息,分片后的 IP 数据报可以独立地在网络中进行转发,在到达目的主机后,由目的主机根据原数据报标识和分片数据报位置完成数据报的重组工作,将其复原成原来的 IP 数据报。

2. ICMP 协议

ICMP(Internet Control Message Protocol,Internet 控制报文协议)是整个网络层协议族的一个子协议,用于在 IP 主机、路由器之间传递控制消息。控制消息是指网络通不通、主机是否可达、路由是否可用等网络本身的消息。这些控制消息虽然并不传输用户数据,但是对于用户数据的传递起重要作用。

ICMP 协议对于网络安全具有极其重要的意义。当遇到 IP 数据无法访问目标、IP 路由器无法按当前的传输速率转发数据包等情况时，会自动发送 ICMP 消息。ICMP 提供出错报告信息，如表 0.4-2 所示。发送的出错报文返回至发送原数据的设备中，发送设备随后可根据 ICMP 报文确定发生错误的类型，并确定如何才能更好地重发失败的数据包。但是 ICMP 的功能是报告问题而不是纠正错误，纠正错误的任务由发送方完成。

表 0.4-2 ICMP 报文的主要类型

报文类型	类型值	ICMP 出错报告信息
差错报告报文	3	目的站不可达
	4	源站抑制
	5	改变路由（重定向）
	11	超时
	12	参数出错
询问报文	0/8	回送（Echo）应答/回送（Echo）请求
	13/14	时间戳请求/时间戳应答
	17/18	地址掩码请求/地址掩码应答
	9/10	路由器通告/路由器询问

ICMP 就是一个错误侦测与反馈协议，其目的就是让人们能够检测网络的连接状况，也能确保连接的准确性，其功能主要有侦测远端主机是否存在，建立及维护路由信息，控制 IP 配置信息传送路径（ICMP 重定向），控制信息流量等。

在网络中经常会使用到 ICMP 协议，如用于检查网络通不通的"ping"命令（Linux 和 Windows 中均有），跟踪路由的"Tracert"命令都是基于 ICMP 协议的。在 DOS 窗口中输入"ping IP 地址"，执行结果如图 0.4-5 所示，"丢失＝0"说明网络是通的；执行结果如图 0.4-6 所示，"无法访问目标主机"说明网络不通。

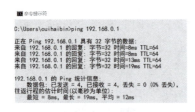

图 0.4-5 网络通

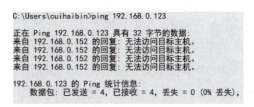

图 0.4-6 网络不通

3. IGMP 协议

IP 报文的网络传输有三种模式：单播、广播和组播。

（1）单播是主机间一对一的通信模式，网络中的设备根据网络报文中包含的目的地址选择传输路径，将单播报文传送到指定的目的地，只对接收到的数据进行转发，不会进行复制。它能够及时响应每台主机的请求，现在的网页浏览全部都是采用单播模式。

（2）广播是主机间一对所有的通信模式，设备会将报文发送到网络中的所有可能接收

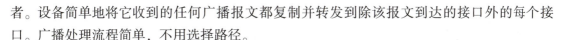

者。设备简单地将它收到的任何广播报文都复制并转发到除该报文到达的接口外的每个接口。广播处理流程简单，不用选择路径。

（3）组播是主机间一对多的通信模式，是一种允许一个或多个组播源发送同一报文到多个接收者的技术。组播源将一份报文发送到特定的组播地址，组播地址不同于单播地址，它并不属于某个主机，而是属于一组主机。一个组播地址表示一个群组，需要接收组播报文的接收者都加入这个群组。IP 组播通常应用在视频点播、网络会议等场合。

IGMP（Internet Group Manage Protocol，互联网组管理协议）负责管理 TCP/IP 协议栈中的 IPv4 组播组成员的注册。IGMP 协议运行在接收者主机和与其直接相邻的组播路由器之间，用于建立和维护成员关系。参与 IP 组播的主机可以在任意位置、任意时间加入或退出组播组。

IGMP 协议运行于主机与主机直接相连的组播路由器之间。接收者（主机）向所在的共享网络报告组成员关系，查询者（路由器）周期性地向该共享网段发送组成员查询信息，接收者主机接收到查询消息后进行响应以报告组成员关系，网段中的组播路由器依据接收到的响应来刷新组成员的存在信息。

4. ARP 协议

ARP（Address Resolution Protocol，地址解析协议）是根据 IP 地址获取物理地址的一个协议。当网络层的 IP 数据报到达链路层时，需要根据链路层的 MAC 地址来发送数据，因此，需要根据目的 IP 地址确认对应的主机的 MAC 地址。ARP 的主要功能是：一是将 IP 地址解析为 MAC 地址；二是维护 IP 地址与 MAC 地址的映射关系的缓存，即 ARP 表项；三是实现网段内重复 IP 地址的检测。

网络设备中一般有 ARP 缓存，用来存放 IP 地址和 MAC 地址的关联信息。在发送数据前，设备会先查找 ARP 缓存表。如果缓存表中存在对方设备的 MAC 地址，则直接采用该 MAC 地址来封装帧，然后将帧发送出去。如果缓存表中不存在相应的信息，则通过发送 ARP Request 报文来获得它。学习到的 IP 地址和 MAC 地址的映射关系会被放入 ARP 缓存表中存放一段时间。在有效期内，设备可以直接从这个表中查找目的 MAC 地址来进行数据封装，而不用进行 ARP 查询。过了这段有效期，ARP 表项会被自动删除。如果目标设备位于其他网络，源设备则会在 ARP 缓存表中查找网关的 MAC 地址，然后将数据发送给网关，再由网关把数据转发给目的设备。

获取 ARP 缓存表，在 DOS 窗口的">"后输入：ARP-a，就列出了当前计算机中所有传送的数据报的 IP 地址和 MAC 地址的映射关系，如图 0.4-7 所示。

ARP 的工作过程如下：

假设主机 A 和主机 B 处于同一个网段，主机 A 要向主机 B 发送信息。

（1）主机 A 首先查看自己的 ARP 缓存表，确定其中是否包含有主机 B 对应的 ARP 表项。如果找到了对应的 MAC 地址，则主机 A 直接利用 ARP 表中的 MAC 地址，对 IP 数据包进行帧封装，并将数据包发送给主机 B。

（2）如果主机 A 在 ARP 表中找不到对应的 MAC 地址，则将缓存该数据报文，然后以

```
C:\Users\cuihaibin>ARP -a

接口: 192.168.0.152 --- 0x16
  Internet 地址         物理地址              类型
  192.168.0.1          78-44-fd-df-7c-21    动态
  192.168.0.40         60-ab-67-e2-bb-0d    动态
  192.168.0.41         6c-94-66-f2-20-1f    动态
  192.168.0.51         b4-0f-3b-ef-76-99    动态
  192.168.0.52         86-1e-65-6f-e5-c8    动态
  192.168.0.55         50-eb-71-cd-50-8c    动态
  192.168.0.85         7c-b5-9b-94-81-1a    动态
  192.168.0.87         f8-9e-94-1f-fd-9c    动态
  192.168.0.92         70-bb-e9-d0-ef-91    动态
  192.168.0.100        7c-b5-9b-94-7d-78    动态
  192.168.0.102        58-fb-84-30-0d-8b    动态
  192.168.0.106        d4-68-4d-30-b9-00    动态
  192.168.0.107        94-f6-65-08-df-00    动态
  192.168.0.124        64-6e-97-87-91-41    动态
  192.168.0.139        5c-c3-36-8d-d8-71    动态
```

图 0.4-7　ARP 缓冲表

广播方式发送一个 ARP 请求报文。ARP 请求报文中的发送端 IP 地址和发送端 MAC 地址为主机 A 的 IP 地址和 MAC 地址，目标 IP 地址和目标 MAC 地址为主机 B 的 IP 地址和全 0 的 MAC 地址。由于 ARP 请求报文以广播方式发送，该网段上的所有主机都可以接收到该请求，但只有被请求的主机（即主机 B）会处理该请求。

（3）主机 B 比较自己的 IP 地址和 ARP 请求报文中的目标 IP 地址，当两者相同时进行如下处理：将 ARP 请求报文中的发送端（即主机 A）的 IP 地址和 MAC 地址存入自己的 ARP 表中。之后以单播方式发送 ARP 响应报文给主机 A，其中包含了自己的 MAC 地址。

（4）主机 A 收到 ARP 响应报文后，将主机 B 的 MAC 地址加入自己的 ARP 表中以用于后续报文的转发，同时将 IP 数据包进行封装后发送出去。

（5）当主机 A 和主机 B 不在同一网段时，主机 A 就会先向网关发出 ARP 请求，ARP 请求报文中的目标 IP 地址为网关的 IP 地址。当主机 A 从收到的响应报文中获得网关的 MAC 地址后，将报文封装并发给网关。如果网关没有主机 B 的 ARP 表项，网关会广播 ARP 请求，目标 IP 地址为主机 B 的 IP 地址，当网关从收到的响应报文中获得主机 B 的 MAC 地址后，就可以将报文发给主机 B 了；如果已经有主机 B 的 ARP 表项，网关将直接把报文发给主机 B。

0.4.2　传输层协议和端口号

传输层协议主要有 TCP 协议和 UDP 协议。

1. TCP 协议

TCP 是一种面向连接的、可靠的、基于字节流的传输层通信协议。在 TCP/IP 协议族中，TCP 层是位于 IP 层之上应用层之下的中间层。

由于不同主机的应用层之间经常需要类似于点对点连接的可靠的传输，但是 IP 层不提供这样的机制，因此，进行可靠的传输需要传输层的 TCP 协议来完成。

1) TCP 报文

TCP 数据包叫作 TCP 报文,封装在 IP 数据报中传输,如图 0.4-8 所示。由此可见,TCP 数据是封装在 IP 数据包中。

图 0.4-8　IP 数据封装 TCP 报文结构图

图 0.4-9 所示为 TCP 报文详细数据格式,TCP 首部如果不计选项和填充字段,通常为 20 Byte。

图 0.4-9　TCP 报文详细格式

每个字段的含义如下。

(1) 源端口和目的端口。

端口号是传输层服务访问点,用 0~65 535 的数字标识,是传输层用来识别某一个数据发送和接收的具体应用进程,根据端口号确定送给哪个应用程序处理。

端口号分为三种:知名端口号、注册端口号和动态端口号。

知名端口是服务器侧使用的端口号,从 0~1 023,IANA(Internet Assigned Number Authority,国际号分址机构)把这些端口号指派给 TCP/IP 中最重要的一些应用程序,其作用是让所有的用户都知道。当一种新的应用程序出现后,IANA 必须为它指派一个系统端口,否则因特网上的其他应用进程就无法和它进行通信。比如,FTP 的端口号是 21,TELNET 的端口号是 23,SMTP 的端口号是 25 等。

注册端口号也是服务器侧使用的端口号,从 1 024~49 151,为那些没有知名端口号的应用程序使用的,使用这类端口号必须按照 IANA 的规定进行登记,以防止重复。

动态端口号是客户端使用的端口号,从 49 152~65 535。这类端口号仅在客户进程运行时才动态地选择。通信结束后，这个端口号就不存在了，可以供给其他客户进程以后使用。

源端口和目的端口加上 IP 首部中的源端 IP 地址和目的端 IP 地址可以唯一的确定一个 TCP 连接。在应用层，有时一个 IP 地址和一个端口号也称为 Socket 套接字。

（2）32 位序列号。

占 4 Byte，是本报文段所发送的数据项目组第一个字节的序号。在 TCP 传送的数据流中，每一个字节都有一个序号。例如一报文段的序号为 300，而且数据共有 100 B 字节，则下一个报文段的序号就是 400，序号是 32 位的无符号数，序号达到 $2^{32}-1$ 后，从 0 开始。

（3）32 位确认序号。

占 4 Byte，是期望收到对方下次发送的数据的第一个字节的序号，也就是期望收到的下一个报文段的首部中的序号；确认序号应该是上次已成功收到数据字节序号+1。只有当 ACK 标志为 1 时，确认序号才有效。

（4）数据偏移。

占 4 bit，表示数据开始的地方离 TCP 段的起始处有多远。实际上就是 TCP 段首部的长度。由于首部长度不固定，因此数据偏移字段是必要的。数据偏移以 32 为长度单位，也就是 4 Byte，TCP 首部的最大长度是 60 Byte，即偏移最大为 15 个长度单位 = 1 532 bit = 154 Byte。

（5）保留。

占 6 bit，供以后应用，现在置为 0。

（6）6 个标志位比特。

①URG：当 URG = 1 时，注解此报文应尽快传送，而不要按本来的列队次序来传送。与"紧急指针"字段共同使用，紧急指针指出在本报文段中的紧急数据的最后一个字节的序号，使接管方可以知道紧急数据共有多长。

②ACK：只有当 ACK = 1 时，确认序号字段才有效。

③PSH：当 PSH = 1 时，接收方应该尽快将本报文段传送给应用层。

④RST：当 RST = 1 时，表示出现连接错误，必须释放连接，然后重建传输连接。复位比特还用来拒绝一个不法的报文段或拒绝打开一个连接。

⑤SYN：SYN = 1，ACK = 0 时表示请求建立一个连接，携带 SYN 标志的 TCP 报文段为同步报文段。

⑥FIN：发端完成发送任务。

（7）窗口。

TCP 通过滑动窗口的概念来进行流量控制。在发送端发送数据的速度很快而接收端接收速度很慢的情况下，为了保证数据不丢失，需要进行流量控制，协调通信双方的工作节奏。滑动窗口可以理解成接收端所能提供的缓冲区大小，来告诉发送端针对它所发送的数据能提供多大的缓冲区，窗口的数据起始于确认序号字段指明的值。窗口大小是一个 16 bit 字段，因此窗口大小最大为 65 535 Byte。

（8）检验和。

检验和覆盖了整个 TCP 报文段：TCP 首部和数据。这是一个强制性的字段，由发送端计算和存储，由接收端验证。

（9）紧急指针。

只有当 URG 标志置 1 时紧急指针才有效。紧急指针是一个正的偏移量，它和序号字段中的值相加表示紧急数据最后一个字节的序号。

2）TCP 三次握手机制

TCP 协议提供的是一种可靠的、通过"三次握手"来连接的数据传输服务。当主动方发出 SYN 连接请求后，等待对方回答 SYN+ACK，并最终对对方的 SYN 执行 ACK 确认。这种建立连接的方法可以防止错误连接产生。TCP 三次握手的过程如图 0.4-10 所示。

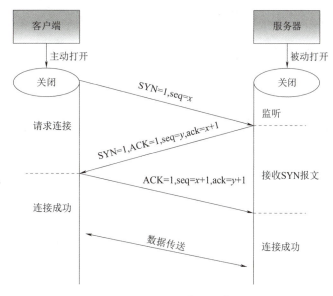

图 0.4-10　TCP 三次握手的过程

（1）初始状态。

服务端监听某个端口，处于 LISTEN 状态。

（2）客户端发送 TCP 连接请求。

客户端会随机产生一个初始序列号 $seq=x$，设置 $SYN=1$，表示这是 SYN 握手报文，向服务端发起连接，之后客户端处于同步已发送状态。

（3）服务端发送针对 TCP 连接请求的确认。

服务端收到客户端的 SYN 报文后，也随机产生一个初始序列号 $seq=y$，设置 $ack=x+1$，表示收到了客户端的序号 x 之前的数据，希望客户端下次发送的数据从序号 $x+1$ 开始。设置 $SYN=1$ 和 $ACK=1$，表示这是一个 SYN 握手和 ACK 确认应答报文。最后，把该报文发给客户端，该报文也不包含应用层数据，之后服务端处于同步已接收状态。

（4）客户端发送确认的确认。

客户端收到服务端报文后，还要向服务端回应最后一个应答报文，将 ACK 置为 1，表示这是一个应答报文，$ack=y+1$，表示收到了服务器的 y 之前的数据，希望服务器下次发送的数据从 $y+1$ 开始。最后把报文发送给服务端，这次报文可以携带数据，之后客户端处于连接已建立状态。服务器收到客户端的应答报文后，也进入连接已建立状态。

通过以上步骤，客户端和服务器之间建立了一个类似于点对点的虚连接进行数据传送，在一定程度上保证了数据传送的可靠性，因此，TCP 协议多用于对数据传送的可靠性、稳定性、安全性有较高要求的应用。

2. UDP 协议

UDP（User Datagram Protocol，用户数据报协议）是一个简单的面向消息的传输层协议，尽管 UDP 提供标头和有效负载的完整性验证，但它不保证向上层协议提供消息传递，并且 UDP 层在发送后不会保留 UDP 消息的状态。因此，UDP 是一个不可靠的数据报协议。如果需要传输可靠性，则必须在用户应用程序中实现。UDP 报文格式如图 0.4-11 所示。

图 0.4-11　UDP 报文格式

UDP 报文中每个字段的含义如下：

（1）源端口：16 bit，通常包含发送数据报的应用程序所使用的 UDP 端口。接收端的应用程序利用这个字段的值作为发送响应的目的地址。这个字段是可选的，所以发送端的应用程序不一定会把自己的端口号写入该字段中。如果不写入端口号，则把这个字段设置为 0，这样，接收端的应用程序就不能发送响应了。

（2）目的端口：接收端计算机上 UDP 应用使用的端口，占据 16 bit。

（3）长度：该字段占据 16 bit，表示 UDP 数据报长度，包含 UDP 报文头和 UDP 数据长度。

（4）校验值：该字段占据 16 bit，可以检验数据在传输过程中是否被损坏。

从 UDP 的报文结构看出，UDP 协议的具有以下的特点：

（1）无连接。客户端只要知道服务器的 IP 和地址，就可以直接进行数据传输，不需要建立连接。

（2）不可靠。发送端发送数据报以后，如果因为网络故障等问题无法发送给接收端，UDP 协议也不会给应用层返回任何错误信息。

（3）原样发送。接收和发送数据的单位是一个数据报。应用层交给 UDP 多长的报文，UDP 原样发送，既不会拆分，也不会合并。

（4）无拥塞控制。UDP 没有拥塞控制，网络出现的拥塞不会使源主机的发送速率降低。

所以虽然 UDP 协议可靠性不高，但是传输速度快，适用于如语音、视频等对传输对实时性要求较高的应用。

TCP 与 UDP 的区别如表 0.4-3 所示。

表 0.4-3　TCP 与 UDP 的区别

特点	TCP	UDP
是否面向连接	面向连接	无连接
是否提高可靠性	可靠传输	不提供可靠性
是否流量控制	流量控制	不提供流量控制
传输速度	慢	快
协议开销	大	小

0.4.3　应用层协议

TCP/IP 的应用层涵盖了 OSI 参考模型中第 5、第 6 和第 7 层的所有功能，不仅包含了管理通信连接的会话层功能、转换数据格式的标识层功能，还包括与对端主机交互的应用层功能在内的所有功能。网络的应用程序有很多，包括 Web 浏览器、电子邮件、远程登录、文件传输、网络管理等，这些应用程序完全按照它们同名的协议开发实现了协议中规定的通信功能。

1. FTP 协议

FTP 是典型的 C/S（Client/Server，客户机/服务器）架构的应用层协议，需要由服务端软件、客户端软件这两个部分共同实现文件传输功能，如图 0.4-12 所示。

FTP 客户端和服务器之间的连接是可靠的、面向连接的，为数据的传输提供了可靠的保证。"下载"文件就是从远程主机拷贝文件至自己的计算机上，"上传"文件就是将文件从自己的计算机中拷贝至远程主机上。在默认情况下，FTP 协议使用 TCP 端口中的 20 和 21 两个端口，其中的 20 口用于传输数据（数据端口），21 口用于传输控制信息（命令端口）。

图 0.4-12　FTP 系统

FTP 数据连接分为两种模式：主动模式和被动模式。

1）主动模式（PORT）

主动模式（PORT）是由本地决定使用哪个端口进行文件传输，FTP 的客户端先向服务器的 FTP 端口（默认是 21）发送连接请求，服务器接受连接，建立一条命令链路。当需要传送数据时，客户端在命令链路上用 PORT 命令告诉服务器："我打开了 10021 端口，你过来连接我"，于是服务器从 20 端口向客户端的 10021 端口发送连接请求，建立一条数据链路来传送数据。客户端通过指令端口 10021 连接到服务器后，客户端提供一个数据连接端口（默认是指令端口+1）：10022，服务端主动通过客户端的 10022 端口发送数据给客户端。

2）被动模式（PASV）

被动模式（PASV）是由远程决定使用哪个端口进行文件传输。FTP 的客户端向服务器的 FTP 端口（默认是 21）发送连接请求，服务器接受连接，建立一条命令链路。当需要传送数据时，服务器在命令链路上用 PASV 命令告诉客户端："我打开了 10021 端口，你过来连接我"。于是客户端向服务器的 10021 端口发送连接请求，建立一条数据链路来传送数据，成功后服务端提供一个数据连接端口 10022，告知客户端"请通过我提供的数据端口发送/下载数据"。

常用的 FTP 服务器软件有：Serv-U、FileZillaServer、VsFTP、Titan FTP Server 等，FTP 客户端软件有：FileZilla、LeapFtp、Xftp、FlashFXP 等。

2. DNS 协议

DNS（Domain Name System，域名系统）是为了方便用户访问网站而在互联网上采用的一种用来记录主机与 IP 地址对应关系的分布式数据库系统。用户可以不必记忆网站的 IP 地址，直接输入域名登录网站，DNS 会将域名解析成 IP 地址，从而访问到域名对应的网站，通过主机名获取到主机名对应 IP 地址的过程叫作域名解析，如图 0.4-13 所示。

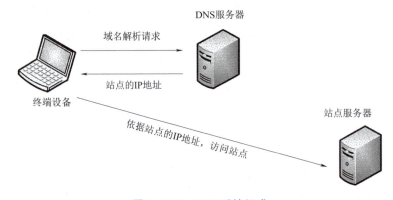

图 0.4-13　DNS 系统组成

DNS 协议建立在 UDP 协议之上，在某些情况下可以切换到 TCP，使用端口号 53，是一种客户/服务器服务模式。

域名系统是一个层次结构的分布式数据库，域名系统包括主机名和域名。DNS 数据库中的名称形成一个分层树状结构称为域名空间（图 0.4-14），包括以下部分：

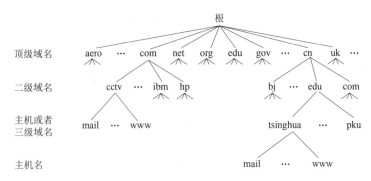

图 0.4-14　DNS 数据结构

（1）根域：规定由尾部句点"."来指定名称位于根或者更高层次的域层次结构。

（2）顶级域：用来指示某个国家、地区或者组织。一般采用三个字符，如 com 指的是商业公司，edu 指的是教育机构，net 指的是网络公司，gov 指非军事政府机构。另外，也可以按照国家设立顶级域名，如 cn 指中国等。

（3）二级域：注册在顶级域名下的人、组织、公司、机构等是二级域名，如 ibm 全球性公司可以注册在 com 下，此时的 ibm.com 是二级域名。com、edu 等注册到根下的域名也可以注册到国家的域名下，如 com.cn，此时的是二级域名。

（4）三级域名：个人、公司和组织如果注册到二级域名下为三级域名，如 ccc.com.cn。

（5）主机：如果没有下一级域名，则就是域名系统的末端主机，如 mail.ccc.com。

3. SMTP 协议

SMTP（Simple Mail Transfer Protocol，简单邮件传输协议）是一组用于由源地址到目的地址传送邮件的规则，用来控制信件的中转方式，帮助每台计算机在发送或中转信件时找到下一个目的地。通过 SMTP 协议所指定的服务器，可以把电子邮件发送到收信人的服务器上。SMTP 使用 TCP 协议 25 号端口来监听连接请求。SMTP 协议一般和 POP3（Post Office Protocol-Version 3，邮局协议版本 3）协议一起使用，POP3 协议用来接收邮件。SMTP 工作在两种情况下：一种是电子邮件从客户机传输到服务器；另一种是从某一个服务器传输到另一个服务器，如图 0.4-15 所示。

图 0.4-15　SMTP 和 POP3 工作示意

SMTP 协议的工作过程可分为以下 3 个过程。

（1）建立连接：SMTP 客户请求与服务器的 25 端口建立一个 TCP 连接，一旦连接建立，SMTP 服务器和客户端就开始相互通告自己域名的同时，也确认对方的域名。

（2）邮件传送：SMTP 客户端将邮件的源地址、目的地址和邮件的具体内容传递给 SMTP 服务器，SMTP 服务器进行响应并接收邮件。

（3）连接释放：SMTP 客户端发出退出命令，服务器在处理命令后进行响应，随后关闭 TCP 连接。

4. HTTP 协议

HTTP（Hyper Text Transfer Protocol，超文本传输协议）是在互联网上使用最广泛的一种网络协议，所有的 WWW（World Wide Web，万维网）服务都基于该协议，HTTP 默认端口是 80。

目前，HTTPS（Hyper Text Transfer Protocol over Secure Socket Layer，超文本安全协议）协议是一种通过计算机网络进行安全通信的传输协议，经由 HTTP 进行通信，利用 SSL

（Secure Sockets Layer，安全套接字协议）/TLS（Transport Layer Security，网络传输层安全）建立全信道，加密数据包。HTTPS 使用的主要目的是提供对网站服务器的身份认证，同时保护交换数据的隐私与完整性。默认端口是 443。

HTTPS 协议采用了请求/响应模型。客户端向服务器发送一个请求报文，请求报文包含请求的方法、URL（Uniform Resource Locator，统一资源定位器）、协议版本、请求头部和请求数据。服务器以一个状态行作为响应，响应的内容包括协议的版本、成功或者错误代码、服务器信息、响应头部和响应数据。

以下是 HTTP 协议的工作流程，如图 0.4-16 所示。

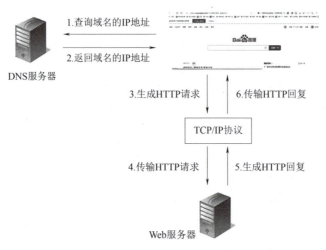

图 0.4-16　HTTP 协议的工作流程

1）域名解析

在一个浏览器地址栏输入网址信息（如 http：//www.baidu.com），如果浏览器缓存中没有域名信息，则根据网络配置中的 DNS 地址向 DNS 服务器发起域名查询请求，域名服务器向客户端返回域名对应的 IP 地址，如图 0.4-16 中的 1 和 2。

2）建立 TCP 连接

在客户端和服务器之间建立 HTTP 端口的 TCP 套接字连接。

3）发送 HTTP 请求

通过 TCP 套接字，客户端向 Web 服务器发送一个文本的请求报文，一个请求报文由请求行、请求头部、空行和请求数据 4 部分组成，如图 0.4-16 中的 3 和 4。

4）服务器接受请求并返回 HTTP 响应

Web 服务器解析请求，定位请求资源。服务器将资源复本写到 TCP 套接字，由客户端读取。一个响应由状态行、响应头部、空行和响应数据 4 部分组成，如图 0.4-16 中的 5 和 6。

5）释放连接 TCP 连接

若 connection 模式为 close，则服务器主动关闭 TCP 连接，客户端被动关闭连接，释放 TCP 连接；若 connection 模式为 keepalive，则该连接会保持一段时间，在该时间内可以继续接收请求。

6) 客户端浏览器解析 HTML 内容

客户端浏览器首先解析状态行，查看表明请求是否成功的状态代码。然后解析每一个响应头，响应头告知以下为若干字节的 HTML（Hyper Text Markup Language，超文本标记语言）文档和文档的字符集。客户端浏览器读取响应数据 HTML，根据 HTML 的语法对其进行格式化，并在浏览器窗口中显示。

模 块 总 结

IP/以太网不仅是计算机网络，也是通信网络的基础技术。计算机网络的结构包括总线型、星形、树形、环形、网状形五种，组网中一般采取树形为主，其他类型为辅的组网结构；计算机网络有两种重要的模型 OSI 和 TCP/IP，OSI 模型分为 7 层，其中最重要的三层是数据链路层、网络层和传输层。TCP/IP 模型在 OSI 七层模型的基础上简化为四层（或者五层）模型。网络数据的发送和接收按照 TCP/IP 模型逐层进行封装和解封装。封装和解封装实质上是按照每层的数据结构添加或者去除地址、协议类型、端口等信息的过程，如在发送数据时，数据从传输层到网络层，需要在数据段的数据结构中添加目的 IP 和源 IP，而接收数据时，数据从链路层传输到网络层，需要在数据帧中剥离目的 MAC 和源 MAC 地址。

在二层交换技术中，以太网技术是主流技术，以太网技术的基础是载波检测多路侦听，**产生了共享式以太网**。由于共享式以太网交换效率低，又发展为交换式以太网。目前的交换技术已经从 10 Mbit/s、100 Mbit/s、1 000 Mbit/s 发展到万兆交换，传输媒介从铜缆、双绞线发展到光纤，交换机也从 100 Mbit/s、1 000 Mbit/s 的电口交换机发展到 1 000 Mbit/s、10 000 Mbit/s 的光口交换机。MAC 地址是一个 48 bit 的十六进制数字，它是链路层寻址的标识，以太网传输的数据以数据帧为单位，包含了目标 MAC 和源 MAC 等关键信息。

TCP/IP 协议族是构建因特网和企业网的主流协议，它是网络层和传输层的协议，主要包括 IP 协议、TCP 协议和 UDP 协议以及各种路由协议和应用层的协议。IP 地址是网络层寻址的标识，由 128 bit 的数字组成。IP 端口号是识别 TCP、UDP 等传输层协议的标识，TCP/IP 网络传输的数据以数据报为单位，包含了目标 IP、源 IP、目标端口和源端口地址等关键信息。完成 IP 数据包路由和转发的设备是路由器，它是构成互联网的主要设备。

本项目是学习后续项目的基础。

模 块 练 习

一、单选题

1. 易于扩展和故障隔离的网络拓扑结构是（　　）。
A. 总线型　　　　B. 树形　　　　C. 环形　　　　D. 星形

2. OSI 参考模型是哪一个国际标准化组织提出的？（ ）

A. ISO B. ITU C. IEEE D. ANSI

3. 在 OSI 定义的七层参考模型中，对数据链路层的描述正确的是（ ）。

A. 实现数据传输所需要的机械、接口、电气等属性

B. 实施流量监控、错误检测、链路管理、物理寻址

C. 检查网络拓扑结构，进行路由选择和报文转发

D. 提供应用软件的接口

4. ARP 协议的功能是（ ）。

A. 获取本机的硬件地址并向网络请求本机的 IP 地址

B. 对 IP 地址和硬件地址提供了动态映射关系

C. 将 IP 地址解析为域名地址

D. 进行 IP 地址的转换

5. 下列选项中哪个是 MAC 地址的正确表达方式？（ ）

A. 192.201.63.251 B. 19-22-01-63-25

C. 0000.1234.FEGA D. 00-00-12-34-FE-AA

6. 当今世界上最流行的 TCP/IP 协议的层次并不是按 OSI 参考模型来划分的，相对应于 OSI 的七层网络模型，没有定义（ ）。

A. 会话层与表示层 B. 网络层与传输层

C. 传输层与会话层 D. 链路层与网络层

7. 下列所述的哪一个是无连接的传输层协议？（ ）

A. TCP B. IP C. UDP D. SPX

8. 能正确描述了数据封装过程的是（ ）。

A. 数据段->数据包->数据帧->数据流->数据

B. 数据流->数据段->数据包->数据帧->数据

C. 数据->数据包->数据段->数据帧->数据流

D. 数据->数据段->数据包->数据帧->数据流

二、多选题

1. 以下协议中属于 TCP/IP 七层模型中网络层的有（ ）。

A. ICMP B. IGMP C. UDP D. RARP

2. TCP 和 UDP 的区别有什么？（ ）

A. 传输速度上的差异 B. 有无流量控制

C. 是否面向连接 D. 前者是网络层协议，后者是传输层协议

3. 物理层标准规定的物理接口的特性包括（ ）。

A. 机械 B. 电气 C. 功能 D. 规程

4. 计算机网络上三种基本的数据包传播方式包括（ ）。

A. 单播 B. 组播 C. VLAN D. 广播

三、填空题

1. 数据链路层有两个子层分类，分别是_____和_____。

2. 为了区分各种不同的应用程序，传输层使用_____来标识。

3. IP 报文头中固定长度部分为_____字节。

4. 在 OSI 协议模型中，可以完成 IP 地址封装的是_____。

5. HTTPS 是_____协议。

6. 以太网技术分为_____和_____两种。

7. 数据从网络层发给传输层时，需要剥离_____和_____。

8. 数据从网络层发给链路层时，需要封装_____和_____。

9. 显示当前主机上或者设备上的 IP 地址和 MAC 地址的对应关系的命令是_____。

四、论述题

1. 若主机 A 需要知道主机 B 的 MAC 地址，请简述 ARP 的工作流程。

2. 请简述 OSI 模型和 TCP/IP 模型的不同之处。

3. 请使用 FTP 客户端软件在 FTP 服务器上上传或者下载一个大文件。

4. 请描述使用浏览器访问网址 www.sina.com.cn 的过程。

模块 1

IPv4 IP 地址计算

IP 地址是网络层寻址和路由的基础,每台主机、每台网络设备的接口都需要配置一个或者多个不重复的 IP 地址,以完成寻址和路由的功能。因此,识别 IP 地址、计算 IP 地址和规划 IP 地址是组建和维护计算机网络和其他通信网的基本技能。本模块介绍 IP 地址定义和分类的基础知识,识别、计算和规划 IP 地址的方法,并通过完成具体的 IP 地址任务来培养计算和规划 IP 地址的技能,为后续的网络规划、设备调测和网络维护打下基础。

【知识目标】

1. 掌握 IP 地址和网络掩码的定义,掌握 A、B、C、D、E 类地址的分类和应用;
2. 掌握内部 IP 地址、广播地址、保留地址等特殊地址的分类和应用;
3. 熟悉可变长子网掩码 IP 地址的定义,掌握可变长子网掩码 IP 地址的计算方法;
4. 熟悉子网的概念,掌握子网划分的方法。

【技能目标】

1. 会进行 IP 地址的二进制和十进制的互相转换,会计算 IP 地址和网络掩码;
2. 会识别 A、B、C、D、E 类地址,会区分网络号和主机号;
3. 会计算 VLSM IP 地址的子网号、广播地址和主机地址的可用范围;
4. 会根据组网需求划分子网。

【素养目标】

培养合理利用稀缺资源的意识,发扬节约的传统美德。

融入点:由于 IP 地址资源是有限的,在合理分配 IP 地址资源这部分内容的学习中,应引导学生意识到合理利用稀缺资源的重要性,发扬节约的传统美德。

任务 1.1　IPv4 规范地址计算

【任务描述】现有 4 个 IP 地址,假设它们都是规范的 A、B、C、D、E 类的 IP 地址:10.2.1.1、128.63.2.100、201.222.5.64、256.241.201.10。

【任务要求】请写出每个地址的分类并计算各个 IP 地址的网络号和主机号。

知识准备：IPv4 规范 IP 地址认知

TCP/IP 协议栈中网络层的主要功能是寻址和路由，而寻址和路由的基础就是 IP 地址。网络中的主机、网络设备的端口至少都需要配置一个 IP 地址，目前我们使用的 IP 地址是 IPv4 版本。IPv4（Internet Protocol version4，网际协议版本 4），又称互联网通信协议第四版，是网际协议开发过程中的第四个修订版本，也是第一个被广泛应用和部署的版本。

1. IPv4 地址定义

IPv4 是由 32 位二进制数组成的，分成 4 组，每组 8 位，如 10000011、01101100、01111010、11001100，为了便于寻址以及层次化构造网络，每个 IP 地址分成两部分，每部分包含了若干位比特，高位为网络号（network），低位为主机号（host），如图 1.1-1 所示。

network			host	
1 0 0 0 0 0 1 1	0 1 1 0 1 1 0 0	0 1 1 1 1 0 1 0	1 1 0 0 1 1 0 0	
8 bit	8 bit	8 bit	8 bit	
131	108	122	204	

图 1.1-1　IPv4 表示方法

为了便于配置和记忆，通常把每 8 个比特组表示成点分十进制形式，即 a.c.d.e 的格式表示，比如图 1.1-1 中的 IP 地址为 131.108.122.204。

二进制与十进制的转化方法如下：由高位到低位，每个 8 位比特转化为一个十进制数字。假设这个 8 位比特为 abcdefgh（a.b.c.d.e.f.g.h 只能为 0 或 1），则每组转化为十进制 = $a×2^7+b×2^6+c×2^5+d×2^4+e×2^3+f×2^2+g×2^1+h×2^0$。所以上面的二进制地址 10000011、01101100、01111010、11001100，第一个 8 位比特 10000011 代入公式得到 131，第二个 8 位比特代入公式得到 108，第三个 8 位比特 01111010 代入公式得到 122，第四个 8 位比特 11001100 代入公式得到 204，所以十进制的 IP 地址为 131.108.122.204。IP 地址二进制转化为十进制的计算过程如图 1.1-2 所示。

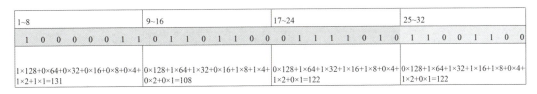

图 1.1-2　IP 地址二进制转化为十进制的计算过程

同样，十进制转化为二进制也可以根据公式在 abcdefgh 的相应位置取值 1 或者 0 进行组合，组合后的二进制和十进制值相同即可，如十进制的 123＝$0×2^7+1×2^6+1×2^5+1×2^4+1×2^3+0×2^2+1×2^1+1×2^0$，所以 123 转化为二进制就是 01111011。

网络号和主机号用来区分不同的网络和同一个网络内不同主机。同一个网络号代表为同一个网络，而不同的网络号则代表不同的网络，网络上的一个主机有一个主机 ID 与其对应。区分网络号和主机号采用网络掩码，网络掩码长度与 IP 地址相同，高位是若干个连续的 1，对应网络号；剩余位置取 0，对应主机号，比如 11111111、00000000、00000000、00000000，是二进制的网络掩码，转化成十进制为 255.0.0.0。IP 地址与网络掩码按位一一对应进行逻辑与运算，0 与任何位相与为 0，1 与任何位相与不变，得到的结果即为网络号，如图 1.1-3 所示。

IP地址	1 0 0 0 0 0 1 1	0 1 1 0 1 1 0 0	0 1 1 1 1 0 1 0	1 1 0 0 1 1 0 0
网络掩码	1 1 1 1 1 1 1 1	0 0 0 0 0 0 0 0	0 0 0 0 0 0 0 0	0 0 0 0 0 0 0 0
与运算结果	1 0 0 0 0 0 1 1	0 0 0 0 0 0 0 0	0 0 0 0 0 0 0 0	0 0 0 0 0 0 0 0
网络号	131	0	0	0

图 1.1-3 网络号计算

所以地址 131.108.122.204 的 131.0.0.0 是网络号，对 131.108.122.204 网络号各位取全 0，主机位不变，则 0.108.122.204 就是主机号。

2. IP 地址分类

1）A、B、C、D、E 类地址

IAB（Internet Architecture Board，互联网架构委员会）定义了 A、B、C、D、E 类 5 种 IP 地址类型以适合不同容量的网络，如图 1.1-4 所示。

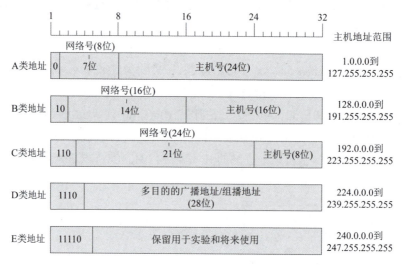

图 1.1-4 IP 地址的分类

A 类：1.0.0.0～126.255.255.255，网络号是 8 位比特，最高位比特是 0，主机号是 24 位比特，所以 A 类地址的网络掩码是 255.0.0.0，A 类地址最多有 2^7 个网络，可以使用的主机数量是 $2^{24}-2$。

B 类：128.0.0.0～191.255.255.255，网络号是 16 位比特，前两位是 10，主机号是 16 位比特，所以 B 类地址的网络掩码是 255.255.0.0，B 类地址最多有 2^{14} 个网络，可以使用的主机数量是 $2^{16}-2$。

C 类：192.0.0.0～223.255.255.255，网络号是 24 位比特，前三位是 110，主机号是 8 位，所以 C 类地址的网络掩码是 255.255.255.0，C 类地址最多有 2^{21} 个网络，可以使用的

主机数量是 2^8-2。

D 类：224.0.0.0~239.255.255.255，网络号是 4 位比特 1110，剩余 28 位比特是多播组号，D 类地址没有网络掩码。

E 类：240.0.0.0~ 255.255.255.255，网络号是 5 位比特 11110，剩余的是预留地址。

所以 A 类地址适合应用于主机多的特大型网络，B 类地址适合中等网络，C 类地址适合小型网络，D 类地址用于多点传送，比如多播和组播，E 类通常用于试验或研究。

2）私有地址

为了节约 IP 地址空间，并增加安全性，保留了一些 IP 地址段给私网使用，这些地址在不同的私网内可以复用，但是在一个私网内不能重复。当访问互联网时需要公网 IP，因此一旦私网的用户使用了私网 IP，在访问互联网时必须通过技术手段把私网 IP 转换为公网 IP，如 NAT（Network Address Translation，网络地址转换）。私有地址的范围如下：

A 类：10.0.0.0~10.255.255.255；

B 类：172.16.0.0~172.31.255.255；

C 类：192.168.0.0~192.168.255.255。

3. 特殊 IP 地址

除了规范性的 A、B、C、D、E 类地址和私有地址外，IP 网络中还经常使用一些其他的 IP 地址，这些 IP 地址有其特殊的作用。

1）保留地址

127.0.0.0 到 127.255.255.255 是保留地址，用于检测路由器、三层交换机、服务器等设备的自环测试以确定系统基本配置是否正常，如 127.0.0.1 常作为服务器系统本身的环回测试地址，如"ping 127.0.0.1"经常用来以检查系统本身的网络配置是否存在问题。

2）广播地址

广播地址则专门用于向网络中的所有主机发送数据的地址，若主机号全部为二进制 1，就表示这是主机所在网络的广播地址，如 C 类地址 198.168.15.101 中 192.168.15.255 是 192.168.15.0 这个网络的广播地址。

3）全 0 网络地址

网络号全 0 是指本网络地址，不能用于正常的 IP 地址设置，在路由器配置中可用 0.0.0.0/0 表示默认路由，作用是帮助路由器发送路由表中无法查询到目的地址的包。如果设置了全 0 网络的路由，则路由表中无法查询到路由的包都将送到目的地址是全 0 网络的路由中去。

4）全 0 主机地址

全 0 主机地址用于指定网络本身，称之为网络地址或者网络号，比如 C 类地址 193.100.123.45，如果主机全 0 则为 193.100.123.0，指的是 C 类网络 193.100.123.0。

5）255.255.255.255

255.255.255.255 用于本地广播，也称有限广播，无须知道本地网络地址，用来在无须了解本网络号的情况下，以广播方式发送给本网络中的所有主机。

任务实施：IPv4 规范 IP 地址的计算

第一步：确定地址的 A、B、C 分类。

根据地址表，只需要观察 IP 地址前八位比特即第一个十进制的取值范围，若在 1~126 即为 A 类地址，若在 128~191 即为 B 类地址，若在 191~223 即为 C 类地址，所以 10.2.1.1 是 A 类地址，128.63.2.100 是 B 类地址，201.222.5.64 是 C 类地址，256.241.201.10 的 256 大于 255，所以 256.241.202.10 这个地址不存在。

第二步：确定地址的掩码。

10.2.1.1 是 A 类地址，掩码是 255.0.0.0；128.63.2.100 是 B 类地址，掩码是 255.255.0.0；201.222.5.64 是 C 类地址，掩码是 255.255.255.0。

第三步：计算地址的网络号和主机号。

(1) 10.2.1.1 是 A 类地址，掩码是 255.0.0.0，转换为二进制并与掩码进行与运算：

10.2.1.1 二进制：00001010，00000010，00000001，00000001；

255.0.0.0 二进制：11111111，00000000，00000000，00000000；

对应比特做与运算：00001010，00000000，00000000，00000000。

所以计算出网络号是 10.0.0.0。对网络位取全 0，主机位不变，计算出 0.2.1.1 是主机号。

(2) 128.63.2.100 是 B 类地址，掩码是 255.255.0.0，转换为二进制并与掩码做与运算：

128.63.2.100 二进制：10000000，00111111，00000010，01100100；

255.255.0.0 二进制：11111111，11111111，00000000，00000000；

对应比特做与运算：10000000，00111111，00000000，00000000。

所以计算出网络号是：128.63.0.0，对网络位取全 0，主机位不变，计算出 0.0.2.100 是主机号。

(3) 201.222.5.64 是 C 类地址，掩码是 255.255.255.0，转换为二进制并与掩码做与运算：

201.222.5.64 二进制：11001001，11011110，00000101，01000000；

255.255.255.0 二进制：11111111，11111111，11111111，00000000；

对应比特做与运算：11001001，11011110，00000101，00000000。

计算出的网络号是 201.222.5.0，对网络位取全 0，主机位不变，计算出 0.0.0.100 是主机号。

(4) 256.241.201.10 的 256 大于 255，所以 256.241.202.10 这个地址不存在。

所以，任务中的 4 个 IP 的最终计算结果如表 1.1-1 所示。

表 1.1-1 IP 地址计算机结果

IP 地址	分类	网络号	主机号
10.2.1.1	A	10.0.0.0	0.2.1.1

续表

IP 地址	分类	网络号	主机号
128.63.2.100	B	128.63.0.0	0.0.2.100
201.222.5.64	C	201.222.5.0	0.0.0.64
256.241.201.10	不存在	不存在	不存在

任务总结

在计算规范的 IP 地址时，首先根据 IP 地址的前八个比特位的值的范围进行判断，若在 1~126 即为 A 类地址，若在 128~191 即为 B 类地址，若在 191~223 即为 C 类地址。确定 A、B、C 类地址后，则相应的掩码分别为 255.0.0.0、255.255.0.0 和 255.255.255.0，然后对 IP 地址和掩码对应比特位进行与运算，得到的比特序列就是网络号，然后对网络位取 0，则得到的比特序列就是主机位。

任务评估

任务完成之后，教师按照表 1.1-2 来评估每个学生的任务完成情况，或者学生按照表 1.1-2 中的内容来自评任务完成情况。

表 1.1-2 任务评估表

任务名称：IPv4 规范地址计算		学生：		日期：
评估项目	分值	评价标准	评估结果	得分情况
1. 确定地址分类	20	正确确定每个 IP 地址的 A、B、C 类地址分类，每个错误扣 5 分		
2. 确定掩码	20	正确确定每个 IP 地址的掩码，每个错误扣 5 分		
3. 确定网络号	20	正确确定每个 IP 地址的网络号，每个错误扣 5 分		
4. 确定主机号	20	正确确定每个 IP 地址的主机号，每个错误扣 5 分		
5. 在规定时间内完成	20	在 5 min 内完成评估项目得 20 分，每延时 1 min 扣 5 分，扣完为止		
评价人：			总分：	

任务 1.2 VLSM IP 地址计算

【任务描述】现有 2 个 IP 地址，分别是 193.122.133.45/28 和 141.178.199.201/22。

【任务要求】计算 IP 地址所在子网的网络号、广播地址以及子网可用的 IP 地址范围。

知识准备：VLSM IP 地址认知

IP 地址如果只使用 A、B、C 类分配，会造成大量浪费。A 类地址的网络最多只能有 2^7 个，B 类地址的网络最多只能有 2^{14} 个，C 类地址的网络最多只能有 2^{21} 个，因此，A、B、C 类的网络数量是有限的，在网络数量、主机和设备越来越多的情况下捉襟见肘。另外，IP 地址本身也存在巨大浪费，比如一个企业组网时按照规划分成三个网络，每个网络主机数不会超过 64 台主机，如果给这个企业分配 C 类地址，那么需要占用 3 个 C 类地址。那么有没有办法只需要给这个企业分配一个 C 类地址就可以解决问题呢？可以用 VLSM 地址来解决这个问题。

VLSM（Variable Length Subnet Mask，可变长子网掩码）是在为每个子网上保留足够的主机数的条件下，在这个 IP 段内通过借用主机号部分的比特位来作网络号，也就是增加网络号的位数，如 A 类有 23 位可以借，B 类有 14 位可以借，C 类有 21 位可以借。这样，在借来的网络位上可以定义不同的子网，通过增加网络的数量来提高 IP 地址的利用率。而且，由于所有子网内的 IP 地址都属于这个网络，在路由表中通过路由汇总或者聚合也可以减少路由的数量。

在使用 VLSM 时，最重要的是确定网络号借用主机号的位数从而来确定子网掩码。在 A、B、C 类地址中，网络掩码都是 8 的整数倍，A 类的掩码是 8 位，B 类的掩码是 16 位，C 类的掩码是 24 位。VLSM 使用的子网掩码，掩码的位数是可以是 1~30 的任意一个值，（图 1.2-1）原掩码是 24 位，现在向主机位借了 1 位，因此，新的掩码变成了 25 位，即 11111111、11111111、11111111、10000000，借的这位网络位使 192.168.1.0 的网络变成了 2 个子网，当借位=1 时，是一个子网，借位=0 时是另一个子网。

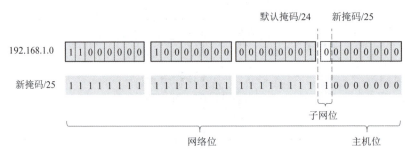

图 1.2-1 VLSM 子网借位

VLSM 地址中常用 a.c.d.e/f 这种格式来描述 IP 地址，a.c.d.e 表示 IP 地址，f 表示子网掩码，比如 193.122.133.45/28、98.6.78.12/14 等，这种格式和 193.122.133.45 mask

255.255.255.240，98.6.78.12 mask 255.252.0.0 是一样的。当然 A、B、C 类地址也可以使用 193.4.5.6/24 这种表示方式。特别注意在描述 IP 地址时，如果只说地址不说掩码是不准确的。

VLSM 地址的子网掩码不是 8 的整数倍，但是 IP 地址换算成十进制时是按照 8 位比特换算的，造成了借位的网络位比特和主机位在同一个 8 位比特内，转化的十进制 IP 地址不能像 A、B、C 类地址一样直观看出这个 IP 地址属于哪一个网络，必须通过计算才能看出子网和 IP 地址的对应关系，所以，VLSM 地址的计算很重要。

任务实施：VLSM 地址计算

1. 193.122.133.45/28 地址计算

第一步：确定子网掩码。

IP 地址是 193.122.133.45/28，子网掩码是 28 位，说明掩码的 32 位比特中，由高到低是连续的 28 个 1 和 4 个 0 组成：11111111，11111111，11111111，11110000。

第二步：计算这个 IP 地址的子网号。

IP 地址转化为二进制：11000001，01111010，10000101，00101101；

子网掩码二进制：11111111，11111111，11111111，11110000；

对应比特与运算得出子网号：11000001，01111010，10000101，00100000。

转化为十进制的子网号是 193.122.133.32。

第三步：根据子网号计算其他地址。

在这个子网里，最低 4 位是主机位，可以取 0000 到 1111 的任意值，取 0000 就是子网号，当取 0001 时，IP 地址为 193.122.133.33，当取 0010 时，IP 地址为 193.122.133.34，以此类推，最后一个取 1111 时，IP 地址为 193.122.133.47，主机位为全 1，表示是这个网络的广播地址。

2. 141.178.199.201/22 地址计算

第一步：确定子网掩码。

IP 地址是 141.178.199.201/22，子网掩码是 22 位，说明掩码的 32 位比特中，由高到低是连续的 22 个 1 和 10 个 0 组成：11111111，11111111，11111100，00000000。

第二步：计算这个 IP 地址的子网号。

IP 地址转化为二进制：10000000，10110010，11000111，11001001；

子网掩码二进制：11111111，11111111，11111100，00000000；

对应比特与运算得出子网号：10000000，10110010，11000100，00000000。

转化为十进制的子网号是 141.178.196.0。

第三步：根据子网 ID 计算其他地址。

在这个子网里，最低 10 位是主机位，可以取 00，00000000～11，11111111 的任意值，取 00，00000000 就是子网号；当取 00，00000001 时，IP 地址为 141.178.196.1；当取 00，00000010 时，IP 地址为 141.178.196.2，以此类推，当最后一值取 11，11111111 时，IP 地

址为 1141.178.199.255，主机位为全 1，表示是这个网络的广播地址。

这两个 IP 地址的计算结果如表 1.2-1 所示。

表 1.2-1　VLSM IP 地址的计算结果

IP 地址	网络 ID	广播地址	可以分配的 IP 地址范围
193.122.133.45/28	193.122.133.32	193.122.133.47	193.122.133.33～193.122.133.46
141.178.199.201/22	141.178.196.0	141.178.199.255	141.178.196.1～141.178.199.254

★学习以上例题后，我们可以得知，IP 地址资源是有限的，学会合理的分配 IP 地址，能够缓解 IP 地址资源紧张的问题，提高 IP 地址的利用率。在生活和工作中，希望大家也能够发扬节约的传统美德、能够合理分配资源，高效率地利用稀缺资源。

党的二十大报告提出："在全社会弘扬劳动精神、奋斗精神、奉献精神、创造精神、勤俭节约精神，培育时代新风新貌。"勤俭节约是中华民族的传统美德，是中华文明的智慧结晶和精华所在，是中国共产党人的光荣传统和政治本色。在全社会大力弘扬勤俭节约精神，就是要认真汲取蕴含其中的思想精华和文化精髓，深刻把握时代内涵，让勤俭节约精神绽放更加璀璨的光芒。

任务总结

根据前面的计算步骤，我们可以总结一个快速计算 VLSM 地址的方法。假设一个 IP 地址为 a.b.c.d，掩码长度是 X，则主机位就是 $Y=32-X$，主机的数量是 $M=2^Y$。如果 $X>24$，则这个 IP 地址的所属的网络号是 a.b.c.（0、M、2M、3M、…），广播地址是 a.b.c.（M-1、2M-1、3M-1、…），这个地址段第一个可以使用的 IP 是 a.b.c.（1、M+1、2M+1、3M+1、…），最后一个使用的 IP 地址是 a.b.c.（M-2、2M-2、3M-2、…）。

如果 $16<X<24$，则主机位是 $Y=32-X$，主机的数量也是 $M=2^Y$，假设 $Z=Y-8$，$N=2^Z$，则 IP 地址所属的网络号是 a.b.（c/N 整除且最接近 c 的那个整数）.0，广播地址是 a.b.（c/N 整除且最接近 c 整数+N-1）.255，这个地址段第一个可以使用的 IP 是 a.b.（c/N 整除且最接近 c 整数）.1，广播地址是 a.b.（c/N 整除且最接近 c 整数+N-1）.254。

任务评估

任务完成之后，教师按照表 1.2-2 来评估每个学生的任务完成情况，或者学生按照表 1.2-2 中的内容来自评任务完成情况。

模块1　IPv4 IP地址计算

表 1.2-2　任务评估表

任务名称：VLSM IP 地址计算		学生：	日期：	
评估项目	分值	评价标准	评估结果	得分情况
1. 确定子网掩码	20	根据/X 的掩码表示方式确定网络掩码，每个错误扣 10 分		
2. 计算网络号	20	根据 IP 地址和网络掩码计算网络号，每个错误扣 20 分		
3. 确定广播地址	20	根据网络号确定每个 IP 地址的广播地址，每个错误扣 10 分		
4. 确定可用地址单位	20	根据网络号和广播地址确定可用的 IP 地址范围，每个错误扣 5 分		
5. 在规定时间内完成	10	在 5 min 内完成评估项目得 20 分，每延时 1 min 扣 5 分，扣完为止		
6. 素养评价	10	谈一谈在生活和工作中应如何节约、合理利用资源		
评价人：			总分：	

任务 1.3　子网划分

【任务描述】某中型公司计划建立自己的企业办公网络，申请了一个 C 类 202.60.31.0 的网络地址段，该公司总计有 4 个部门 162 名员工，其中销售部 50 名、行政部门 12 名、研发部门 60 名、售后部门 40 名。

【任务要求】给公司划分不少于 4 个子网号，每个部门分配一个子网号，并输出每个部门的网络 ID、广播地址和可用的 IP 地址范围。

知识准备：子网划分认知

在组网和网络维护工作中，可以将一个较大的网络被划分为若干个较小的网络，这些子网在去除子网位后，拥有相同的网络号，这就是所谓的子网。子网对于节省 IP 资源，简化组网和降低维护难度具有重要的意义。

在进行子网划分之前，需要确定两个关键信息：首先掌握需要划分的子网数量及每个子网内的主机数量，然后根据这两个关键信息确定网络的子网掩码，有了子网掩码后，就可以确定子网的数量、子网号和每个子网中主机可以使用的 IP 地址范围。

1. 确定子网借位和主机位比特位数

假设至少需要 A 个子网，子网中主机的最大数量是 B，则子网借位的比特数 x 和主机位比特数 y 满足：

$2^x \geq A$；$2^y \geq B+2$。

同时 $x+y$ 满足：

当分配的 IP 地址段是 C 类地址时 $x+y=8$；

当分配的 IP 地址段是 B 类地址时 $x+y=16$；

当分配的 IP 地址段是 A 类地址时 $x+y=24$。

2. 确定子网号和子网掩码

确定 x 和 y 值之后，对子网借位比特从全 0 到全 1 排列赋值；同时，对主机比特全 0 赋值，此时计算的每一个的 IP 地址就是一个子网号。当 x 取全 1 且 y 取全 0 时就是子网的掩码。

3. 确定每个子网的广播地址

确定子网号后，每个子网的对应的主机位全部取 1，此时计算的 IP 地址就是这个子网的广播地址。

4. 每个子网的可分配的 IP 地址

每个子网中，子网号对应的 IP 地址和广播地址是不能分配给主机使用的，因此可用的 IP 地址是处于子网号和广播地址中间的 IP 地址，这个 IP 地址的范围是：子网号+1～广播地址−1。

任务实施：子网划分

第一步：确定子网借位和主机位比特位数。

公司设立了 4 个部门，因此至少需要 4 个子网，$2^2 \geq 4$，人数最多的是研发部门，为 60 人，$2^6=64>60+2$，分配的 IP 段是 C 类地址，$2+6=8$。因此，子网借位取值为 2，主机位取值为 6。

第二步：计算子网号和子网掩码。

因为公司申请的是 C 类地址，并且子网借位比特数 2，如图 1.3-1 所示。

	网络位																						借位	借位	主机位					
子网 1	1	1	0	0	1	0	1	0	0	0	1	1	1	1	0	0	0	0	0	0	1	1	0	0	0	0	0	0	0	0
子网 2	1	1	0	0	1	0	1	0	0	0	1	1	1	1	0	0	0	0	0	0	1	1	0	1	0	0	0	0	0	0
子网 3	1	1	0	0	1	0	1	0	0	0	1	1	1	1	0	0	0	0	0	0	1	1	1	0	0	0	0	0	0	0
子网 4	1	1	0	0	1	0	1	0	0	0	1	1	1	1	0	0	0	0	0	0	1	1	1	1	0	0	0	0	0	0

图 1.3-1 计算子网号和子网掩码

当借位取值为 00 时，主机位全 0 时，子网 1 为 11001010、00111100、00011111、 00

000000（方框内为网络借位取值），子网为 202.60.31.0。

当借位取值为 01，主机位取全 0 时，子网 2 为 11001010、00111100、00011111、01 000000（方框内为网络借位取值），子网为 202.60.31.64。

当借位取值为 10，主机位取全 0 时，子网 3 为 11001010、00111100、00011111、10 000000（方框内为网络借位取值），子网为 202.60.31.128。

当借位取值为 11，主机位取全 0 时，子网 4 为 11001010、00111100、00011111、11 000000（方框内为网络借位取值），子网为 202.60.31.192；同时，202.60.31.192 也是子网掩码。

第三步：计算每个子网的广播地址。

对每个子网的主机位取全 1，就是每个子网的广播地址，如图 1.3-2 所示。

	网络位																							借位	借位	主机位					
子网 1	1	1	0	0	1	0	1	0	0	0	1	1	1	1	0	0	0	0	0	0	1	1	1	0	0	1	1	1	1	1	1
子网 2	1	1	0	0	1	0	1	0	0	0	1	1	1	1	0	0	0	0	0	0	1	1	1	0	1	1	1	1	1	1	1
子网 3	1	1	0	0	1	0	1	0	0	0	1	1	1	1	0	0	0	0	0	0	1	1	1	1	0	1	1	1	1	1	1
子网 4	1	1	0	0	1	0	1	0	0	0	1	1	1	1	0	0	0	0	0	0	1	1	1	1	1	1	1	1	1	1	1

图 1.3-2　广播地址的计算

子网 1 主机位取全 1，广播地址为 11001010、00111100、00011111、1111111，十进制为 202.60.31.63。

子网 2 主机位取全 1，广播地址为 11001010、00111100、00011111、01111111，十进制为 202.60.31.127。

子网 3 主机位取全 1，广播地址为 11001010、00111100、00011111、10111111，十进制为 202.60.31.191。

子网 4 主机位取全 1，广播地址为 11001010、00111100、00011111、11111111，十进制为 202.60.31.255。

第四步：计算每个子网可以分配的 IP 地址。

每个子网可以分配的 IP 地址的范围是子网号+1~广播地址-1，因此：

子网 1：202.60.31.1~202.60.31.62；

子网 2：202.60.31.65~202.60.31.126；

子网 3：202.60.31.129~202.60.31.190；

子网 4：202.60.31.193~202.60.31.254。

总结以上各种计算结果后可知，公司的规划结果如表 1.3-1 所示。

表 1.3-1　子网分配结果

部门	网络 ID	广播地址	可以分配的 IP 地址范围
销售部	202.60.31.0	202.60.31.63	202.60.31.1～202.60.31.62
行政部	202.60.31.64	202.60.31.127	202.60.31.65～202.60.31.126
研发部	202.60.31.128	202.60.31.191	202.60.31.129～202.60.31.190
售后部	202.60.31.192	202.60.31.255	202.60.31.193～202.60.31.254

任务总结

在进行子网划分时，首先要根据子网划分要求确定网络的网络位和主机位，从而可以确定网络位向主机位的借位位数。确定之后，对借位的网络位进行 0、1 的组合取值，在每种取值下分别按照每 8 个比特位转化为十进制数，就可以计算出每个子网的范围了。

任务评估

任务完成之后，教师按照表 1.3-2 来评估每个学生的任务完成情况，或者学生按照表 1.3-2 中的内容来自评任务完成情况。

表 1.3-2　任务评估表

任务名称：IPv4 规范地址计算		学生：		日期：	
评估项目	分值	评价标准		评估结果	得分情况
1. 确定网络借位位数	20	网络位向主机位借位的位数正确，若有错误，不得分			
2. 确定网络掩码	20	子网规划的掩码正确，若有错误，不得分			
3. 确定网络号	20	子网规划的网络号正确，若有错误，不得分			
4. 确定可用地址范围	20	每个子网可用地址范围正确，若有错误，不得分			
5. 在规定时间内完成	20	在 5 min 内完成 1、2、3、4 评估项目得 20 分，每延时 1 min 扣 5 分，扣完为止			
评价人：				总分：	

模 块 总 结

IP 地址是识别互联网上或者专网（内网）上主机的唯一标识，目前正在使用的 IP 地址分为 IPv4 和 IPv6 两种格式。IPv4 地址由 32 位二进制数组成，每 8 位构成一组，每组转化成十进制,形成 a.b.c.d 的格式。IPv4 地址分成两部分,前一部分是网络部分,后一部分是主机部分。网络部分是指网络内所有主机共有的地址段(数值相同部分),主机地址是除共有地址段其余的部分。区分网络还需要主机使用网络掩码,网络掩码也是 32 bit,网络位是连续的 1,主机位是连续的 0。IP 地址和网络掩码按位进行与运算,可以计算出网络地址和主机地址。

标准的网络地址分为 A、B、C 三类,它们对应的网络掩码分别是 255.0.0.0、255.255.0.0 和 255.255.255.0。另外,在 A、B、C 三类 IP 里,分别划出了部分 IP 地址给专网或者内部网使用,这部分地址不能出现在互联网上。

为了在一些主机位较多的网络中缩减主机的数量,减少广播流量,除了标准 IP 地址外,还有一种不规范的 IP 地址,即可变长子网掩码的 IP 地址。所谓可变长是指网络掩码不是 8 的整数倍(如 8、16 和 24),而是从主机位借位给网络位,使网络位可以是 1~32 中任意的整数,这样就达到了扩大网络位数、缩减主机位数的目的。

在给企业进行 IP 地址规划中,为了节省 IP 地址和保证每个子网的工作效率,会使用可变长子网掩码来划分子网,一般一个部门一个子网。因此,对一个地址段,通过适当的网络位向主机位借位,使子网的数量大于等于部门的数量;同时,剩下的主机位大于等于主机的数量,既满足了业务需求,又节省了资源提高网络运行效率。

模 块 练 习

一、单选题

1. B 类地址的前缀范围是(   )。

A. 10000000~11111111   B. 00000000~10111111

C. 10000000~10111111   D. 10000000~11011111

2. 172.16.10.32/24 代表的是(   )。

A. 网络地址   B. 主机地址   C. 组播地址   D. 广播地址

3. 与 10.110.12.29 mask 255.255.255.224 属于同一网段的主机 IP 地址是(   )。

A. 10.110.12.0   B. 10.110.12.30

C. 10.110.12.31   D. 10.110.12.32

4. 关于 IP 主机地址,下列说法正确的是(   )。

A. IP 地址主机部分可以取全 1 也可以取全 0

B. IP 地址网段部分可以取全 1 也可以取全 0

C. IP 地址网段部分不可以取全 1 也不可以取全 0

D. IP 地址可以取全 1 也可以取全 0

二、填空题

1. 给定一个 B 类 IP 网络 172.16.0.0,子网掩码 255.255.255.192,则可以利用的网络数为_____,每个网段的最大主机数为_____。

2. C 类地址的缺省掩码是_____。

3. IPV4 地址分为 A、B、C、D、E 五类，其中_____类是用于组播通信的。

4. 子网划分是将原 IP 地址的_____进行进一步划分。

三、计算题

1. 计算 B 类地址 154.101.89.18 的网络号和主机号。

2. 计算 IP 地址 172.18.15.80/27，所在子网的网络号、广播地址以及子网可用 IP 范围。

3. 学院新建 6 个机房，每个房间有 25 台机器并独立组网，给定一个网络地址空间：192.168.15.0。现在需要将其划分为 6 个子网，请进行子网规划。

模块 2

IP设备认知

组建 IP 网络最基本的设备是交换机和路由器,交换机是数据链路层设备,路由器是网络层的设备。本模块详细介绍了交换机和路由器的工作原理,介绍了教材中用到的中兴通讯的交换机和路由器的硬件以及常用的网络线缆,并设计了 MAC 表构建、路由表构建、来强化对交换和路由工作原理的理解,提升网络工程实操能力。

【知识目标】

1. 了解交换机的工作原理,掌握交换机的冲突域、广播域的定义和应用;
2. 熟悉交换机 MAC 表建立的过程;
3. 熟悉交换机的硬件,了解交换机的主要性能指标,了解交换机指示灯的作用;
4. 了解路由的工作原理,熟悉路由表建立的过程;
5. 熟悉路由器的硬件,了解路由器的主要性能指标,了解路由器常指示灯的作用;
6. 熟悉常用的网络线缆和接口,了解线缆和接口的特性和作用;
7. 掌握给 Windows 系统下的网卡配置 IP 地址的方法;
8. 掌握 ping 的方法。

【技能目标】

1. 会根据交换机的工作流程模拟构建 MAC 地址表;
2. 会根据路由器的工作流程模拟构建路由表;
3. 会根据交换机、路由器的指示灯判断交换机、路由器及其接口的工作状态;
4. 能识别常用线缆和接口,会制作和检测网线;
5. 会给 Windows 系统主机配置 IP 地址;
6. 会使用 ping 命令测试网络是否连通。

【素养目标】

激发自主创新意识、培养民族自豪感。

融入点:本项目使用的通信设备为中兴系列设备,我国的新技术、新工艺制造水平正在逐渐发展。通过学习设备相关知识,学生可以产生爱国主义和民族自豪感。

任务 2.1　模拟交换机 MAC 地址表构建

【任务说明】在局域网中，1 个交换机 4 个接口分别接 4 台计算机，即计算机 A 接到 E0 口，计算机 B 接到 E1 口，计算机 C 接到 E2 口，计算机 D 接到 E3 口，这 4 台计算机的 MAC 地址如图 2.1-1 所示。

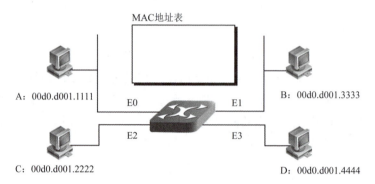

图 2.1-1　交换机和 PC 连接图

【任务要求】根据计算机 A 发送数据到计算机 C 的工作过程，思考并按照"端口-MAC 地址"的格式构建交换机的 MAC 地址表。

知识准备：交换和交换机认知

实现通信必须要具备 3 个基本要素，即信息的生成和解码、信息传输和信息交换。其中，使用一个或者多个网络设备采取某种特定方式把数据从任一端系统发送到另一端系统的技术称为数据交换技术，而使用的设备称为交换机。

从广义上讲，交换机是一种用于电（光）信号转发的网络设备，为接入交换机的任意两个网络节点提供独享或者共享的电信号通路，比如电话交换机、光纤交换机、语音交换机、ATM 交换机等。在计算机网络中，交换技术我们一般采用以太网交换技术，交换机一般采用以太网交换机。

以太网交换机的前身是集线器，它是一种共享以太网设备，因数据转发速度慢工作效率低而被淘汰，如图 2.1-2 所示。20 世纪 90 年代初，以太网交换机出现（图 2.1-3），低端交换机外形和集线器基本没有区别。以太网交换机工作于 OSI 模型的第二层——数据链路层，所以叫作二层交换机。再后来，又出现了工作于 OSI 模型的第三层——网络层的交换机，所以叫作三层交换机。

图 2.1-2　集线器示意

图 2.1-3　交换机示意

1. 冲突域和广播域

以太网交换技术中有两个重要的概念,即冲突域和广播域。

冲突域的概念源自 CSMA/CD 技术,在同一个网络内,如果任意两台计算机在同时通信时发生冲突,它们所组成的网络就是一个冲突域。冲突域是基于物理层的。

广播是一种信息的传播方式,指网络中的某一设备同时向网络中所有的其他设备发送数据,而这个数据所能到达的范围即为广播域。简单来说,广播域就是指网络中所有能接收到同样广播消息的设备的集合。广播域是基于数据链路层的。

冲突域和广播域之间的关系如图 2.1-4 所示,对于交换机,一个接口就是一个冲突域,所有接口是一个广播域;对于集线器,所有接口是一个冲突域。

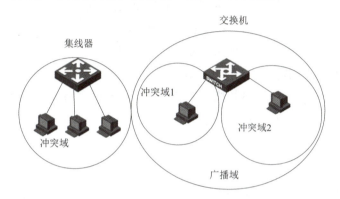

图 2.1-4 冲突域和广播域之间的关系

2. 交换机的基本工作原理

交换机能够进行数据交换的原因是其拥有一条固定带宽的背板总线和内部交换矩阵,而所有端口都挂接在这条背板总线上。

交换机之所以能够直接对目的节点发送数据包,而不是像集线器一样以广播方式对所有节点发送数据包,是因为交换机可以识别连在网络上的节点的网卡 MAC 地址,并将 MAC 地址和交换机端口生成一个表,叫作 MAC 地址表。这个 MAC 地址表存放于交换机的缓存中,当需要向目的地址发送数据时,交换机就可以在 MAC 地址表中查找这个 MAC 地址对应的端口,然后直接向这个端口发送。因此,构建 MAC 地址表是交换机的首要工作。

以图 2.1-1 为例,其中的交换机建立 MAC 地址表的过程如下:

每一个数据帧中都包含有源 MAC 地址和目的 MAC 地址,假设计算机 A 向计算机 C 发送一个数据帧,当该数据帧从 E0 端口进入交换机后,交换机通过检查数据帧中的源 MAC 地址字段,将该字段的值,也就是计算机 A 的 MAC 地址,放入 MAC 地址表中,并把它与 E0 端口对应起来,表示 E0 端口所连接的是计算机 A。此时,由于在 MAC 地址表中没有关于目的地 MAC 地址,也就是计算机 C 的 MAC 地址的条目。交换机将此帧向除了 E0 端口以外的所有端口转发,从而保证计算机 C 能收到。

同理,当交换机收到计算机 B、计算机 C、计算机 D 的数据后也会学习它们的地址并将其写入地址表中,然后将相应的端口和 MAC 地址对应起来。最终会把所有的主机地址都学习到，构建出完整的地址表。

此时，若计算机 A 再向计算机 C 发送一个数据帧，交换机根据它的 MAC 地址表中的地址和端口的对应关系，将此数据帧仅从它的 E2 端口转发出去，仅计算机 C 接收到计算机 A 发送给它的数据帧，不再影响其他端口，并且在计算机 A 和计算机 C 通信的同时，其他计算机之间也可以通信。

概括起来，交换机的主要功能包括两个方面：

（1）学习：当交换机接收到一个帧时，会将帧的源 MAC 地址和接收端口写入 MAC 地址表中，成为 MAC 地址表中的一条记录。这个过程不断进行，随着网络内的主机渐渐都发送过帧以后，就可以构造出完整的 MAC 地址表了。这个过程称为交换机的"学习"过程。

（2）转发/过滤：当一个数据帧的目的地址在 MAC 地址表中有映射时，它被转发到连接目的节点的端口而不是所有端口，如该数据帧为广播/组播帧则转发至所有端口。

目前在大型网络中，特别是在高速局域网中，三层交换机被广泛应用，三层交换机就是具有部分路由器功能的交换机，它的目的是加快大型局域网内部的数据交换，实现一次路由，多次转发的目的。三层交换机其核心功能仍是二层的以太网数据包交换，只是拥有了一定的处理 IP 层甚至更高层数据包的能力。

3. 中兴通讯 ZXR10 交换机

交换机有多种分类的方法，如果按照部署的网络层级以及承担的功能，可以分为接入层交换机、汇聚层交换机和核心层交换机。按照传输介质和传输速度分类，可以分为快速以太网交换机、千兆以太网交换机、万兆交换机、光纤交换机等。按照 OSI 网络模型，交换机又可以分为二层交换机、三层交换机和四层交换机等。

本教材中的所有实操都是在中兴通讯 ZXR10 59 系列和 ZXR10 28 系列交换机上进行的，所以重点介绍中兴通讯的 ZXR10 59 系列和 ZXR10 28 系列交换机。

1）ZXR10 5950-H 系列交换机

ZXR10 5950-H 系列全千兆智能路由交换机是中兴通讯针对企业用户推出的三层全千兆盒式交换机。它提供高密度千兆接入和万兆上行接口，具备全面的二层交换和三层路由能力，支持丰富的安全和可靠性机制，也同时支持堆叠和以太网供电，可广泛应用于园区网汇聚接入，IDC（Internet Data Center，互联网数据中心）千兆接入等多种场景，能为各类企业用户提供高带宽可靠的解决方案。ZXR10 5950-H 系列交换机如图 2.1-5 所示。

图 2.1-5　ZXR10 5950-H 系列交换机

ZXR10 5950-H 系列交换机的主要性能如表 2.1-1 所示。

表 2.1-1　ZXR10 5950-H 系列交换机主要性能

主要参数	性能
产品类型	智能交换机和路由交换机
应用层级	三层
传输速率	1 000 Mbit/s、10 000 Mbit/s
交换方式	存储并转发
背板带宽	598 Gbit/s~5.98 Tbit/s
包转发率	240 Mpps
端口参数	**性能**
端口结构	非模块化
端口数量	24 个
端口描述	24×GE RJ45 端口，4×10GE SFP+端口
控制端口	1 个 Console RS232 口 1 个 mini USB console 口 1 个 GE RJ45 管理网口
扩展模块	1 个扩展插槽
功能特性	**性能**
堆叠功能	可堆叠
VLAN	支持 4K VLAN 支持基于端口/协议/IP 子网/MAC 的 VLAN，支持 PVLAN 支持 Voice VLAN 支持 GVRP 支持灵活 QinQ、增强 SVLAN 功能
QOS	支持基于二层 ACL、扩展 ACL（五元组）、混合 ACL、自定义 ACL、VLAN 的 ACL 支持基于时间段的 ACL 配置 支持出、入方向的双向 ACL 支持基于端口/流的带宽管理 支持每端口 8 个硬件队列 支持基于 802.1p、IP DSCP 等优先级标记、改写和映射 支持 COS、IP DSCP、MPLS EXP 之间的映射 支持 SP、WRR、SP+WRR 的队列调度机制 支持各种拥塞避免机制

除了应了解交换机的性能指标外，大家还需要了解交换机的各种指示灯。交换机的指示

灯一般包括电源指示灯、接口指示灯。电源指示灯是用来表示交换机是否成功加电，当接上电源线后，电源指示灯显示绿色。接口指示灯用来指示接口的连接状态和工作状态，一般来说，如果接口的指示灯是左右（上下）的，则左边（上）的指示灯亮起，代表链路正常，而右边（下）的指示灯亮起则表示链路被激活，如图 2.1-6 所示。

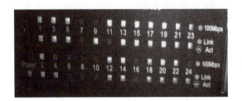

图 2.1-6　指示灯状态

2）ZXR10 2826S 交换机

ZXR10 2800S 系列中低端以太网交换机产品主要定位于企业网和宽带 IP 城域网的接入层，提供中低密度的以太网端口，非常适合作为信息化智能小区、商务楼、宾馆、大学校园网和企业网的用户侧接入设备或小型网络的汇聚设备。其中有代表性的 ZXR10 2826S 交换机如图 2.1-7 所示。

图 2.1-7　ZXR10 2826S 交换机

ZXR10 2826S 交换机主要性能如表 2.1-2 所示。

表 2.1-2　ZXR10 2826S 交换机主要性能

端口参数	性能
端口结构	非模块化
端口数量	24 个
端口描述	24 个固定 10/100 Mb/s 以太网口
扩展模块	1 个扩展插槽
传输模式	支持全双工
功能特性	性能
网络标准	IEEE 802.3、IEEE 802.3u、IEEE 802.3z、IEEE 802.3x、IEEE 802.1q、IEEE 802.1x、IEEE 802.1d、IEEE 802.1w、IEEE 802.3ad
堆叠功能	可堆叠
VLAN	支持

★以上是对中兴系列交换机设备的介绍，我国的新技术、新工艺制造水平正在逐渐发展。请大家尽可能多的搜集中国制造相关资料，谈一谈你对增强自主创新能力的看法，体会并感悟爱国主义思想。

党的二十大报告中指出："科技是第一生产力、人才是第一资源、创新是第一动力，部署实施科教兴国战略、人才强国战略、创新驱动发展战略。"同时，还要求加快实施一批具有战略性、全局性、前瞻性的国家重大科技项目，增强自主创新能力。

任务实施：模拟交换机 MAC 地址表构建

第一步：给交换机加电。

待交换机加电后，由于此时没有任何数据收发，它的 MAC 地址表是空的。

第二步：生成计算机 A 的 MAC 地址。

模拟交换机
MAC 地址表
构建

计算机 A 发送一个帧给计算机 C，帧的目的地址是计算机 C 的 MAC，源地址是计算机 A 的 MAC。交换机从端口 E0 学习到计算机 A 的源 MAC 地址后，将该帧转发给交换机的所有端口。MAC 地址表的内容如图 2.1-8 所示。

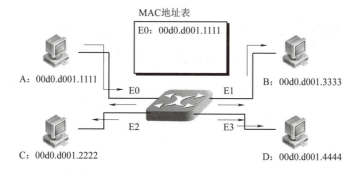

图 2.1-8　MAC 地址表的内容

第三步：生成计算机 C 的 MAC 地址。

计算机 C 回应一个帧给计算机 A，目的地址是计算机 A，源地址是计算机 C，告诉交换机 E2 接的是计算机 C，交换机从 E2 口学习到计算机 C 的源 MAC 地址，而其他计算机不会回应计算机 A，如图 2.1-9 所示。

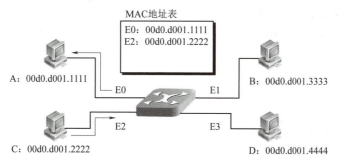

图 2.1-9　交换机记录计算机 C 源地址

第四步：计算机 A 直通计算机 C。

计算机 A 发送一个帧给计算机 C，查看 MAC 地址表，而目标地址对应的端口 E2 交换机已经知道，不再发送至交换机的所有端口，而是直接从 E2 端口发送出去，如图 2.1－10 所示。

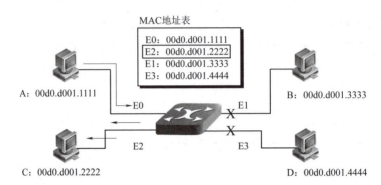

图 2.1－10　计算机 A 直接发送帧到计算机 C

第五步：交换机其他端口的学习。

交换机其他端口及其连接的计算机的 MAC 地址通过相同的步骤建立，如图 2.1－10 所示。

第六步：填写交换机 MAC 地址与端口映射表，如表 2.1－3 所示。

表 2.1－3　交换机端口和 MAC 映射表

序号	交换机端口	MAC 地址
1	E0	
2	E1	
3	E2	
4	E3	

任务总结

交换机进行数据转发的依据是 MAC 地址表，其中包含了交换机端口和所接设备的 MAC 地址的对应表项。新的表项的生成由交换机转发第一个数据包的时候通过数据广播生成，之后的数据就可以根据已经生成的表项进行转发。一台交换机的端口可以对应多个设备的 MAC 地址，但是一台设备的 MAC 地址不能与交换机的多个端口对应，否则便会导致数据转发失败。

任务评估

任务完成之后，教师按照表 2.1－4 来评估每个学生的任务完成情况，或者学生按照表 2.1－4 中的要求来自评任务完成情况。

表 2.1-4 任务评估表

任务名称：模拟交换机 MAC 地址表构建		学生：	日期：	
评估项目	分值	评价标准	评估结果	得分情况
1. 交换机的端口和 MAC 对应关系	80	4 个端口和 MAC 地址对应关系正确，每错 1 个扣 20 分		
2. 在规定时间内完成	10	在 1 min 内填写完成得满分，每超时 0.5 min 扣 10 分		
3. 素养评价	10	谈一谈如何实现用高水平科技自立自强		
评价人：			总分：	

任务 2.2 模拟路由和转发流程

【任务描述】每个网络包括 4 个网段，由 3 台路由器 R1、R2、R3 连接而成。计算机 A 连接到 R1 上，计算机 B 连接到 R3 上。计算机 A 给计算机 B 发送数据时的网络连接和数据配置如图 2.2-1 所示。

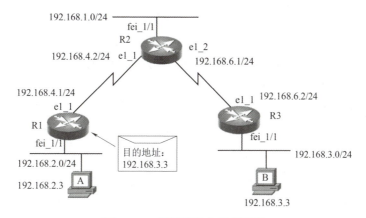

图 2.2-1 网络连接和数据配置

【任务要求】根据路由器的工作原理，考虑计算机 A 到计算机 B 的数据路由选择路径，构建路由器 R1、R2 和 R3 的路由表。

知识准备：路由和路由器认知

交换机决定了数据在链路层的转发，在网络层决定数据转发的是路由。路由是指分组数据从源到目的地时，根据转发规则决定端到端数据转发路径的动作转发规则规定了什么样的数据从路由器的哪个接口发送出去，而路由器正是生成这种规则和执行这种动作的网络设备，是互联网的主要节点设备。路由器按照转发策略转发数据，这种转发策略便称为路由，而保存路由的数据库叫作路由表。图 2.2-2 所示为常见的路由器。

图 2.2-2　常见的路由器

1. 路由器的工作原理

路由器主要工作在 OSI 参考模型的第三层——网络层，路由器的主要任务就是为经过路由器的每个数据帧寻找一条最佳传输路径，并将该数据有效地传送到目的站点。为了完成这项工作，路由器中保存着各种传输路径的数据——路由表，供路由选择时使用。由此可见，选择最佳路径的策略即路由算法是路由器的关键。因此，当路由器接收到来自一个网络接口的数据包时，首先根据其中所含的目的地址查询路由表，决定转发路径，即选择转发接口和下一跳地址，然后从 ARP 缓存中查询出下一跳地址设备对应的 MAC 地址，将路由器自己的 MAC 地址作为源 MAC，下一跳地址的接口 MAC 作为目的 MAC，封装成帧头；同时，IP 数据包头的 TTL 也开始减 1，最后将数据发送至转发端口，传送到输出链路上去。

在路由功能中，最重要的一个概念是下一跳地址。所谓"下一跳"是指 IP 路由表中去往目的地址的下一个站点（IP 地址），它告诉路由器应该向哪一个设备的 IP 地址发送该数据包。比如图 2.2-1 中，计算机 A 向计算机 B 发起通信请求时，R1 去计算机 B 的下一跳地址就是 R2 的 e1_1 接口（192.168.4.2/24）。所以下一跳地址就是当前设备去往目标地址的路径中，和本台设备是物理直连的对端设备的接口 IP 地址。

在工作过程中，路由器执行两个最重要的基本功能：路由功能与转发功能。

1）路由功能

路由功能是指路由器通过运行静态路由、动态路由协议或其他方法来学习和维护网络拓扑结构，建立、查询和维护路由表。路由信息可通过多种协议的学习而来，其来源方式可分为直连路由、静态路由、缺省路由和动态路由。一个路由器上可以同时运行多个不同的路由协议，每个路由协议都会根据自己的选路算法计算出到达目的网络的最佳路径。但是，由于选路算法不同，不同的路由协议对某一个特定的目的网络可能选择的最佳路径不同。此时，路由器根据路由优先级选择将具有最高路由优先级的路由协议计算出的最佳路径放置在路由表中，作为到达这个目的网络的转发路径。

2）转发功能

路由器的另一个主要功能是对数据包进行存储和转发。当主机 A 发向主机 B 的数据流在网络层封装成 IP 数据包时，IP 数据包的首部包含了源地址和目标地址。主机 A 会用本机配置的 IP 网络掩码与目标地址进行与运算，判断目标网络地址与本机的网络地址是否位于同一个网段中。如果它们不在同一个网段中，主机 A 便会通过 ARP 的请求获得默认网关的

MAC 地址并将 IP 数据包转发到网关。当网关路由器接收到以太网数据帧时，发现数据帧中的目标 MAC 地址是自己的某一个端口的物理地址，这时路由器会把以太网数据帧的封装去掉。路由器认为这个 IP 数据包是要通过自己进行转发，接着它匹配路由表。待匹配到路由项后，将包发往下一条地址。如果是本地网络，将不会转发到外网络，而是直接转发给本地网内的目的主机，改变的只是数据包的源地址 MAC。因此路由器始终不会改 IP 地址，只会改 MAC。

2. 路由表

路由器的核心是路由表，路由表中保存了各种路由协议发现的路由，记载着路由器所知的所有网段的路由信息。路由表实际上并不直接指导数据转发，路由器在执行路由查询时，并不是在路由表中查询报文目的地址，而是在 FIB（Forwarding Information Base，转发信息库）中查询。每个路由器都至少保存着一张路由表和一张 FIB。路由器通过路由表选择路由，通过 FIB 表指导报文进行转发。路由器将路由表中的活跃路由下载到 FIB 表，如果路由表中的相关表项随后发生变化，FIB 表也将同步发生变化。

FIB 表是位于路由器数据平面的表格，实际上它外观上与路由表非常相似，FIB 的表项被称为转发表项，每条转发表项都指定要到达的某个目的地时需要通过的出接口及下一跳 IP 地址等信息。路由器将优选的路由存储在路由表中，而将路由表中活跃的路由下载到 FIB 表中，并使用 FIB 表转发数据。

由于两张表的一致性，在绝大多数场合下，人们阐述路由器转发数据过程时会用"路由器查询路由表来决定数据转发的路径"这一说法，但需要注意的是，路由器查询的是 FIB 表，位于控制层面的路由表只是提供了路由信息。

常见的 IPv4 路由表如表 2.2-1 所示。

表 2.2-1 常见的 IPv4 路由表

Dest	Mask	Gw	Interface	Owner	Pri	Metric
10.26.32.0	255.255.255.0	10.26.245.5	gei-1/1	BGP	200	0
10.26.33.253	255.255.255.255	10.26.245.5	gei-1/1	OSPF	110	14
10.26.33.254	255.255.255.255	10.26.245.5	gei-1/1	OSPF	110	13
10.26.36.0	255.255.255.248	10.26.36.2	gei-5/2.1	Direct	0	0
10.26.36.2	255.255.255.255	10.26.36.2	gei-5/2.1	Address	0	0
10.26.36.24	255.255.255.248	10.26.36.26	gei-5/2.4	Direct	0	0
10.26.245.4	255.255.255.252	10.26.245.6	gei-1/1	Direct	0	0
10.26.245.6	255.255.255.255	10.26.245.6	gei-1/1	Address	0	0

其中各项的含义如下：

①Dest：目的逻辑网络或子网地址。

②Mask：目的逻辑网络或子网的掩码。

③Gw：与目的地址相邻的路由器的端口地址，即该路由的下一跳 IP 地址。

④Interface：学习到的该路由条目的接口，也是数据包离开路由器去往目的地将经过的接口。

⑤Owner：路由来源，表示该路由信息是怎样学习到的。路由来源一般分为本机地址、直连路由、静态路由、动态路由和缺省路由。

⑥Pri：路由的管理距离（即优先级），决定了来自不同路由来源的路由信息的优先权，值越小，则优先级越高。

⑦Metric：度量值，表示每条可能路由的代价，其中最小的路由就是最佳路由。Metric只有当同一种动态路由协议发现多条到达同一目的网段路由的时候才能进行比较。不同路由协议的 Metric 不具有可比性。

例如，表 2.2-1 路由表中的第二项，其中：10.26.33.253 为目的逻辑网络地址或子网地址，255.255.255.255 为目的逻辑网络或子网的网络掩码，10.26.245.5 为下一跳逻辑地址，gei-1/1 为学习到这条路由的接口和进行数据转发的接口。OSPF 为路由器学习到这条路由的来源，这条路由信息是通过 OSPF 动态路由协议学习到的。110 为此路由的管理距离，14 为此路由的度量值。

3. 路由器

路由器按性能可划分为高端路由器、中端路由器和低端路由器；按网络位置可划分为：核心路由器、汇聚路由器和接入路由器；按传输性能可划分为：线速路由器和非线速路由器；按网络类型可划分为有线路由器和无线路由器。在本教材中，所有的实操都是在中兴通讯 ZXR10 1809 系列路由器上进行的，重点介绍中兴通讯的 ZXR10 1809 列路由器。ZXR10 1809 系列是接入层路由器，一般用于小型局域网接入广域网或者互联网，如图 2.2-3 所示。路由器的接口指示灯状态和交换机一样，每个接口有 2 个指示灯。

图 2.2-3　ZXR10 1809 系列路由器

ZXR10 1809 系列路由器主要性能指标如表 2.2-2 所示。

表 2.2-2　ZXR10 1809 系列路由器主要性能指标

基本参数	性能指标
路由器类型	企业级路由器
传输速率	10 Mbit/s/100 Mbit/s/1 000 Mbit/s
端口结构	模块化
广域网接口	1 个纠错

续表

基本参数	性能指标
局域网接口	8 个
其他端口	1 个 Console 口
	1 个 AUX 端口
	2 个 USB2.0 接口

功能参数	性能指标
防火墙	内置防火墙
Qos 支持	支持
VPN 支持	支持
网络管理	Console、RJ45 支持带内、带外网管信息信道，支持 WEB 网管，支持 802.3ah 以太网管理，支持 CLI 和 GUI 管理接口，可以进行远程网管和软件版本升级

任务实施：模拟路由和数据转发

第一步：路由器加电和配置路由。

路由器加电后，因为此时没有任何数据收发，所以它的路由表是空的。此时，可以通过配置静态路由和运行动态路由协议生成路由表（假设此时已经配置好路由）。

第二步：R1 匹配路由和数据转发。

计算机 A 向计算机 B 发送数据包，数据包的目的地址是 192.168.3.3，源地址是 192.168.2.3。数据包先经过 R1 路由器，根据目的地址匹配原则，R1 匹配了"192.168.3.0 255.255.255.0 192.168.4.2 …"这条路由，而数据通过 R1 路由器的 e1_1 接口发送到路由器 R2，如图 2.2-4 所示。

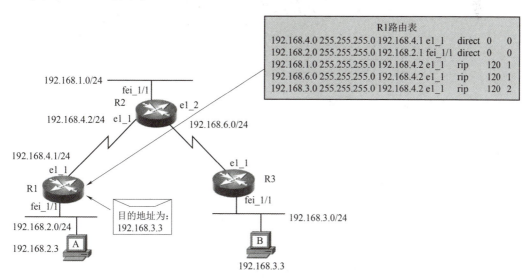

图 2.2-4　R1 路由匹配和数据转发

第三步：R2 匹配路由和数据转发。

数据达到 R2 后，根据目的地址匹配原则，R2 匹配了"192.168.3.0 255.255.255.0 192.168.6.2…"这条路由，数据通过 R2 路由器的 e1_2 接口发到 R3 上，如图 2.2-5 所示。

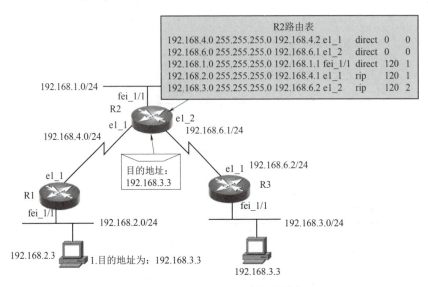

图 2.2-5　R2 路由匹配和数据转发

第四步：R3 匹配路由和数据转发。

数据达到路由器 R3，根据目的地址匹配原则，匹配"192.168.3.0 255.255.255.0 192.168.3.1…"这条路由，数据到 R3 后，经过 fei_1/1 接口，数据包封装计算机 B 的 MAC 作为目的 MAC，fei_1/1 接口的 MAC 作为源 MAC，再通过物理层传送到计算机 B，如图 2.2-6 所示。

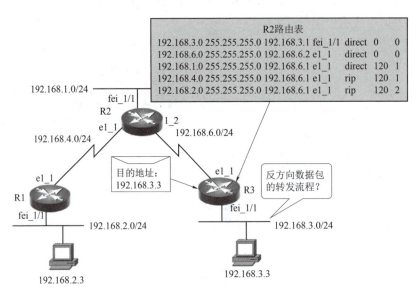

图 2.2-6　R3 路由匹配和数据转发

注意，在上面的过程中，数据包每经过一个设备的接口，源 MAC 地址和目标 MAC 地址都会被替换，而源 IP 地址和目标 IP 地址一直不变。

第五步：填写路由选择表（表 2.2-3）。

表 2.2-3　路由选择表

序号	设备	选择的路由
1	R1	
2	R2	
3	R3	

任务总结

路由器进行数据转发的依据是路由表，这个表包含了目的地址、下一跳地址、接口、所有者以及优先级等信息，路由表的生成可以通过手工输入路由或者由动态路由协议自动生成。当一个数据包进入路由器后，会用目的地址匹配路由表，选择最优路由（最长匹配）转发数据。在这个过程中，不论数据经过几个路由器的转发，数据包的源 IP 地址和目标 IP 地址一直不变，源 MAC 地址和目标 MAC 地址则不断替换成发送接口和接收接口的 MAC 地址。

任务评估

任务完成之后，教师按照表 2.2-4 来评估每个学生的任务完成情况，或者学生按照表 2.2-4 中的内容来自评任务完成情况。

表 2.2-4　任务评估表

任务名称：路由和数据转发		学生：	日期：	
评估项目	分值	评价标准	评估结果	得分情况
1. R1 路由器路由选择	30	在 R1 上选择正确的路由表项		
2. R2 路由器路由选择	30	在 R2 上选择正确的路由表项		
3. R3 路由器路由选择	30	在 R3 上选择正确的路由表项		
4. 在规定时间内完成	10	1、2、3 评估项目在 3 min 内完成的得 10 分，每延时 0.5 min 扣 5 分，扣完为止		
评价人：			总分：	

任务 2.3　网线制作

【任务说明】某网络工程施工现场,由于购买的成品网线数量不足,迫切需要现场制作 10 根长度为 5 m 的直连线用于连接交换机,还需要制作 6 根 5 m 的交叉线用来实现 12 台接入层的路由器两两互连。

【任务要求】制作 10 根 5 m 的直连线和 6 根 5 m 的交叉线,并用网线测试仪测试网线质量合格。

【实施环境】超五类网线 100 m、RJ45 头 50 个、网线钳 2 把、网线测试仪 2 个。

知识准备:传输介质和接口认知

1. 传输介质

传输介质是网络中信息传输的媒体,是网络通信的物质基础之一。传输介质的物理特性对传输速率、通信距离、可连接的网络节点数目和数据传输的可靠性等均有很大的影响。因此,必须根据不同的通信要求合理选择传输介质。目前,局域网中常用的传输介质有双绞线、同轴电缆、光纤等。

1) 双绞线

双绞线是最常用的传输介质,由两根绝缘的金属导线扭在一起而成,通常还把若干对双绞线(2 对或 4 对)捆成一条电缆并用坚韧的护套包裹而成,双绞线的两端接 RJ45 头。每对双绞线(图 2.3-1)合并作一根通信线使用,以减少各对导线之间的电磁干扰。

图 2.3-1　双绞线

拨开双绞线后,里面共有 8 根胶皮细铜导线,两两绞在一起,其中 1、2 相互绞缠,3、6 相互绞缠,4、5 相互绞缠,7、8 相互绞缠。双绞线分为 UTP(Unshielded Twisted Pair,非屏蔽双绞线)和 STP(Shielded Twisted Pair,屏蔽双绞线)两种,如图 2.3-2 和图 2.3-3 所示。屏蔽双绞线外面环绕一圈金属屏蔽保护膜,可以减少信号传送时所产生的电磁干扰,但是相对价格较高。

非屏蔽双绞线没有金属保护膜,对电磁干扰的敏感性较大,电气特性较差。它的最大优点是价格低廉,所以广泛应用于传输模拟信号的电话系统中。但是,其最大缺点是绝缘性能

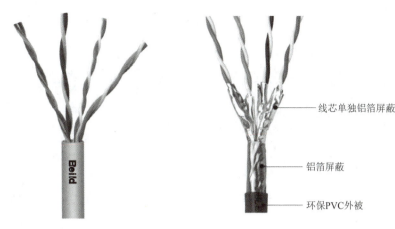

图 2.3-2　非屏蔽双绞线　　　　图 2.3-3　屏蔽双绞线

不好,分布电容参数较大,信号衰减比较厉害,所以传输速率不高,传输距离也有限。

目前常用的双绞线的指标如表 2.3-1 所示。

表 2.3-1　常用双绞线的指标

类别	代号	速率	最大长度	接头
五类线	CAT5	100 Mb/s	100 m	RJ45
超五类线	CAT5e	1 000 Mb/s	100 m	RJ45
六类线	CAT6	10 Gb/s	37~55 m	RJ45
超六类	CAT6A	10 Gb/s	100 m	RJ45
七类线	CAT7	10 Gb/s	100 m	GG45

2)同轴电缆

同轴电缆是网络中最早使用的传输介质,共有四层,从里往外分别是中心导体、绝缘层、网状屏蔽层和保护套,如图 2.3-4 所示。同轴电缆在现代计算机网络中已经很少使用,现在多用于传送数字电视信号。

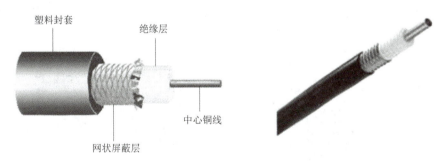

图 2.3-4　同轴电缆

3)光纤

光纤是光导纤维电缆的简称,又名光缆。光纤由纤芯、包层和护套层组成,其中的纤芯由玻璃或塑料制成，包层由玻璃制成，护套层由塑料制成，如图 2.3-5 所示。

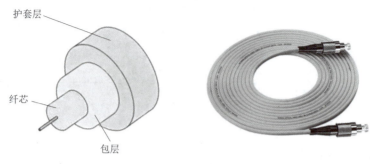

图 2.3-5　光纤

光纤通信具有许多优点，首先是传输速率高，其次是抗电磁干扰能力强、质量轻、体积小、韧性好、安全保密性高等，目前多用于计算机网络的主干线中。光纤的缺点是与其他传输介质相比，物理特性脆弱、容易折断、不易维护。另外，光纤衔接和光纤分支均较困难，而且在分支时，信号能量的损失很大。

2. 接口类型

计算机网络中使用传输介质用来连接计算机和网络设备或者网络设备之间互连，传输介质和计算机、网络设备的连接点叫作接口。由于使用的传输介质不同，接口也不同，而且即使使用相同的传输介质，它们的接口也可能不同。由于目前计算机网络主要使用网线和光纤，本教材主要介绍网线口（RJ45 接口）和光纤口（光纤接口），它们在交换机和路由器上是最为普遍的接口。

1）RJ45 接口

RJ45 接口是一种标准化接口，通常用于将计算机连接到局域网中。RJ45 接口由插头（接头、水晶头）和插座（模块）组成，插头有 8 个凹槽和 8 个触点，俗称水晶头，如图 2.3-6 所示。

RJ45 插座一般集成在网络设备或者网卡上，RJ45 插头可以插到 RJ45 插座上，如图 2.3-7 所示。交换机和路由器的端口（接口）就是集成到主板上的 RJ45 插座，如图 2.3-8 所示。

图 2.3-6　RJ45 接口

图 2.3-7　RJ45 插座

图 2.3-8　交换机端口

2) 光纤接口

光纤接口就是用来连接光纤线缆的物理接口。光纤接口一般分为光纤跳线接口和网络设备光接口。

(1) 光纤跳线接口。

根据光纤接头部分的不同，光纤接口可分为：APC 型、FC 型、PC 型、LC 型、SC 型、ST 型、MT-RJ 方形。其中 FC 型、LC 型、SC 型、ST 型四种光纤接口最为常见，如图 2.3-9 所示。

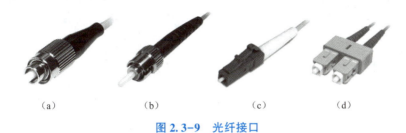

图 2.3-9　光纤接口

(a) FC 型；(b) ST 型；(c) LC 型；(d) SC 型

FC 型光纤接头：俗称圆头。FC 是 Ferrule Connector 的首字母缩写，该类光纤接口的加强方式是采用金属套，紧固方式为螺纹扣，接头部分是圆形带螺纹的金属接头。FC 型光纤接头一般在电信网络中被采用，特别是在配线架上用得最多，也是单模网络中最为常见的连接设备之一。FC 型光纤接头的优点是牢靠、防灰尘、可插拔次数比塑料多。其缺点是安装时间稍长。

LC 型光纤接头：俗称方头、小方，是 SFP 模块的专用接口，它采用操作方便的模块化插孔闩锁机理制成，一般应用在交换机和路由器上。其优点是接口比较小，在交换机和路由器上同等面积能容纳更多端口。其缺点是兼容性较差。

SC 型光纤接头：是 TIA-568-A 标准化的连接器，俗称方头、大方，SC 是 Square Connector 的首字母缩写，该类光纤接外壳为矩形，采用插针与耦合套筒的结构尺寸与 FC 型完全相同。其中，插针的端面多采用 PC 或 APC 型研磨方式；紧固方式为插拔销闩式，无须旋转。其优点是标准方形接头，直接插拔，使用方便且耐高温、不易老化，使用寿命长。其缺点是接头不够连接紧，容易掉出来。

ST 型光纤接头：是一种卡套式的接头，ST 头插入后旋转半周有一卡口固定，一般应用在多模网络中，在无线网络的部署中与其他厂家设备对接时，使用得也比较多。其优点是连接方便，固定得也比较紧。其缺点是容易折断。

(2) 网络设备光接口。

网络设备侧的光接口，交换机和路由器一般使用 SFP（Small Form Pluggable，小型可插拔）光模块，是封装的热插拔小封装模块，由于接口为 LC，可以和 LC 接口的光纤配合起来使用，如图 2.3-10 所示。当交换机和路由器需要使用高速端口（接口）时，就使用 SFP 光模块连接光纤进行设备互连，如图 2.3-11 所示。

图 2.3-10　SFP 光模块

图 2.3-11　使用 SFP 接口的交换机

任务实施：网线制作

网线制作

第一步：了解双绞线线序。

在双绞线标准中应用最广的是 ANSI/EIA/TIA-568A 和 ANSI/EIA/TIA-568B，这两个标准最主要的区别是芯线序列的不同。在实际的网络工程施工中，采用得较多的是 568B 标准，568B 的线序定义依次为橙白、橙、绿白、蓝、蓝白、绿、棕白、棕，其标号如表 2.3-2 所示。

表 2.3-2　568B 标准线序

橙白	橙	绿白	蓝	蓝白	绿	棕白	棕
1	2	3	4	5	6	7	8

RJ45 连接头各触点在传输信号中所起的作用分别是：1、2 用于发送，3、6 用于接收，4、5、7、8 是双向线。

工程中网线一般采用直连线和交叉线两种。对于直连线，双绞线的两端都按照表 2.3-2 的线序；如果是交叉线，则一端按照表 2.3-2 的线序，另一端将 1 和 3 互换，2 和 6 互换，其他线序不变，即线序如表 2.3-3 所示。

表 2.3-3　交叉线对端的线序

绿白	绿	橙白	蓝	蓝白	橙	棕白	棕
1	2	3	4	5	6	7	8

第二步：准备工具。

制作网线用到两个工具：一个是网线钳，如图 2.3-12 所示；另一个是网线测试仪，如图 2.3-13 所示。

网线钳具有压线、剥线、剪线功能，能制作 RJ45 网络线接头、RJ11 电话线接头、4P 电话线接头，能方便地进行剥线、切断、压线等操作。

网线测试仪对双绞线 1、2、3、4、5、6、7、8、G 线对逐根（对）测试，并可通过状态指示灯来区分判断（对）错线、短路和开路。

模块 2　IP 设备认知

图 2.3-12　网线钳

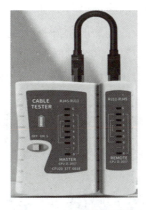

图 2.3-13　网络测试仪

第三步：剥线。

利用网线钳将双绞线的绝缘层去掉，即去掉 1.5~2.5 cm 的长度，如图 2.3-14 所示。在此过程中需要注意用力要恰到好处，过轻则剪不断整根网线的外层皮层；过重则会把里面的双绞线的保护皮层剪开，甚至会剪断双绞线的金属线。

第四步：排线。

前期网线的制作需要根据网线的用途选择交叉或是直连，随着技术的发展，目前工程现场用的网线多是直连网线。

图 2.3-14　剥线

如果制作直连线，线的两端按照："1 橙白-2 橙-3 绿白-4 蓝-5 蓝白-6 绿-7 棕白-8 棕"的线序排列；如果制作交叉线，线的一端是"1 橙白-2 橙-3 绿白-4 蓝-5 蓝白-6 绿-7 棕白-8 棕"，另外一端是"1 绿白-2 绿-3 橙白-4 蓝-5 蓝白-6 橙-7 棕白-8 宗"的线序排序。网线排完线后，需要用手将原来弯曲的双绞线尽量拉直、排列整齐、线序准确，如果线拉不直，后面把网线插入水晶头的时候，就不容易插到位，如图 2.3-15 所示。

图 2.3-15　排线

第五步：剪线。

接下来把排好的线剪断，最好预留 1~1.5 cm，剪线要干脆果断，一次下去就把多余的线全都剪完，并且要求线头是整齐的，如图 2.3-16 所示。

第六步：插线。

一只手紧压剪下来的线，另一只手拿水晶头，水晶头铜片一侧向上向左，水晶头管脚的序号是从上向下依次为 1/2/3/4/5/6/7/8，然后将它们整齐插入并塞至底端，如图 2.3-17 所示。注意一定要仔

图 2.3-16　剪线

细观察是否所有的线都已经插到水晶头的底端,如果没有需要抓住线继续用力,保证当网线被压时,水晶头的铜片能很好地压到双绞线。网线的外塑料护套也有部分要插入水晶头内部,保证当网线钳压网线的时候,水晶头外侧会有一部分透明塑料能压到网线外层的塑料护套,这有利于防止拉扯保证网线的使用寿命。

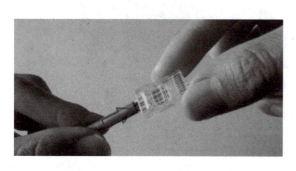 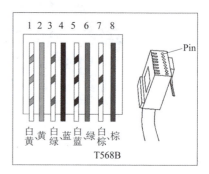

图 2.3-17 插线

第七步:压线。

把插好后的水晶头放入网线钳的专用压线口,双手握住网线钳手柄,右手慢慢用力,把弹簧片压紧,当手感觉到震动时,说明线已经压好。注意,不要反复多压线,否则会使 RJ45 头塌陷,无法使用,如图 2.3-18 所示。

第八步:测线。

现在把网线的一端插入测试仪的 TX 端,另一端放到 RX 端,打开测试仪的开关,如图 2.3-19 所示。如果网线测试仪打开自动挡测试模式,测试仪两头的绿灯会从 1 逐个亮到 8。如果有的灯不亮,或者两头的灯不是一一对应亮,说明网线制作的有问题,需要检查 RJ45 头是否压紧、两端的线序是否正确,必要时,应剪断 RJ45 头,重新制作。

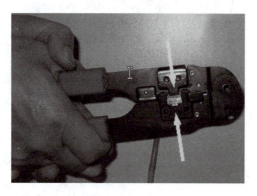 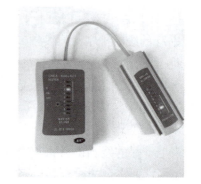

图 2.3-18 压线　　　　　图 2.3-19 测线

任务总结

网线是最常用的网络线缆,被用来连接计算机终端、物联网终端以及交换机、路由器之间的互连,所以经常需要制作网线。制作网线的要点为:一是要遵循 ANSI/EIA/TIA-568B

标准,直连网线两端的线序是"1 橙白-2 橙-3 绿白-4 蓝-5 蓝白-6 绿-7 棕白-8 棕",交叉网线的线序一端是"1 橙白-2 橙-3 绿白-4 蓝-5 蓝白-6 绿-7 棕白-8 棕";而另一端是"1 绿白-2 绿-3 橙白-4 蓝-5 蓝白-6 橙-7 棕白-8 棕";二是网线插入 RJ45 头里要整齐紧密,与 RJ45 里面的触点完全接触;三是 RJ45 头的外面卡扣部分要留有余地,以防止由于拉扯网线而失效。另外,制作完网线后,要使用网线测试仪测试正常才能使用。

任务评估

任务完成之后,教师按照表 2.3-4 来评估每个学生的任务完成情况,或者学生按照表 2.3-4 中的内容来自评任务完成情况。

表 2.3-4 任务评估表

任务名称:网线制作		学生:	日期:	
评估项目	分值	评价标准	评估结果	得分情况
1. 网线剥线	10	网线剥线整齐、表皮无损伤,否则适度扣分		
2. 双绞线排列	10	剥好的双绞线排列整齐,长度合适 1~1.5 cm,否则适度扣分		
3. 网线线序	20	网线线序正确,错误得 0 分		
4. 网线与 RJ45 触点接触	10	网线与 RJ45 触点完全接触,否则得 0 分		
5. RJ45 卡线	10	卡线紧,RG45 外面预留一部分胶皮,否则适度扣分		
6. 网线测试仪测试	30	网线测试仪测试通过,否则得 0 分		
7. 完成时间	10	在规定的时间内完成(10 min),每超时 1 min 扣 5 分,扣完为止		
评价人:			总分:	

任务 2.4 Windows 系统 IP 地址配置和 ping 测试

【任务说明】为 2 台使用 Windows 系统的计算机 A 和 B 的网卡配置 IP 地址、掩码、网关、DNS 等数据。计算机 A 的 IP 是 172.1.1.143/24,网关是 172.1.1.144;计算机 B 的 IP 地址是 172.1.2.143/24,网关是 172.1.2.144,DNS 都是 202.102.128.68。

【任务要求】按照要求完成配置。

知识准备：Windows 系统 IP 配置和 ping 测试

1. 网关

一台计算机要联网，必须配置 IP 地址等数据。如果计算机只是在局域网内工作，需要配置 IP 地址和掩码两个数据；如果局域网内的计算机还要访问另外一个网络，需要配置 IP 地址、掩码和网关三个数据；如果计算机要连接互联网，则需要配置主机 IP、掩码、网关和 DNS 服务器地址四个数据。其中，IP 地址、掩码和 DNS 前面的内容已经涉及，下面来介绍网关。

网关（Gateway，GW）又叫作网间连接器、协议转换器，是在采用不同体系结构或协议的网络之间进行互通时，用于提供协议转换、路由选择、数据交换等网络功能的设备。按照功能分类，网关主要有三种网关：协议网关、应用网关和安全网关。在进行路由和数据转发时，网关是指 TCP/IP 协议网关。路由器、三层交换机、安装数据转发软件的计算机、防火墙都可以承担协议网关设备的角色。当主机需要跨网络通信时，除非主机定义了针对某个目的地址的路由，否则主机将数据包发往网关地址的所指明的设备接口，由网关设备来根据其路由表将数据发给目的地。因此，当主机或者网络通过一个唯一的 IP 地址发送和接收数据时，一般会配置网关，而这个网关是主机连接的路由器等设备的一个接口的 IP 地址，这个地址和本地网络地址在同一网段。当主机或者网络有多个 IP 地址发送和接收数据时，可以定义到具体目的地址的路由，而其余的数据可以定义网关，起到默认路由的作用。

在图 2.4-1 中，172.1.1.144、172.1.2.144 是路由器的接口，可以作为计算机 A 和计算机 B 的网关地址。给网卡配置这些数据时，可以采取两种方式：手工输入方式和自动获取方式。手工输入方式是根据网络维护员提供给用户的数据，在操作系统的配置界面手工输入；自动获取方式则是在网络开通了 DHCP（Dynamic Host Configuration Protocol，动态主机配置协议）的情况下，在配置界面选择"自动获取"。

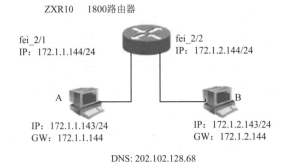

图 2.4-1 协议网关示意

2. ping 测试

互联网包探索器（ping），是 TCP/IP 协议族 ICMP 协议中的一个应用程序，它可以检查网络是否连通，可以很好地帮助我们分析和判定网络故障。它的工作原理是本地主机向目的

IP 地址发送一个 ICMP 请求包，并要求目的主机回发给本主机一个相同大小的数据报，如果主机收到回送包，则说明网络是通的。

Windows 系统和 Linux 系统都内置了 ping 命令，在使用 Windows 操作系统的电脑上打开“命令提示符”，输入“ping”，显示出的信息如图 2.4-2 所示，其中描述了 ping 命令的格式和参数。

```
C:\Users\cuihaibin>ping

用法: ping [-t] [-a] [-n count] [-l size] [-f] [-i TTL] [-v TOS]
            [-r count] [-s count] [[-j host-list] | [-k host-list]]
            [-w timeout] [-R] [-S srcaddr] [-c compartment] [-p]
            [-4] [-6] target_name

选项:
    -t             Ping 指定的主机，直到停止。
                   若要查看统计信息并继续操作，请键入 Ctrl+Break；
                   若要停止，请键入 Ctrl+C。
    -a             将地址解析为主机名。
    -n count       要发送的回显请求数。
    -l size        发送缓冲区大小。
    -f             在数据包中设置“不分段”标记(仅适用于 IPv4)。
    -i TTL         生存时间。
    -v TOS         服务类型(仅适用于 IPv4。该设置已被弃用，
                   对 IP 标头中的服务类型字段没有任何
                   影响)。
    -r count       记录计数跃点的路由(仅适用于 IPv4)。
    -s count       计数跃点的时间戳(仅适用于 IPv4)。
    -j host-list   与主机列表一起使用的松散源路由(仅适用于 IPv4)。
    -k host-list    与主机列表一起使用的严格源路由(仅适用于 IPv4)。
    -w timeout     等待每次回复的超时时间(毫秒)。
    -R             同样使用路由标头测试反向路由(仅适用于 IPv6)。
                   根据 RFC 5095，已弃用此路由标头。
                   如果使用此标头，某些系统可能丢弃
                   回显请求。
    -S srcaddr     要使用的源地址。
    -c compartment 路由隔离舱标识符。
```

图 2.4-2　ping 命令格式

当我们要测试网络的连通性时，可以在提示符后面输入“ping 目的地址”，比如“ping 192.168.0.1”，如果显示如图 2.4-3 所示，说明网络是通的，图中发送的字节数是 32 B，发送到收到回送消息时间 1 ms，TTL（Time To Live，生命周期）是 64。如果显示出的是如图 2.4-4 所示的两种情况，则说明网络是不通的。

```
C:\Users\cuihaibin>ping 192.168.0.1

正在 Ping 192.168.0.1 具有 32 字节的数据:
来自 192.168.0.1 的回复: 字节=32 时间=1ms TTL=64
来自 192.168.0.1 的回复: 字节=32 时间=1ms TTL=64
来自 192.168.0.1 的回复: 字节=32 时间=1ms TTL=64
来自 192.168.0.1 的回复: 字节=32 时间=1ms TTL=64

192.168.0.1 的 Ping 统计信息:
    数据包: 已发送 = 4，已接收 = 4，丢失 = 0 (0% 丢失)，
往返行程的估计时间(以毫秒为单位):
    最短 = 1ms，最长 = 1ms，平均 = 1ms
```

图 2.4-3　网络连通

```
C:\Users\cuihaibin>ping 192.168.0.200

正在 Ping 192.168.0.200 具有 32 字节的数据:
来自 192.168.0.153 的回复: 无法访问目标主机。
来自 192.168.0.153 的回复: 无法访问目标主机。
来自 192.168.0.153 的回复: 无法访问目标主机。
来自 192.168.0.153 的回复: 无法访问目标主机。

192.168.0.200 的 Ping 统计信息:
    数据包: 已发送 = 4，已接收 = 4，丢失 = 0 (0% 丢失)，

C:\Users\cuihaibin>ping 192.133.1.1

正在 Ping 192.133.1.1 具有 32 字节的数据:
请求超时。
请求超时。
请求超时。
请求超时。

192.133.1.1 的 Ping 统计信息:
    数据包: 已发送 = 4，已接收 = 0，丢失 = 4 (100% 丢失)，
```

图 2.4-4　网络不通

另外，也可以给 ping 命令增加一些参数来控制测试内容，如“ping -t 192.168.0.1”，意思是一直发送数据包，直到按下组合键“Ctrl+C”停止，如图 2.4-5 所示；“ping -l 3000 192.168.0.1”的意思是向 192.168.0.1 发送一个字节数为 3 000 的大小的数据包，如图 2.4-6 所示。

```
C:\Users\cuihaibin>ping -t 192.168.0.1
正在 Ping 192.168.0.1 具有 32 字节的数据:
来自 192.168.0.1 的回复: 字节=32 时间=6ms TTL=64
来自 192.168.0.1 的回复: 字节=32 时间=3ms TTL=64
来自 192.168.0.1 的回复: 字节=32 时间=1ms TTL=64
来自 192.168.0.1 的回复: 字节=32 时间=2ms TTL=64
来自 192.168.0.1 的回复: 字节=32 时间=2ms TTL=64
来自 192.168.0.1 的回复: 字节=32 时间=3ms TTL=64

192.168.0.1 的 Ping 统计信息:
    数据包: 已发送 = 6,已接收 = 6,丢失 = 0 (0% 丢失),
往返行程的估计时间(以毫秒为单位):
    最短 = 1ms,最长 = 6ms,平均 = 2ms
Control-C
^C
```

图 2.4-5　不间断 ping 测试

```
C:\Users\cuihaibin>ping -l 3000 192.168.0.1
正在 Ping 192.168.0.1 具有 3000 字节的数据:
来自 192.168.0.1 的回复: 字节=3000 时间=25ms TTL=64
来自 192.168.0.1 的回复: 字节=3000 时间=2ms TTL=64
来自 192.168.0.1 的回复: 字节=3000 时间=4ms TTL=64
来自 192.168.0.1 的回复: 字节=3000 时间=2ms TTL=64

192.168.0.1 的 Ping 统计信息:
    数据包: 已发送 = 4,已接收 = 4,丢失 = 0 (0% 丢失),
往返行程的估计时间(以毫秒为单位):
    最短 = 2ms,最长 = 25ms,平均 = 8ms
```

图 2.4-6　大包 ping 测试

任务实施：Windows 系统主机配置 IP 和 ping 测试

Windows 系统主机配置 IP 和 ping 测试

不同的操作系统，如 Windows 系统和 Linux 系统，配置主机 IP 地址的方法和形式不同。下面以 Windows11 系统为例来说明操作步骤。注意，对于不同版本的 Windows 系统，配置界面可能不同。

第一步：进入配置界面。

在桌面上找到"网络"图标，右键选择"属性"，在弹出的界面上选择"更改适配器设置"，如图 2.4-7 所示。

图 2.4-7　更改适配器设置

第二步：选中网卡。

单击"更改适配器设置"后，显示出计算机安装的所有网卡，包括有线网卡和无线网卡，这里我们选择有线网卡，如图 2.4-8 中的"以太网 19"就是计算机的有线网卡。

图 2.4-8　网卡列表

单击"以太网 19"后，在弹出的界面上先选择"属性"，在弹出的界面上选择"internet 协议版本 4（TCP/IPv4）"，如图 2.4-9 所示。

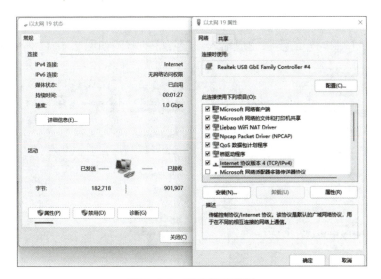

图 2.4-9　网卡协议选择

第三步：自动配置。

单击"internet 协议版本 4（TCP/IPv4）"后，如果在弹出的界面上采取自动配置的方式，则选中"自动获得 IP 地址"和"自动获得 DNS 服务器地址"，如图 2.4-10 所示。

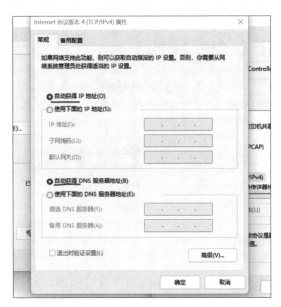

图 2.4-10　自动获得配置方式

第四步：手工配置。

如果采取手工输入的方式，则需要选中"使用下面的 IP 地址"和"自动获得 DNS 服务器地址"后，在"IP 地址""子网掩码""默认网关"后面输入数据。

IP 地址：172.1.1.143；

子网掩码：255.255.255.0；

默认网关：172.1.1.144。

另一个计算机按照同样的步骤完成输入。配置好的截图如图 2.4-11 所示。

图 2.4-11 网卡配置结果

第五步：配置验证。

在桌面的左下角搜索"CMD"，如图 2.4-12 所示，打开"命令提示符"，在">"后输入命令"ipconfig"或者"ipconfig/all"可以查询网卡配置的 IP 地址等数据（图 2.4-13），可以确认 IP 地址配置成功。

图 2.4-12 打开 CMD

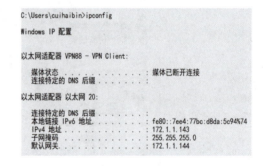

图 2.4-13 运行 ipconfig 命令

继续输入"ping 172.1.1.144"，验证电脑和网关之间的连通性（图 2.4-14），说明电脑和网关之间是通的。

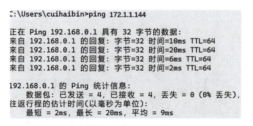

图 2.4-14 网关测试

任务总结

在进行网络调测时,一般需要手工配置 IP 地址来进行 ping 测试,在工作中也经常需要配置计算机 IP 地址、掩码、DNS 地址和网关。有两种配置方法:一是根据规划地址手工输入各项;二是使用 DHCP 功能自动完成配置,采取哪种方式要根据计算机接入的网络是否开通 DHCP 服务来定。Windows 系统下配置只需要在相应的配置界面输入数据即可,比较简单,如果给 Linux 系统供了图形化界面,则可以像 Windows 系统一样完成配置,如果没有提供图形化界面,则需要使用命令行或者修改配置文件进行配置,难度较大。Windows 系统的 ping 命令可以用来测试网络的连通性。

任务评估

任务完成之后,教师按照表 2.4-1 来评估每个学生的任务完成情况,或者学生按照表 2.4-1 中的内容来自评任务完成情况。

表 2.4-1 任务评估表

任务名称:Windows 系统 IP 地址配置		学生:	日期:	
评估项目	分值	评价标准	评估结果	得分情况
1. 配置路径	10	能够找到配置界面		
2. 手工配置	30	正确输入配置数据,错误一项扣 10 分		
3. 自动配置	20	正确选择配置项,错误一处扣 10 分		
4. 配置确认	20	运行 ipconfig 确认地址配置正确		
5. 完成时间	20	在规定的时间(5 min)内完成,超时 1 min 扣 5 分,扣完为止		
评价人:			总分:	

模 块 总 结

以太网交换技术是 OSI 七层模型中链路层的主流技术,而以太网交换机是实现二层交换的最常用设备。以太网交换机分为冲突域和广播域,一个集线器是一个冲突域,一个交换机的一个端口是一个冲突域,一个交换机(级联的多个交换机)是一个广播域。交换机学习并建立一个端口和所连接的主机的网卡 MAC 地址的对应关系表叫作 MAC 地址表,而交换机根据此表完成数据转发。

路由技术是 OSI 七层模型中网络层完成寻址、路由和数据转发的技术,路由器则是实现三层数据转发的常用设备。路由表是路由器学习并建立的由目标 IP 地址、下一跳地址、接口以及优先级等数据组成的表，路由器接收到数据之后根据数据报的目的 IP 地址匹配路由表并从该路由指定或者对应的接口将数据发出。

网线和光纤是交换机和路由器最常使用的传输媒介，接口是 RJ45 头，俗称水晶头，一般速率是 100 Mbit/s 和 1 000 Mbit/s。制作网线要注意线序，常用的线序是两端都是橙白-橙-绿白-蓝-蓝白-绿-棕白-棕，交叉线则是另一端变成 1、3 交叉和 2、6 交叉。光纤用于光口互连，一般速率为 1 Gbit/s、10 Gbit/s、20 Gbit/s、25 Gbit/s 甚至 100 Gbit/s。光纤接头一般有 LC、FC、SC 等，交换机和路由器常用的是封装的 LC 接口型的 SFP 器件。

计算机接入网络需要配置 IP 地址、掩码等数据，可以采取手工输入数据或者自动获取的方式，手工输入是按照维护员提供的数据在操作系统界面手工输入，自动配置则是由网络系统自动给计算机分配 IP 地址。至于网络是否连通，可以使用 ping 命令测试。

模 块 练 习

一、单选题

1. 一个交换机收到数据包后首先进行的操作是（　　）。

    A. 进行源 MAC 地址学习

    B. 上送 CPU 查找路由表获得下一跳地址

    C. 根据数据报文中的目的 MAC 地址查找 MAC 地址表

    D. 用自己的 MAC 地址替换数据报文的目的 MAC 地址

2. 路由器技术的核心内容是（　　）。

    A. 路由算法和协议　　　　　　　　B. 提高路由器的性能方法

    C. 网络地址复用方法　　　　　　　D. 网络安全技术

3. 以下不会在路由表里出现的是（　　）。

    A. 下一跳地址　　　　　　　　　　B. 网络地址

    C. 度量值　　　　　　　　　　　　D. 源地址

4. RJ45 接口使用 8 根芯中的（　　）4 根芯。

    A. 1-2-3-6　　　B. 1-2-4-5　　　C. 1-3-4-6　　　D. 1-3-5-6

二、填空题

1. 交换机是根据_____进行数据报文转发的。

2. 以太网交换机的每个端口可以视为一个_____。

3. 路由器的核心是_____，其中保存了各种路由协议发现的路由，记载着路由器所知的所有网段的路由信息。

4. 目前在局域网中常用的有线传输介质有_____、_____、_____。

5. 如果 A 的地址是 1.1.1.1，B 的地址是 2.2.2.2，则从 B 上测试 B 和 A 之间的网络是否连通的命令是_____。

三、实操题

1. 试着制作一根 568B 标准的直连双绞线和一根交叉双绞线。
2. R1、R2、R3 这 3 个路由器互相连接，接口如题图 2-1 所示。

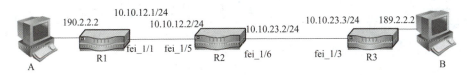

题图 2-1　3 个路由器互相连接

如果一个数据包从 A 发送到 B，则在路由器 R1 上配置的下一跳地址是什么？在路由器 R2 上配置的下一跳地址是什么？同样的，如果一个数据包从 B 发送到 A，则在路由器 R2 上配置的下一跳地址是什么？在路由器 R3 上配置的下一跳地址是什么？

3. 一台交换机上连接着 a、b、c、d、e、f 共 6 台计算机，6 台计算机的网卡 MAC 地址的分别是 11-11-11-11-11-11，22-22-22-22-22-22，33-33-33-33-33-33，44-44-44-44-44-44，55-55-55-55-55-55，66-66-66-66-66-66，a 连接 1 口，b 连接 2 口，c 连接 3 口，d 连接 4 口，e 连接 5 口，f 连接 6 口。请写出交换机正常工作后的 MAC 地址表。

模块 3

交换机和路由器配置准备

配置交换机和路由器的准备工作,在硬件上需要使用串口线将笔记本连接到交换机的控制台接口上,软件上需要使用专门的调测工具实现笔记本和设备之间的配置数据交互。本模块设置了交换机和路由器串口连接以及交换机和路由器配置清除两个任务,为以后的工作打下基础。

【知识目标】

1. 了解交换机、路由器的常用软件和数据存储方式;
2. 熟悉交换机、路由器的查询、删除等常用文件操作;
3. 掌握 SecureCRT 软件的功能及其使用方法。

【技能目标】

1. 会使用串口线(USB 转串口线)连接交换机和路由器的 Console 口;
2. 会使用 SecureCRT 配置串口通信协议登录交换机和路由器;
3. 会清除交换机和路由器的配置数据。

【素养目标】

培养耐心细致、一丝不苟的工匠精神。

融入点:进行交换机和路由器配置清除的任务时,查询列表会显示很多文件,如果不小心错误删除了某个文件,可能会导致设备无法正常使用的后果。在操作的过程中不能有丝毫马虎,要发扬耐心细致、一丝不苟的工匠精神。

任务 3.1 交换机和路由器串口连接

【任务描述】某企业新增一个小部门,规划其使用独立的网络。现有 1 台新的 ZXR10 2826S 交换机和 1 台新的 ZXR10 1809 路由器。其中,交换机用来接入桌面终端,路由器用来将部门网络接入公司网络。

【任务要求】使用串口线连接笔记本和设备,使用 SecureCRT 软件实现交换机登录,详细记录每个步骤的操作结果。

【实施环境】1 台路由器 1809、1 台 2826S 交换机、1 条 USB 转串口线缆、1 条串口线、1 台笔记本电脑。

知识准备：配置口、串口线和 SecureCRT 软件认知

1. 交换机、路由器配置口

交换机、路由器都有进行数据配置的接口，即 Console 口，如图 3.1-1 所示。也有的设备上标的是 CON/AUX 口，是网络设备用来与计算机或终端设备之间进行连接的常用接口。Console 口只是用来接收计算机发来的命令和回传交换机配置结果的，与业务无关。

图 3.1-1　Console 口

2. 串口线和 USB 转串口线

串口线是用来连接计算机串口和设备配置口的线缆，又叫 RS232 线缆。RS232 是串行数据通信接口的标准，全称是 EIA-RS-232（简称 232 或者 RS232），它被广泛用于计算机串行接口外设连接。台式计算机配置有串行通信口，但是工程中我们常使用笔记本电脑配置设备，现在的笔记本一般没有 RS232 口，因此，需要使用 1 根 USB 转串口的转接线将笔记本电脑的 USB 口转变为 RS232 口。图 3.1-2 所示为常用的串口线和 USB 转串口线。

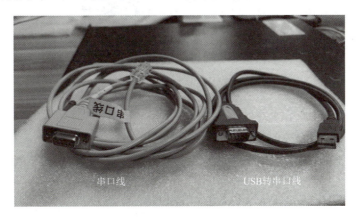

图 3.1-2　常用的串口线和 USB 转串口线

串口线一端为 RJ45 头，另一端为 DB9 孔式头；USB 转串口线一端为 USB 口，另一端为 DB9 针式头。先用 USB 转串口线的 USB 口连接计算机的 USB 口，再用 DB9 针式头连接串口线的 DB9 孔式头，串口线的 RJ45 头连接设备的 Console 口，如图 3.1-3 所示。

图 3.1-3 笔记本连接交换机 Console 口

USB 转串口线缆接好后 Windows 系统会自动安装驱动程序，打开 Windows 系统的设备管理器，如果出现图 3.1-4 中 "USB-Serial Controller" 的叹号，则说明驱动程序需要手动安装。驱动程序可以根据 USB 转串口的型号从网上下载，也可以直接使用驱动精灵等工具安装。

驱动程序安装，打开安装包直接单击然后根据提示一步一步安装即可，如图 3.1-5 所示，安装好后的设备管理器中的"端口"一项出现了一个新的 COM 口，如图 3.1-6 的"Prolific USB-to-serial Comm Port（COM7）"，USB 转串口线占用系统的 COM7 号端口（视个人系统而定，不一定是 7，也有可能是别的数字），请大家记牢这个端口，在后面的 SecureCRT 配置中将会使用。

图 3.1-4 设备管理驱动识别

图 3.1-5 驱动程序安装

3. SecureCRT 软件

SecureCRT 是一款支持 SSH（Secure Shell，安全外壳协议，包括 SSH1 和 SSH2）、Telnet、串口通信等的终端仿真程序，使用 SecureCRT 设定通信协议后，可以从本地登录或者远程登录到设备上，使用计算机对设备进行配置、维护等操作。SecureCRT 软件可以从官网下载（https://www.vandyke.com/cgi-bin/releases.php?product=securecrt）。下载后，单击安装包，根据提示完成即可，如图 3.1-7 所示。安装好后，计算机桌面上生成 图标。

模块 3　交换机和路由器配置准备

图 3.1-6　安装好的设备管理器

图 3.1-7　SecureCRT 安装

任务实施：交换机和路由器串口连接配置

第一步：交换机上电。

将交换机电源线插入交换机电源接口，并打开开关（有的交换机或者路由器无电源开关），查看交换机的电源指示灯是否正常亮起。如果电源指示灯不亮，说明接入电源或者电源线或者交换机有问题。

交换机和路由器串口连接配置

第二步：计算机连接交换机。

根据 3.1.1 使用 USB 转串口线和串口线连接笔记本电脑和交换机的 Console 口。

第三步：SecureCRT 软件登录配置。

在笔记本电脑桌面上双击" ![] "，打开 SecureCRT 软件进行首次登录配置，单击左上方"在标签页中连接"按钮，如图 3.1-8 所示。

图 3.1-8　打开快速连接配置

弹出"新建会话向导"窗口后，在【SecureCRT 协议】栏选择"Serial"（串口通信），如图 3.1-9 所示。

单击"下一步"按钮，弹出的新窗口如图 3.1-10 所示，此窗口中的数据选择细节如下：

【端口】选择在 3.1.1 中安装好驱动后在计算机设备管理器中查到的 COM 端口号，本文是 COM7。

【波特率】波特率表示单位时间内传送的码元符号的个数，如果是路由器，一般选择 115 200；如果是交换机，一般选择 9 600；波特率的选择并不完全一样，当连接失败时，可以换一个波特率进行尝试，直至连接成功。

【数据位】数据位表示一组数据实际包含的数据位数，此处选择"8"。

【奇偶校验】奇偶检验位应该在数据位之后，用来校验数据是否正确，选择"none（无）"。

【停止位】停止位表示本组数据结束，选择"1"。

【数据流控制】使数据保持收发一致，为防止数据在传输过程中出现数据丢失，不要勾选任何流控方式。

图 3.1-9　选择 Serial 口

图 3.1-10　端口参数配置

选择完成后，单击"下一页"按钮，出现如图 3.1-11 所示的界面，在会话名称处输入一个名称，或者使用默认名称。

单击"完成"按钮后，SecureCRT 主窗口中出现刚刚定义好的连接"Serial-COM7"，如图 3.1-12 所示。

图 3.1-11　定义连接名

图 3.1-12　定义好的连接

第四步：设备登录。

双击"Serial-COM7"，计算机成功连接到交换机，如图 3.1-13 所示。

出现 Login 界面后，在【Login】：后面输入用户名"admin"，按 Enter 键后出现【password】，输入"zhongxing"，按 Enter 键确认。如果用户名和密码正确，则出现"zte>"提示符，如图 3.1-14 所示。如果用户名和密码输入不正确，则系统提示错误，并提示再次输入，如图 3.1-15 所示。

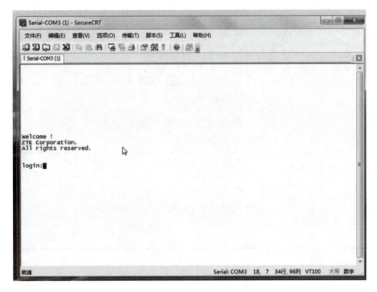

图 3.1-13 串口登录成功

图 3.1-14 认证成功

图 3.1-15 认证失败

注意：如果双击"Serial-COM7"后，出现乱码或者没有反应，则可能是 USB 转串口线驱动错误、线缆没有接好、线缆坏了，或者 SecureCRT 配置参数（如波特率错误）有误，请逐一排查。

任务总结

笔记本在连接交换机或者路由器时，都需要先使用 USB 转串口线缆连接串口线，再连接交换机或者路由器的 Console 口，然后使用 SecureCRT 软件配置连接参数（接口类型、波特率、停止位等），之后就可以登录设备了。如果登录失败，应先检查硬件和线缆连接是否正确；如果没有问题，可以通过调整波特率等参数进行尝试，直至登录成功。

任务评估

待任务完成之后，教师按照表 3.1-1 来评估每个学生的任务的完成情况，或者学生按照表 3.1-1 中的内容来自评任务完成情况。

表 3.1-1 任务评估表

任务名称：交换机和路由器串口连接		学生：	日期：	
评估项目	分值	评价标准	评估结果	得分情况
1. 线缆连接	20	笔记本、线缆和交换机或者路由器的连接正确		
2. SecureCRT 配置	40	参数配置正确，每错 1 处扣 10 分，扣完为止		
3. 登录界面	20	出现登录界面		
4. 完成时间	20	在规定的时间（5 min）内完成，超时 1 min 扣 5 分，扣完为止		
评价人：			总分：	

任务 3.2 交换机和路由器配置清除

【任务描述】某企业新增 1 个小型部门，小型部门规划为 1 个独立的网络。现有 1 台旧的 ZXR10 2826S 交换机和 1 台旧的 ZXR10 1809 路由器。其中，交换机用来接入桌面终端，路由器用来将部门网络接入公司网络。

【任务要求】对交换机、路由器进行清空操作，详细记录每个步骤的操作结果。

【实施环境】1 台 ZXR10 1809 路由器、1 台 ZXR10 2826S 交换机、1 条 USB 转串口线缆、1 条串口线、1 台笔记本电脑。

知识准备：交换机和路由器文件认知

交换机和路由器有两种内存形式，一种是 Flash；另一种是 RAM。Flash 也叫闪存，它是可读写的存储器，其中存放着交换机或者路由器的操作系统，在系统重新启动或关机之后仍能保存数据。RAM 是可读可写的存储器，和计算机中的 RAM 一样，交换机路由器中的 RAM 也是运行期间暂时存放操作系统和数据的存储器，让交换机路由器能迅速访问这些信息，但它存储的内容在系统重启或关机后将被清除。

如果一个已经使用过的交换机或者路由器我们想将配置数据清空，一种方法是进入配置界面逐条删除，但是这种方法操作复杂、难度较大；另一种方法就是删除数据配置文件，且操作简单、便捷，但是风险较大，删除时注意不要删除其他文件。

1. ZXR10 2800 系列交换机文件管理

ZXR10 2800 系列交换机的版本文件和配置文件都存储在 Flash 中，版本文件名称为 kernel.z，配置文件名称为 running.cfg。对交换机进行清库操作，实际上就是删除 Flash 中配置文件 running.cfg，这样，在交换机启动时 RAM 将从 Flash 中读取默认的配置文件运行。

2. ZXR10 1809 路由器文件管理

ZXR10 1809 路由器的版本文件和配置文件都存储在 Flash 中，Flash 中包含三个目录，分别是 IMG、CFG、DATA。

IMG：该目录下存放的是系统映像文件，即版本文件。版本文件以 .zar 为扩展名，是专用的压缩文件，此文件不能删除，删除后路由器将不能启动。

CFG：这是存放配置文件的目录，配置文件的文件名为 startrun.dat。当使用命令修改路由器的配置时，这些信息存放于内存中，为防止配置信息在路由器关电重启时丢失，需要用 write 命令将内存信息写入 startrun.dat。当需要清除路由器中的原有配置，重新配置数据时，可以使用 delete 命令将 startrun.dat 文件删除，然后重新启动路由器。

DATA：该目录主要用于存放记录异常信息的记录文件。

系统映象文件即版本信息 ZXR10.zar，配置文件 startrun.dat。对路由器进行清库操作实际就是清除 startrun.dat 的内容，将文件内容恢复为默认配置。

任务实施：交换机和路由器配置清除

交换机和路由器配置清除

1. 交换机配置清除

第一步：连接交换机。

打开 SecureCRT 软件，将计算机的相关接口连接至交换机。

第二步：进入交换机 Boot 界面。

按下交换机电源开关，等待几秒后重新打开开关，仔细观察计算机屏幕回显信息，当出现"Press any key to stop auto-boot…"当开始倒计时的时候，按任意键进入交换机 Boot 界面，如图 3.2-1 所示。

图 3.2-1　进入交换机 Boot 界面

第三步：进入 BootManager 界面。

在 Boot 界面的【ZXR10 Boot】：处输入"zte"，在密码位置输入："zxr10"（注意：密码不会显示出来），按"Enter"键后进入 BootManager 界面，如图 3.2-2 所示。

第四步：删除配置文件。

在 BootManager 界面【BootManager】：后输入"ls"（列出文件命令），查看是否有 running.cfg 文件，如果有，用"del running.cfg"命令删除；如果没有，说明该交换机已经恢复到出厂设置。最后，在【BootManager】：后输入命令"reboot"并按"Enter"

图 3.2-2　交换机 BootManager 界面

键,此时交换机重启,如图 3.2-3 所示。

```
[BootManager]:ls
kernel.z                          1257012
snmpboots.v3                           35
startcfg.txt                          616
running.cfg                        204391
[BootManager]:del running.cfg
[BootManager]:reboot
```

图 3.2-3 清空配置

经过上面的操作,交换机以前的所有配置数据被清空,现在交换机的配置是出厂时的默认配置。

2. 路由器配置清除

第一步:计算机连接路由器。

计算机连接串口连接路由器 1809,打开 SecureCRT 软件,连接路由器,直接进入"ZXR10>"提示符状态。

第二步:进入全局模式,删除配置文件。

ZXR10>enable   //进入全局配置模式

Password: //输入的密码 zxr10 或者 zhongxing,不在屏幕上显示

ZXR10#

ZXR10# dir   //查看当前目录路径,显示如图 3.2-4 所示。

```
ZXR10#dir
Directory of flash:/
         attribute   size    date          time      name
1        drwx        2048    JAN-08-2001   17:54:24  img
2        drwx        2048    JUL-03-2023   07:23:30  cfg
3        drwx        2048    OCT-08-2021   08:06:54  data
16117760 bytes total (8701952 bytes free)
```

图 3.2-4 路由器目录

ZXR10# cd cfg   //进入配置目录,显示如图 3.2-5 所示,startrun.dat 就是配置文件。

```
ZXR10#dir
Directory of flash:/cfg
         attribute   size    date          time      name
1        drwx        2048    JUL-24-2023   06:01:34  .
2        drwx        2048    JUL-24-2023   06:03:08  ..
3        -rwx        975     JAN-08-2001   17:56:22  QQ_list.dat
4        -rwx        154     JAN-08-2001   17:56:22  MSN_list.dat
5        -rwx        4173    JUL-24-2023   06:01:34  startrun.dat
16117760 bytes total (8695808 bytes free)
```

图 3.2-5 路由器配置文件

ZXR10# delete startrun.dat   //删除配置文件

此时系统提示是否确认删除配置文件,确认删除输入"yes"后按 Enter 键,如图 3.2-6 所示。

ZXR10# reload   //重启路由器

此时系统提示是否确认继续重新加载，确认输入"yes"后按 Enter 键，如图 3.2-6 所示。

```
ZXR10#delete startrun.dat
Are you sure to delete files?[yes/no]:yes
Start deleting file
deleting /flash/cfg/startrun.dat..
file deleted successfully.
ZXR10#reload
Proceed with reload? [yes/no]:yes




                    ZXR10 ZSR BOOT: V2.08.11.B44

          Copyright (c) 2005 by nanjing institute of ZTE, Inc.
          Compiled Dec  8 2010, 16:13:06



          MMBF with 256/0 Mbytes of memory
          Serial number 2037
```

图 3.2-6　删除配置文件和重新加载路由器

经过上面的操作，路由器以前的所有配置数据被清空，现在路由器的配置是出厂时的默认配置。

> ★在进行交换机和路由器清除配置任务时，大家会看到列表呈现很多文件，一定要注意删除时不要误删除无关文件，否则风险较大，将会导致设备无法正常使用。因此，在操作的过程中，大家不能马虎，请查阅相关资料，领会工匠精神，耐心细致、实事求是。
>
> 党的二十大报告指出："加快建设国家战略人才力量，努力培养造就更多大师、战略科学家、一流科技领军人才和创新团队、青年科技人才卓越工程师、大国工匠、高技能人才。"在今后的工作中，我们要深刻领会二十大报告的精神，勤于思考、深入钻研、不断总结，发扬严谨、专注、勤奋的优秀品质以及精益求精、一丝不苟的精神。

任务总结

交换机和路由器的配置数据以文件的形式保存在交换机和路由器的 Flash 中，重启设备之后仍然存在。因此，为了清除路由器的配置信息，必须删除配置文件。交换机或者路由器中文件的组织形式和计算机的操作系统类似，有目录也有文件，要删除配置文件首先进入配置文件所在的目录，然后使用删除命令删除文件，最后重启设备即可。但是在删除文件的时候一定要反复确认要删除的文件是否是想要删除的文件，否则一旦删错文件，设备就无法正常工作了。

任务评估

任务完成之后，教师按照表 3.2-1 来评估每个学生的任务完成情况，或者学生按照表 3.2-1 中的内容来自评任务完成情况。

表 3.2-1 任务评估表

任务名称：交换机和路由器配置清除		学生：	日期：	
评估项目	分值	评价标准	评估结果	得分情况
1. 串口登录设备	10	串口成功登录设备		
2. 交换机配置清除	35	交换机配置清除成功		
3. 路由器配置清除	35	路由器配置清除成功		
4. 完成时间	10	在规定的时间（2 min）内完成，超时 0.5 min 扣 5 分，扣完为止		
5. 素养评价	10	检查交换机配置过程是否耐心细致，代码配置无误，运行正常		
评价人：			总分：	

模 块 总 结

配置交换机和路由器时首先要将它们连接到设备上，而连接设备的最基本方式是使用串口线（如果计算机没有串口要使用 USB 转串口的线缆）将计算机的串口和交换机（路由器的）Console 口连接起来，再使用 SecureCRT 软件应用串行通信协议在设备上登录。如果需要清理交换机和路由器的配置，最简单的方式是删除配置文件，重启交换机（路由器）后，它们将按出厂时的默认配置运行。

模 块 练 习

一、填空题

1. 当使用 SecureCRT 软件进行交换机和路由器串口连接配置时，登录后，交换机波特率为_____，路由器的波特率为_____。

2. ZXR10 2800 系列交换机的版本文件和配置文件都存储在 Flash 中，版本文件名称为 kernel.z，配置文件名称为_____。

3. ZXR10 1809 路由器列出文件目录的命令是_____，删除文件的命令是_____。

4. 在配置 SecureCRT 连接交换机或者路由器的 Console 口时，选择_____通信协议。

二、思考题

1. 详细描述 ZXR10 2826S 交换机配置清除的步骤。

2. 详细描述 ZXR10 1809 路由器配置清除的步骤。

模块 4

配置VLAN实现交换机端口隔离

一台交换机或者多个级联的交换机上的所有端口属于一个广播域，因此，一个局域网内的广播数据、组播数据所有端口都能收到，这些数据占用了宝贵的带宽资源，数据安全也面临威胁。VLAN（Virtual Local Area Network，虚拟局域网）技术的出现解决了这个问题，其可以将一个局域网分割为多个虚拟的局域网，各个虚拟局域网之间互相隔离，属于一个VLAN 的数据只在本 VLAN 内广播，减少了对无效带宽的占用，保障了数据的安全。本模块详细介绍了 VLAN 的定义、工作原理和 VLAN 划分方法，并设置了两个划分和配置 VLAN 的任务，使学生在掌握 VLAN 基础理论的基础上，能够根据组网要求灵活的划分和配置 VLAN。

【知识目标】

1. 了解同属于一个广播域的交换机端口之间的数据收发的工作过程；
2. 熟悉 VLAN 的定义，了解 VLAN 的工作原理；
3. 掌握 VLAN 的应用和 VLAN 的划分方法。

【技能目标】

1. 会根据组网需求对单个和级联的交换机进行 VLAN 划分、数据配置和验证；
2. 会定位和处理 VLAN 划分错误导致的数通通信故障。

【素养目标】

培养规范操作的职业素养。

融入点：交换机的配置需要按照规范标准来操作，可以建立学生的规范操作意识，培养遵守规范、严格自律的职业素养。

任务 4.1 单交换机端口隔离

【任务描述】一个办公室内有三台计算机，连接在同一台交换机上，其中计算机 A 属于财务部，计算机 B 属于技术部，计算机 C 属于销售部。基于安全考虑，要求财务部、技术部、销售部互相不能之间访问。办公室网络连接如图 4.1-1 所示。

【任务要求】应用 VLAN 技术进行交换机端口规划，完成数据配置，验证配置结果。

【实施环境】笔记本电脑三台、ZXR10 2826S 交换机一台、直连网线三根、串口线一根、USB 转串口线一根。

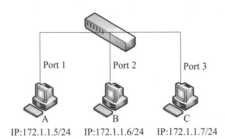

图 4.1-1 办公室网络连接

知识准备：VLAN 认知

1. VLAN 概念

一个交换机的所有端口属于同一个广播域，一个广播域的所有端口都能收到广播数据或者组播数据。如果交换机端口较多，特别是当多个交换机级联在一起进行端口拓展的时候，交换机的带宽利用率降低，而且面临着安全隐患。

如何既能充分利用交换机端口，又不影响速率和安全性？VLAN 技术的出现很好地解决了这个问题。VLAN 可以把一个物理局域网划分成多个虚拟的局域网，每个虚拟的局域网就是一个独立的广播域，VLAN 内的主机间通信就和在一个物理局域网内一样，而 VLAN 间的主机则不能直接互通，这样广播帧、组播帧被限制在一个 VLAN 内，即一个 VLAN 就是一个广播域，因此，划分 VLAN 的主要目的是隔离广播域从而提高交换机端口利用率、减少带宽浪费和增强数据安全性。在图 4.1-2 中，虽然 PC0~PC7 都连接到一台交换机上，但是 PC0~PC3 划分到了 VLAN2，PC4~PC7 划分到了 VLAN3，VLAN2 和 VLAN3 属于不同的广播域，所以 PC0~PC3 和 PC4~PC7 之间是隔离的，即如果 PC0 要发送数据包给 PC4，由于它们属于不同的广播域，PC4 是收不到 PC0 发来的数据的。

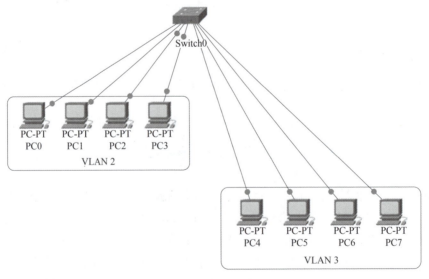

图 4.1-2 PC0~PC3 和 PC4~PC7 隔离

因此，VLAN 技术弥补了 LAN 技术的一些缺陷，组网时解决了一些重要问题。

（1）虚拟工作组。

同一个 VLAN 内建立了一个虚拟工作组，如在企业网中，同一个部门好像处在同一个 LAN 上一样，可以互相访问并交流信息，所有的广播包也都限制在该 VLAN 上，而不影响其他连接到同一台交换机上的计算机。

（2）限制广播包，提高带宽的利用率。

VLAN 有效地解决了广播风暴带来的性能下降问题。一个 VLAN 是一个小的广播域，同一个 VLAN 成员都在这个广播域内，交换机只会把属于这个 VLAN 的数据包发送至所有属于该 VLAN 的其他端口上，而不是所有交换机的端口，在一定程度上可以节省带宽。

（3）增强通信的安全性。

一个 VLAN 的数据包不会发送到另一个 VLAN，其他 VLAN 用户的网络上收不到任何该 VLAN 的数据包，保证了 VLAN 的信息不会被其他 VLAN 的用户窃取，保障了通信的安全性。

2. VLAN 划分

VLAN 划分是应用 VLAN 技术中最重要的一个步骤，有四种方式，分别是基于交换机端口的 VLAN、基于 MAC 地址的 VLAN、基于协议的 VLAN 和基于子网的 VLAN。

1）基于交换机端口的 VLAN

根据交换机的端口来划分 VLAN 是最基本的划分方式，即将交换的各个端口分配给不同的 VLAN，如在图 4.1-3 中，交换机的端口 1 划分给 VLAN1，交换机的端口 2 划分给 VLAN2，交换机的端口 3、4 划分给 VLAN3。1 个 VLAN 可以有 1 个端口，也可以有多个端口，而且端口分配是任意的，不需要连续分配。

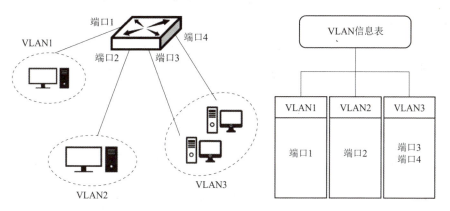

图 4.1-3　按照交换机端口划分 VLAN

2）基于 MAC 地址的 VLAN

这种划分 VLAN 的方法是根据每个主机的 MAC 地址来划分，即对所有主机都根据它的 MAC 地址决定主机属于哪个 VLAN：交换机维护一张 VLAN 映射表，这个 VLAN 表记录 MAC 地址和 VLAN 的对应关系，如图 4.1-4 所示。此方法最大的优点就是当用户物理位置移动时，即从一台交换机换到其他的交换机时，VLAN 不用重新配置，所以可以认为，这种根据 MAC 地址的划分方式是基于用户的 VLAN。

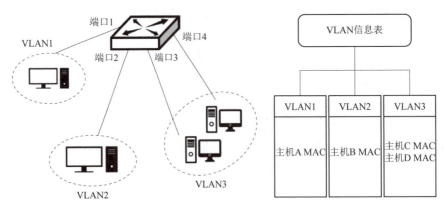

图 4.1-4 基于 MAC 地址的 VLAN

但是此方法要求对所有使用此交换机的用户进行配置，如果用户多配置的工作量巨大，而且如果用户修改网卡 MAC 地址也会导致故障发生。另外，因为在每一个交换机的端口都可能存在很多个 VLAN 组的成员，无法限制广播包，所以会造成交换机工作效率降低。

3）基于协议的 VLAN

基于协议的 VLAN 是根据数据包的网络层封装协议来划分的，相同 VLAN 标签的数据包属于同一个协议，在端口接收帧时，它所属的 VLAN 由该数据包中的协议类型决定，如网络层协议是 IPv4 的定义一个 VLAN，而网络层协议是 IPv6 的定义一个 VLAN。

4）基于子网的 VLAN

基于子网的 VLAN 根据报文中的 IP 地址决定报文属于哪个 VLAN，同一个 IP 子网的所有报文属于同一个 VLAN，这样可以将同一个 IP 子网中的用户划分在一个 VLAN 内，如图 4.1-5 所示。主机设置的 IP 地址处于 10.1.1.0 地址段的同属于一个 VLAN1，处于 10.2.1.0 的主机处于 VLAN2 中，而处于 10.3.1.0 网段的主机属于 VLAN3。

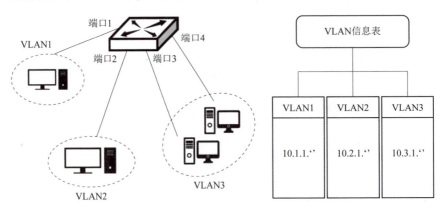

图 4.1-5 基于子网的 VLAN

3. VLAN 数据帧

在一个 VLAN 交换网络中，以太网帧主要有两种格式。

一种是有标记帧（Tagged 帧），它是加入了 4 B VLAN 标签的帧；另一种是无标记帧

（Untagged 帧），它是原始的未加入 4 B VLAN 标签的帧。VLAN 两种帧的格式如图 4.1-6 所示。

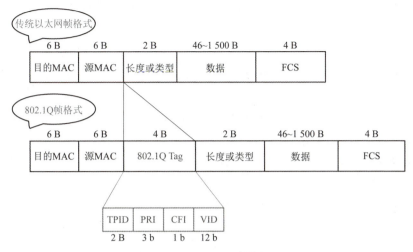

图 4.1-6　VLAN 两种帧的格式

交换机若要支持 VLAN，必须能够识别 VLAN，即通过识别在以太网数据帧中添加了标识 VLAN 信息的字段来实现。IEEE 802.1Q（虚拟桥接局域网标准）协议规定，在以太网数据帧的目的 MAC 地址和源 MAC 地址字段之后、协议类型字段之前加入 4 Byte 的 VLAN 标签，即图 4.1-6 的 802.1Q Tag，用以标识 VLAN 信息，设备利用 VLAN 标签中的 VID 来识别数据帧所属的 VLAN。

在 4 个字节的 802.1Q Tag 字段中：

（1）TPID（Tag Protocol Identifier，标签协议标识）长度为 2 Byte，表示帧类型。它取值为 0x8100 时表示 802.1Q Tag 帧。如果不支持 802.1Q 的设备收到这样的帧，会将其丢弃。

（2）PRI（Priority），长度为 3 bit，表示帧的优先级，取值范围为 0~7，且值越大则优先级越高。用于传输链路发生阻塞时，设备可以根据这个字段来优先发送优先级高的数据包。

（3）CFI（Canonical Format Indicator，规范格式指示），长度为 1 bit，表示 MAC 地址是否以标准格式封装。CFI 为 0 是标准格式，CFI 为 1 为非标准格式，它用于区分以太网帧、FDDI 帧和令牌环网帧。在以太网中，CFI 的值为 0。

（4）VID（VLAN ID，虚拟局域网标识）长度为 12 bit，表示该帧所属的 VLAN。可配置的 VLAN ID 取值范围为 1~4 094，0 和 4 095 协议中规定为保留的 VLAN ID。

4. 链路类型和接口类型

在以太网络中，用户主机、服务器、Hub 只能收发 Untagged 帧，交换机、路由器既能收发 Tagged 帧，也能收发 Untagged 帧。设备内部处理的数据帧一律都带有 VLAN 标签，而现网中的设备有些只会收发 Untagged 帧，因此要与这些设备交互，就需要接口能够识别 Untagged 帧并在收发时给帧添加、剥除 VLAN 标签。同时，现网中属于同一个 VLAN 的用户可能会被连接在不同的设备上，且跨越设备的 VLAN 可能不止一个，如果用户间需要互通，就需要设备间的接口能够同时识别和发送多个 VLAN 的数据帧。

为了适应不同的连接和组网，支持 VLAN 的交换机通过定义 Access 接口、Trunk 接口和 Hybrid 接口 3 种接口类型，以及接入链路（Access Link）和中继链路（Trunk Link）2 种链路类型来表示不同的工作状态。

1）链路类型

根据链路中需要承载的 VLAN 数目的不同，以太网链路分为接入链路和中继链路。

（1）接入链路。

接入链路只可以承载 1 个 VLAN 的数据帧，用于连接设备和用户终端如用户主机、服务器等。通常情况下，用户终端并不需要知道自己属于哪个 VLAN，也不能识别带有 Tag 的帧，所以在接入链路上传输的帧都是 Untagged 帧。

（2）中继链路。

中继链路可以承载多个不同 VLAN 的数据帧，用于设备间互连。为了保证其他网络设备能够正确识别数据帧中的 VLAN 信息，在中继链路上传输的数据帧必须都打上 Tag。

在图 4.1-7 中，主机和交换机之间的链路是接入链路，两个交换机之间的链路是中继链路。

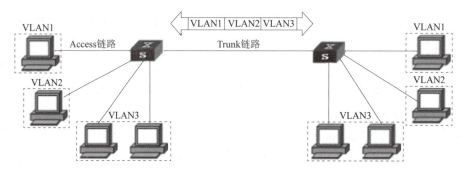

图 4.1-7　VLAN 链路类型示意图

2）接口类型

根据接口连接对象以及对收发数据帧处理的不同，以太网接口分为：

（1）Access 接口。

Access 接口常用于接入链路，该接口下通常连接交换机、主机及其他终端设备，它只能收发 Untagged 帧，且只能为 Untagged 帧添加唯一 VLAN 的 Tag，即一个 Access 接口只能属于一个 VLAN。计算机不具备打 Tag 的功能，所以只有给连接计算机的端口添加一个属性，用来决定计算机发出的未标记的帧属于哪个 VLAN，这个属性就是 PVID（Port-base VLAN ID）。Access 接口需要配置 PVID，当设备收到 Untagged 帧时设备给帧添加等于 PVID 的 Tag。一个端口可以属于多个 VLAN，但是只能有一个 PVID，当收到一个不带 Tag 头的数据包时，会为其打上 PVID 所表示的 VLAN 号，视同该 VLAN 的数据包处理，所以，PVID 就是某个端口默认的 VLAN ID 号。

当 Access 接口接收数据帧时，如果接口收到一个带标记的数据帧，相对于接口 PVID，若相同则接收，若不同则丢弃；如果接口收到一个无标记的数据帧，将为其打上接口 PVID

并接收该数据帧。

当 Access 接口转发数据帧时，对比接口的 PVID，如果要转发的数据帧与接口 PVID 相同，则剥离数据帧的 VLAN ID，并从这个接口转发出去；如果不同，则该数据帧不能从这个接口转发出去。

（2）Trunk 接口。

Trunk 端口一般用于交换机之间连接的端口，Trunk 端口可以属于多个 VLAN，可以接收和发送多个 VLAN 的报文。

当 Trunk 端口收到一个带 802.1Q 标记的数据帧，检查允许列表中是否存在该数据帧的 VLAN ID，有则接收，没有就丢弃。如果接口收到一个无标记的数据帧，则为其打上接口 PVID 所表示的 VLAN 并接收该数据帧。

当 Trunk 端口转发数据帧时，对比接口 PVID，检查允许列表，如果要转发的数据帧与接口 PVID 相同，并且在允许列表中，则剥离数据帧的标记并从这个接口转发出去。如果要转发的数据帧与接口 PVID 不同，但在允许列表中，则数据帧带着原标记并从这个接口转发出去。

（3）Hybrid 接口。

Hybrid 接口也叫混合接口，Hybrid 接口和 Trunk 接口在很多应用场景下可以通用，但在某些应用场景下，必须使用 Hybrid 接口。比如一个接口连接不同 VLAN 网段的场景中，由于一个接口需要给多个 Untagged 报文添加 Tag，必须使用 Hybrid 接口。

当 Hybrid 接口接收数据帧时，如果收到带标记数据帧，检查允许列表中是否存在该数据帧的 VLAN ID，有则接收，没有就丢弃；如果收到无标记的数据帧，为其打上接口 PVID 并接收，这点与 Trunk 接口是一样的。

当 Hybrid 接口发送数据帧时，检查两张允许列表 Untagged 和 Tagged。如果要转发的数据帧在 Untagged 或 Tagged 列表中，则该数据帧可以从这个接口转发出去；如果要转发的数据帧在 Untagged 列表中，剥离数据帧的标记再转发；如果在 Tagged 列表中，带数据帧原标记转发。如果要转发的数据帧不在 Untagged 或 Tagged 列表中，则该数据帧不能从该接口转发出去。

表 4.1-1 所示为不同接口类型的 VLAN 帧处理方式。

表 4.1-1 不同接口的 VLAN 帧处理方式

接口类型	接收数据帧	转发数据帧
Access	带标签：与 PVID 相同则接收，否则丢弃	只对比 PVID，相同剥离标签转发，不同则拒绝转发
	无标签：打上接口 PVID 并接收	
Trunk	带标签：与 PVID 相同且在允许列表，则允许通过；否则不允许通过	VID 和 PVID 对比，并检查允许列表。在列表中并和 PVID 相同，则剥离标签转发，不同则带标签转发。VID 不在允许列表中直接丢弃
	无标签：打上接口 PVID 并接收	
Hybrid	处理方式与 Trunk 相同	判断 VLAN 在本端口的属性，UNTAG 则剥离标签转发，如果是 TAG 则直接发送

例如：Access 端口接 PC，VID＝PVID；Trunk 端口级联，VID＝全部，PVID＝1。当端口 1 同时属于 VLAN1、VLAN2 和 VLAN3 时，而它的 PVID 为 1，那么端口 1 可以接收到 VLAN1、VLAN2、VLAN3 的数据，但包也只能发到 VLAN1 中。

5. 交换机配置常识

1）交换机模式

根据功能和权限将命令分配到不同的模式下，一条命令只有在特定的模式下才能执行。ZXR10 2826S 的命令模式主要包括以下几种。

（1）用户模式。

当使用超级终端方式或 Telnet 方式登录交换机时，用户输入登录的用户名和密码后即进入用户模式。用户模式的提示符是交换机的主机名后跟一个 ">" 号，如 "zte>"。

在用户模式下，不仅可以执行 exit 命令退出交换机配置，还可以执行 show 命令查看系统的配置信息和运行信息。

（2）全局配置模式。

在用户模式下输入 enable 命令和相应口令后，即可进入全局配置模式：

zte>enable

Password：＊＊＊

zte(cfg)#

在全局配置模式下可以对交换机的各种功能进行配置，要从全局配置模式返回到用户模式，可使用 exit 命令。

（3）三层配置模式。

在全局配置模式下使用 config router 命令进入三层配置模式，即：

zte(cfg)#config router

zte(cfg-router)#

在三层配置模式下可以配置三层端口、静态路由和 ARP 实体。若要退出三层配置模式返回到全局配置模式，应使用 exit 命令或按组合键 Ctrl+Z。

2）交换机使用技巧

在任意命令模式下，只要在系统提示符后面输入 "?"，就会显示该命令模式下可用命令的列表。利用在线帮助，还可以得到任何命令的关键字和参数列表。

（1）在任意命令模式的提示符下输入 "?"，可显示该模式下的所有命令和命令的简要说明。举例如图 4.1-8 所示。

```
zte>?
    enable        enable configure mode
    exit          exit from user mode
    help          description of the interactive help system
    show          show config information
    list          print command list
```

图 4.1-8 命令帮助

（2）在字符或字符串后面输入 "?"，可以显示出以该字符或字符串开头的命令或关键字列表。注意，字符（字符串）与问号之间没有空格。举例如图 4.1-9 所示。

```
zte(cfg)#c?
config  clear  create
```

图 4.1-9　不完全输入帮助

（3）在命令、关键字、参数后输入"?"，可以列出下一个要输入的关键字或参数，并给出简要解释。注意问号之前需要输入空格。举例如图 4.1-10 所示。

```
zte(cfg)#config ?
    snmp        enter SNMP config mode
    router      enter router config mode
    tffs        enter file system config mode
    nas         enter nas config mode
    group       enter group management config mode
```

图 4.1-10　下一个参数帮助

（4）如果输入不正确的命令、关键字或参数，按 Enter 键后用户界面会出现命令未找到的提示。举例如图 4.1-11 所示。

```
zte(cfg)#conf ver
% Command not found (0x40000066)
```

图 4.1-11　输入错误提示

（5）命令缩写。

ZXR10 2826S 允许把命令和关键字缩写成能够唯一标识该命令或关键字的字符或字符串，例如可以把 exit 命令缩写成 ex，把 show port 命令缩写成 sh po。

（6）命令历史。

用户界面提供了记录输入命令的功能，最多可以记录 20 条历史命令。该功能对重新调用长的或复杂的命令特别有用。从记录缓冲区中重新调用命令，执行下列操作之一：

①Ctrl-P 或上箭头<↑>恢复前一条命令（在命令历史记录中向前翻滚）；

②Ctrl-N 或下箭头<↓>恢复下一条命令（在命令历史记录中向后翻滚）。

6. VLAN 主要配置语法

配置 VLAN 时常用的命令语法如表 4.1-2 所示。

表 4.1-2　配置 VLAN 时常用的命令语法

序号	命令	功能说明	参数解释
1	set vlan［vlanlist］｛enable｜disable｝	使能/关闭 VLAN	vlanlist:VLAN ID 列表
2	set vlan［vlanlist］add port［portlist］［tag｜untag］	在 VLAN 中加入指定的端口	portlist:端口列表
			tag:端口打标签
			untag:不打标签
3	set vlan［vlanlist］deleteport［portlist］	删除 VLAN 中指定的端口	portlist:端口列表

续表

序号	命令	功能说明	参数解释
4	set vlan［vlanlist］add trunk［trunklist］［tag｜untag］	将 VLAN 加入指定 Trunk 链路	Trunklist：Trunk 类型的端口列表
5	set vlan［vlanlist］deletetrunk［trunklist］	将 VLAN 从指定的 Trunk 链路中剥离	
6	set port［portlist］pvid［1-4094］	设置端口的 PVID	［1-4094］：PVID 范围 1～4094
7	set trunk［trunklist］pvid［1-4094］	设置 Trunk 的 PVID	
8	create vlan［1-4094］name［name］	创建一个 VLAN 的描述名称	Name：VLAN 名称
9	clear vlan［vlanlist］name	清除 VLAN 的名称	
10	show vlan［vlanlist］	显示 VLAN 的信息	

任务实施：单交换机 VLAN 配置

单交换机 VLAN 配置

1. 配置思路

1）确认端口划分

根据任务要求，计算机 A 连接交换机端口 1，计算机 B 连接交换机端口 2，计算机 C 连接交换机端口 3。要求 A、B、C 互相不通，属于不同 VLAN 的端口互相隔离，因此，A、B、C 各自单独划分一个 VLAN。

2）确定端口类型

因为是直接连接计算机，所以交换机端口类型是 Access。

3）确认 VLAN 标签类型

因为是基于端口的 VLAN，且都是接入端口，不需要打标签，使用默认 PVID 即可。

2. 数据规划

根据配置分析结合实际组网，进行数据规划如表 4.1-3 所示。

表 4.1-3　交换机数据规划

主机	IP 地址	交换机端口	VLAN ID	接口类型	Tag
A	172.1.1.5/24	1	2	Access	Untagged
B	172.1.1.6/24	2	3	Access	Untagged
C	172.1.1.7/24	3	4	Access	Untagged

注意：交换机默认所有端口属于 VLAN 1，所以 VLAN 1 在配置中一般不使用

3. 操作步骤

第一步：在配置交换机前检查主机互通情况。

交换机配置前测试 A、B、C 之间是否可以互通，使用 Windows 的 ping 命令测试 A、B、C 之间的连通情况，比如在 A 上 ping 172.1.1.6 和 ping 172.1.1.7，在 B 上 ping 172.1.1.5 和 ping 172.1.1.7，因为此时 A、B、C 都在 VLAN1 中，所以它们之间是互通的。

第二步：计算机串口连接交换机。

第三步：配置交换机。

出现 login 界面后，输入用户名：admin。

出现 password 后，输入：zhongxing。

zte>enable	//进入全局配置模式
zte(cfg)#set vlan 2 add port 1 untag	//创建 VLAN 2 中加入端口 1,不带标签
zte(cfg)#set vlan 3 add port 2 untag	//创建 VLAN 3 中加入端口 2,不带标签
zte(cfg)#set vlan 4 add port 3 untag	//创建 VLAN 4 中加入端口 3,不带标签
zte(cfg)#set port 1 pvid 2	//设置端口 1 的 PVID 为 2
zte(cfg)#set port 2 pvid 3	//设置端口 2 的 PVID 为 3
zte(cfg)#set port 3 pvid 4	//设置端口 3 的 PVID 为 4
zte(cfg)#set vlan 2-4 enable	//激活 VLAN2、3、4
zte(cfg)#save	//保存配置

4. 验证

1）数据和状态验证

在 zte（cfg）后输入 show vlan 来查看 VLAN 信息，如图 4.1-12 所示。VLAN 1 是交换机的默认 VLAN，交换机的所有端口都属于 VLAN 1，VLAN 2 包括端口 1，没有打标签；VLAN3 包括端口 2，没有打标签；VLAN 4 包括端口 3，没有打标签。此时的 VLAN 状态为 enabled。

```
zte(cfg)#show vlan
    VlanType: 802.1q vlan
  VlanId : 1        Fid : 1     Priority: off    VlanStatus: enabled
  VlanName:
  VlanMode: Static
  Tagged ports    :
  Untagged ports: 1-24  T1-8
  Forbidden ports:

  VlanId : 2        Fid : 2     Priority: off    VlanStatus: enabled
  VlanName:
  VlanMode: Static
  Tagged ports    :
  Untagged ports: 1
  Forbidden ports:

  VlanId : 3        Fid : 3     Priority: off    VlanStatus: enabled
  VlanName:
  VlanMode: Static
  Tagged ports    :
  Untagged ports: 2
  Forbidden ports:

  VlanId : 4        Fid : 4     Priority: off    VlanStatus: enabled
  VlanName:
  VlanMode: Static
  Tagged ports    :
  Untagged ports: 3
  Forbidden ports:

Total Vlans: 4
```

图 4.1-12　交换机配置信息

2) 业务验证

计算机 A、B、C 按照规划配置 IP 地址后,使用 ping 命令相互验证彼此之间是否互通,如在 A 上用 "ping 172.1.1.6" 验证其和 B 之间是否互通,如图 4.1-13 所示,说明 A、B、C 之间已经不通了,VLAN 端口隔离起到了作用。

```
C:\Users\cuihaibin>ping 172.1.1.6
正在 Ping 172.1.1.6 具有 32 字节的数据:
请求超时。
请求超时。
```

图 4.1-13　主机之间不通

任务总结

本任务除了要求学生掌握 VLAN 划分的基本方法之外,还要求学生掌握 PVID 的含义和应用。基于端口的 VLAN,一个端口可以属于多个 VLAN(Trunk 口),但是只能有一个 PVID,对 Access 口而言,就是 Access VLAN ID = PVID。收到一个不带 Tag 头的数据包时,会打上 PVID 所表示的 VLAN 号,同该 VLAN 的数据包一样处理。可以这么理解:PVID 并不是加在帧头的标记,而是端口的属性,用来标识端口接收到的未标记的帧。也就是说,当端口收到一个未标记的帧时,则把该帧转发到和本端口 PVID 相等的 VLAN 中去。

任务评估

任务完成之后,教师按照表 4.1-4 来评估每个学生的任务完成情况,或者学生按照表 4.1-4 中的内容来自评任务完成情况。

表 4.1-4　任务评估表

任务名称:单交换机 VLAN 配置		学生:		日期:
评估项目	分值	评价标准	评估结果	得分情况
1. 数据规划	20	数据规划正确,每错 1 处扣 5 分,扣完为止		
2. 命令输入	20	命令行输入完备和正确		
3. 配置数据检查	20	显示配置数据与规划数据相符		
4. 状态检查	20	VLAN 状态为 enable		
5. 测试验证	10	A、B、C 之间互相 ping,互相不通		
6. 完成时间	10	在规定的时间(20 min)内完成,超时 1 min 扣 1 分,扣完为止		
评价人:			总分:	

模块 4　配置 VLAN 实现交换机端口隔离

任务 4.2　跨交换机端口隔离

【任务描述】一公司两个办公室，每个办公室有 1 台 ZXR10 2826S 系列交换机，交换机 A 接有 2 台计算机 A 和 B，交换机 B 接有 2 台计算机 C 和 D，其中 A 和 C 属于同一部门，B 和 D 属于同一部门，要求 A 和 C 互通，B 和 D 互通，A、C 和 B、D 互相隔离。实验网络拓扑图如图 4.2-1 所示。

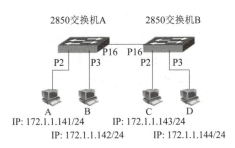

图 4.2-1　实验网络拓扑图

【任务要求】根据组网需求进行 VLAN 规划，完成交换机的配置并验证。

【实施环境】计算机 4 台、ZXR10 2826S 系列交换机 2 台、直连网线 5 根、串口线 1 根、USB 转串口线 1 根。

知识准备：跨交换机 VLAN 划分认知

1. 交换机级联

在交换机端口不足或者需要拓展网络接入范围的情况下，使用 1 根普通的网线将 1 台交换机的 Uplink（上联口）或者普通的端口与上 1 台交换机的普通端口互相连接起来叫作交换机级联。级联的交换机的所有端口属于同一个广播域，互连的交换机可以是同一种型号，也可以是不同的型号，如图 4.2-2 所示。

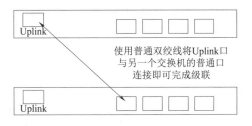

图 4.2-2　交换机级联

2. 级联交换机的 VLAN 划分

当所有 VLAN 都在一台交换机里时，确实只需要一个标识就够了，但跨设备的 VLAN 就需要另一种标识，这就是 802.1Q 的 VLAN ID，即 VID。802.1Q 的 VLAN 是在二层帧里加进 VLAN 标识，俗称打 Tag，Tag 端口出去的帧一般都打上了 Tag，而 Tag 中的 VID 有的来自

119

PVID，有的则来自其他 Tag 端口中本身就含有 Tag 的帧。设备互连时，由 Tag 中的 VID 决定一个二层帧属于哪个 VLAN。

级联交换机的 VLAN 划分与单交换机的 VLAN 划分不同，在单交换机中，每个 VLAN 的接口都是 Access 类型，链路都是接入链路，但是在级联交换机中，有的 VLAN 数据需要从一台交换机传输到另一个交换机，因此，两台交换机之间需要定义两个 Trunk 端口，一个 Trunk 链路。Trunk 链路要通过多个 VLAN 数据，就要识别多个 VID，因此，两个交换机的 Trunk 接口都要划分到 Trunk 链路允许通过的 VLAN 中，这是最重要的一点。另外注意，为了保证其他网络设备能够正确识别数据帧中的 VLAN 信息，中继端口必须都打上 VLAN Tag。

比如在图 4.2-3 中的交换机 1 上，市场部的 2 台计算机接到端口 1 和 2 上，划分到 VLAN10 中，财务部的 2 台计算机接到端口 3 和 4 上，划分到 VLAN20 中，这些接口都是 Access 口，链路是接入链路；同样交换机 2 也是如此。但是交换机 1 的端口 5 和交换机 2 的端口 5 是两个交换机的级联端口，属于 Trunk 端口，由于这个链路是中继链路，要将它们都划分到 VLAN10 和 VLAN20 中。

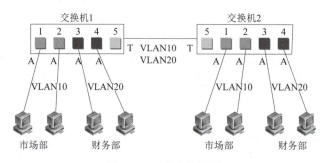

图 4.2-3　企业组网图

因此，图 4.2-3 中的 VLAN 划分如表 4.2-1 所示。

表 4.2-1　图 4.2-3 中的 VLAN 划分

交换机	交换机端口	VLAN ID	接口类型	Tag
1	1	10	Access	Untagged
	2	10	Access	Untagged
	3	20	Access	Untagged
	4	20	Access	Untagged
	5	10、20	Trunk	Tagged
2	1	10	Access	Untagged
	2	10	Access	Untagged
	3	20	Access	Untagged
	4	20	Access	Untagged
	5	10、20	Trunk	Tagged

任务实施：跨交换机 VLAN 配置

1. 配置思路

1）确认端口划分

跨交换机 VLAN 配置

根据任务要求，计算机 A 连接交换机 A 端口 2，计算机 B 连接交换机 A 端口 3，计算机 C 连接交换机 B 端口 2，计算机 D 连接交换机 B 端口 3。要求计算机 A 和计算机 C 互通、计算机 B 和计算机 D 互通，但是计算机 A、C 和计算机 B、D 不互通，因此可以将计算机 A 和 C 划分一个 VLAN，将计算机 B 和 D 划分另一个 VLAN。

2）确定端口类型

计算机 A、B、C、D 直接连接交换机，因此它们的接口类型是 Access，但是 A 和 B 的两台交换机之间有互通链路，这条链路要通过计算机 A、C 的数据也要通过计算机 B、D 的数据，交换机之间的接口要配置成 Trunk，允许两个 VLAN 的数据通过。

3）打标签

计算机 A、B、C、D 的所连端口不需要打标签，使用默认 PVID；两台交换机之间的接口需要打 802.1Q 的 VLAN 标签。

2. 数据规划

根据任务要求和组网图，VLAN 的数据规划如表 4.2-2 所示。

表 4.2-2 VLAN 的数据规划

交换机	交换机端口	VLAN ID	接口类型	Tag
1	2	2	Access	Untagged
	3	3	Access	Untagged
	16	2、3	Trunk	Tagged
2	2	2	Access	Untagged
	3	3	Access	Untagged
	16	2、3	Trunk	Tagged

3. 操作步骤

第一步：配置交换机 A。

串口连接交换机，登录配置界面。

```
zte>enable                              //进入全局配置模式
zte(cfg)#set vlan 2 add port 16 tag     //创建VLAN2 中加入端口16,带标签
zte(cfg)#set vlan 2 add port 2 untag    //创建VLAN2 中加入端口2,不带标签
zte(cfg)#set vlan 3 add port 16 tag     //创建VLAN3 中加入端口16,带标签
zte(cfg)#set vlan 3 add port 3 untag    //创建VLAN3 中加入端口3,不带标签
zte(cfg)#set port 2 pvid 2              //设置端口2 的PVID 为2
zte(cfg)#set port 3 pvid 3              //设置端口3 的PVID 为3
```

zte(cfg)#set vlan 2-3 enable　　　　　　//激活 VLAN2、VLAN3
zte(cfg)#save

第二步：配置交换机 B。

串口连接交换机，登录配置界面。

zte>enable　　　　　　　　　　　　　　　//进入全局配置模式
zte(cfg)#set vlan 2 add port 16 tag　　　//创建 VLAN2 中加入端口 16,带标签
zte(cfg)#set vlan 2 add port 2 untag　　 //创建 VLAN2 中加入端口 2,不带标签
zte(cfg)#set vlan 3 add port 16 tag　　　//创建 VLAN3 中加入端口 16,带标签
zte(cfg)#set vlan 3 add port 3 untag　　 //创建 VLAN3 中加入端口 3,不带标签
zte(cfg)#set port 2 pvid 2　　　　　　　 //设置端口 2 的 PVID 为 2
zte(cfg)#set port 3 pvid 3　　　　　　　 //设置端口 3 的 PVID 为 3
zte(cfg)#set vlan 2-3 enable　　　　　　 //激活 VLAN2、VLAN3
zte(cfg)#save

4. 验证

1）数据配置和状态验证

查看数据配置，在交换机 1 和 2 上分别用"show vlan 2，3"命令显示 VLAN 配置。如图 4.2-4 所示，在交换机 1 上可以看出，VLAN2 包括 Untagged 端口 2 和 Tagged 端口 16，VLAN3 包括 Untagged 端口 3 和 Tagged 端口 16。VLAN 状态为 enabled。

```
zte(cfg)#show vlan 2,3
 VlanId  : 2        Fid : 2        Priority: off    VlanStatus: enabled
 VlanName:
 VlanMode: Static
 Tagged ports   : 16
 Untagged ports: 2
 Forbidden ports:

 VlanId  : 3        Fid : 3        Priority: off    VlanStatus: enabled
 VlanName:
 VlanMode: Static
 Tagged ports   : 16
 Untagged ports: 3
 Forbidden ports:
```

图 4.2-4　交换机 VLAN 配置

2）业务验证

(1) 计算机 A、C 之间和计算机 B、D 之间的连通性测试。

计算机 A、C 在同一个 VLAN，计算机 B、D 在同一个 VLAN，因此，计算机 A、C 之间可以互通，计算机 B、D 之间可以互通。

(2) 计算机 A、B 之间和计算机 C、D 之间连通性测试。

计算机 A、B 不在同一个 VLAN，计算机 C、D 不在同一个 VLAN，因此，计算机 A、B 之间不能互通，计算机 C、D 之间不能互通。

(3) 计算机 A、D 之间和计算机 B、C 之间连通性测试。

计算机 A、D 不在同一个 VLAN，计算机 B、C 不在同一个 VLAN，因此，计算机 A、D 之间不能互通，计算机 B、C 之间不能互通。

模块 4　配置 VLAN 实现交换机端口隔离

★按以上步骤规范地完成 VLAN 的配置。请展开分组活动，各小组选派代表详细汇报在实验过程中，大家是如何遵循技术规范和安全规范进行实验的。在工作生产过程中也要按照标准操作，遵守规范、严格自律。

党的二十大报告中强调："要建设知识型、技能型、创新型劳动者大军，弘扬劳模精神和工匠精神，营造劳动光荣的社会风尚和精益求精的敬业风气"。工匠精神的实质，就是对工作专注、严谨、一丝不苟；对所做的事情和所创造的产品精雕细琢、精益求精的工作态度，也是精雕细琢、追求极致的精神。

任务总结

本任务主要讲解了 Trunk 端口和链路的规划和配置方法。Trunk 接口属于主干链路，通常用于交换机和交换机之间，通过一个端口传输多个 VLAN 的数据包。当 Trunk 端口收到数据帧时，如果该帧不包含 802.1Q 的 VLAN 标签，将打上该 Trunk 端口的 PVID；如果该帧包含 802.1Q 的 VLAN 标签，则不改变。当 Trunk 端口发送数据帧时，当所发送帧的 VLAN ID 与端口的 PVID 不同时，则检查是否允许该 VLAN 通过，如果允许则直接发送，不允许则直接丢弃，当该帧的 VLAN ID 与端口的 PVID 相同时，则剥离 VLAN ID 标签后转发。在规划 Trunk 端口的时候，Trunk 端口要划分到所有要通过这个 Trunk 端口转发数据的 VLAN 中去。

任务评估

任务完成之后，教师按照表 4.2-3 来评估每个学生的任务完成情况，或者学生按照表 4.2-3 中的内容来自评任务完成情况。

表 4.2-3　任务评估表

任务名称：跨交换机端口隔离		学生：	日期：	
评估项目	分值	评价标准	评估结果	得分情况
1. 数据规划	10	数据规划正确，每处错误扣 5 分，扣完为止		
2. 命令输入	30	命令行输入完备和正确		
3. 配置数据检查	10	Show VLAN 显示配置数据与规划数据相符		
4. 业务验证	10	A 和 C、B 和 D 之间 ping，通		
	10	A 和 B、C 和 D 之间 ping，不通		
	10	A 和 D、B 和 C 之间 ping，不通		
5. 完成时间	10	在规定的时间内（30 min）完成，超时 1 min 扣 1 分，扣完为止		
6. 素养评价	10	进行规范操作并撰写实验报告。从规范的程度进行考量		
评价人：			总分：	

123

模 块 总 结

　　VLAN 是隔离广播域端口的技术，通过在交换机上将不同的端口划分到不同的 VLAN 里，可以实现交换机端口的隔离，减少广播数据，保障数据传输安全。VLAN 可以按照端口、MAC 地址、协议以及 IP 地址规划。在基于端口划分的 VLAN 中，接口类型有接入接口、中继接口，对应的是接入链路、中继链路和混合链路。最常用的 VLAN 划分方式是基于端口进行。

　　在基于端口划分 VLAN 时，端口可以不带标签，但是此时需要设置 PVID。PVID 是默认的端口 VLAN ID，当进入交换机端口的不带 VLAN 标签的数据将封装定义的 PVID 标识，如果接口收到一个带标记的数据帧，对比接口 PVID，相同则接收，不同则丢弃。基于端口的 VLAN 也可以封装 802.1Q 协议，在级联交换机的互连端口，必须封装 IEEE 802.1Q 标准协议的 VLAN 标识，允许一个 VLAN 的数据从一台交换机传送到另一台交换机。

模 块 练 习

一、填空题

1. IEEE 组织制定了_____标准，规范了跨交换机实现 VLAN 的方法。
2. 交换机的端口分为_____、_____、_____三种工作模式。
3. 交换机之间的链路分为_____、_____、_____。
4. VLAN ID 的取值范围是_____。

二、实操题

1. 某公司有三台计算机，连接在同一台交换机上，其中 A 属于财务部，B 属于技术部，C 属于销售部。基于安全考虑，要求财务部与技术部即 A 与 B、财务部与销售部即 A 与 C 之间可以互相访问，技术部与销售部即 B 与 C 之间不能互相访问。请详细记录每个步骤的操作结果。实验拓扑图如题图 4-1 所示。

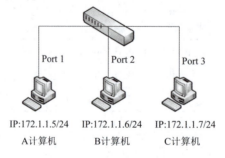

题图 4-1 实验拓扑图

2. 交换机 A、B、C 彼此互连，其中交换机 A 的 24 端口连接到交换机 B 的 23 端口，交换机 B 的 24 号端口连接到交换机 C 的 24 端口。计算机 A、B 接到了交换机 A 的 1 口和 2 口，计算机 C、D 接到了交换机 B 的 3、4 口，计算机 E、F 接到了交换机 C 的 5、6 口，要求：A、C、E 互通，B、D 互通，F 和其他计算机都不互通。请根据以上描述规划 VLAN 数据并进行数据配置并验证，拓扑图如题图 4-2 所示。

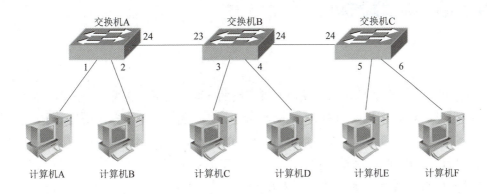

题图 4-2 拓扑图

模块 5

路由配置实现网络互联

路由器的主要功能是路由选路从而实现网络的互联，因此，需要在路由器上配置路由和运行一种或者多种路由协议。路由包括静态路由和动态路由。静态路由指的是维护员手工添加的路由，动态路由指的是由动态路由协议自动生成的路由。因此本模块设计了三个静态路由项目："直连路由配置""静态路由配置""基于 IPv6 的直连和静态路由配置"，两个动态路由项目："OSPF 路由配置""BGP 路由配置"，一个关于路由优先级的项目"多路由选择"以及一个远程登录设备的任务，涵盖了目前网络互联中最常用的路由配置方法。学习本模块后，学生可以熟悉和掌握常用路由协议的基本知识和配置方法，能够独立完成路由规划和配置的工作，从而达到数通工程师的基本岗位要求。

【知识目标】

1. 熟悉直连路由、静态路由的定义和工作原理，掌握直连路由、静态路由（包括默认路由）的配置方法；
2. 了解动态路由协议 OSPF、BGP 的基本概念和工作原理，掌握 OSPF 和 BGP 的配置方法；
3. 熟悉 IPv6 地址的定义和计算方法，掌握 IPv6 地址、IPv6 静态路由的配置方法；
4. 熟悉优先级（路由距离）、度量值的定义，掌握识别路由优先级的原则和方法；
5. 熟悉路由匹配的原则和路由汇总的原则；
6. 了解 Telnet 协议的功能和 Telnet 软件的使用方法。

【技能目标】

1. 会配置直连路由、静态路由，能够正确地识别直连路由、静态路由；
2. 会配置 OSPF 协议，能够正确识别路由表中 OSPF 产生的路由，掌握参数的含义；
3. 会配置 BGP 动态路由协议；
4. 会配置路由器 IPv6 地址，会配置 IPv6 静态路由和默认路由；
5. 会查看路由表信息，会识别路由的各种参数；
6. 会根据路由匹配原则、路由的优先级和路径度量值来选择路由；
7. 会进行路由汇总；
8. 会在交换机或者路由器上配置 Telnet，能远程登录交换机或者路由器；

9. 会定位、分析和解决因路由错误而引发的通信故障。

【素养目标】

培养团队合作意识和责任感。

融入点：实验需要两组同学协作完成，且只有当两组路由器都配置正确时，才能成功，若任何一组同学的代码配置或者连线出现问题，都会导致实验失败。在实验过程中，学生可以体会团队合作的重要性，从而激发责任感。

任务 5.1 直连路由配置

【任务描述】一个企业有两个局域网，其中计算机 A 在局域网 172.1.1.143/24 中，计算机 B 在局域网 172.1.2.143/24 中，如图 5.1-1 所示。

【任务要求】使用 1 台路由器连接 2 个局域网，实现计算机 A 和 B 之间的互通。

图 5.1-1 直连路由配置实例示意

【实施环境】计算机 2 台、ZXR10 1809 路由器 1 台、串口线 1 根、USB 转串口线 1 根、网线 2 根。

知识准备：直连路由认知

1. 直连路由定义

一个路由器接口连接的子网之间的路由方式称为直连路由。当路由器的接口都是激活状态且都配有 IP 地址，路由器就会在路由表中自动生成各个接口的 IP 网络段之间的路由条目，自动产生路由且随接口的状态变化在路由表中自动出现或消失，使路由器各接口之间能够通信。

在图 5.1-2 中，路由器 A 的 192.168.0.1/30、10.0.0.1/24 两个网段直接连接，路由器 B 的 192.168.0.2/30 和 172.16.0.1/24 两个网段直接相连，因此，网线连接接口 up 之后，直接存在直连路由。

直连路由是由链路层协议发现的，该路径信息不需要网络管理员维护，也不需要路由器通过某种算法计算获得，只要该接口处于活动状态，路由器就会把通向该网段的路由信息填写到路由表中，路由器无法获取与其不直接相连的路由信息。直连路由会随接口的状态变化在路由表中自动变化，当接口的物理层与数据链路层状态正常时，此直连路由会自动出现在

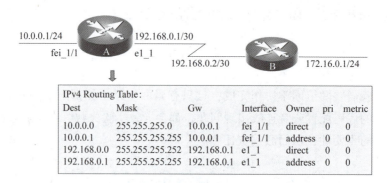

图 5.1-2 直连路由

路由表中，当路由器检测到此接口不正常时，此条路由便会自动消失。

2．路由器接口

路由器上的接口可以分为两大类：物理接口和逻辑接口。物理接口是实际存在的接口，如局域网的以太网接口、广域网的 POS（Packet Over Sonet，同步光纤分组网络）接口、ATM 接口、E1 接口等；逻辑接口是需要通过配置来创建，属于虚拟接口，如 E1 的子接口、Loopback 接口。

ZXR10 1809 路由器按下列方式命名接口：

（1）物理接口命名方式：<接口类型>_<槽位号>/<端口号>.<子接口或通道号>，其中：

<接口类型>：对应物理接口，包括 fei——快速以太网接口，gei——千兆以太网接口。

<槽位号>：由线路接口模块安装的物理插槽决定，取值范围根据路由器的支持的槽位数量来确定，如果路由器有 8 个槽位，则范围为 1~8。

<端口号>：是指分配给线路接口模块连接器的号码。取值范围和端口号的分配因线路接口模块型号的不同而不同。

<子接口或通道号>：子接口号或通道化 E1 接口的通道号。

（2）逻辑接口命名方式：<接口类型>/<子接口>，其中的<接口类型>对应逻辑接口，可以是：

①loopback：环回接口；

②gei_0：固定千兆以太口；

③fei_1：固定快速以太网口。

<子接口号>：子接口号，可以是：

①gei_0/1：表示固定千兆以太网接口 1；

②fei_1/8：表示固定快速以太网接口的第 8 个端口；

③fei_2/8：表示第二槽位快速以太网接口的第 8 个端口；

④loopback2：表示接口类型为 loopback 的编号为 2 的接口。

3. 路由器操作模式

为方便用户对路由器进行配置和管理，ZXR10 路由器根据功能和权限将命令分配到不同的模式下，一条命令只有在特定的模式下才能执行，在任何命令模式下输入问号"?"都可以查看该模式下允许使用的命令。ZXR10 路由器的命令模式主要包括以下几种：

1）用户模式

当使用超级终端方式登录系统时，将自动进入用户模式；当使用 Telnet 方式登录时，用户输入登录的用户名和密码后进入用户模式。用户模式的提示符是路由器的主机名后跟一个">"号，如缺省的主机名是 ZXR10，则为"ZXR10>"。用户模式下可以执行 ping、telnet 等命令，还可以查看一些系统信息。

2）特权模式

在用户模式下输入 enable 命令和相应口令后，即可进入特权模式：

ZXR10>enable

Password：（输入的密码不在屏幕上显示）

ZXR10#

在特权模式下可以查看到更详细的配置信息，还可以进入配置模式对整个路由器进行配置，因此，必须用口令加以保护，以防止未授权的用户使用。接下来，要从特权模式返回到用户模式，则使用 disable 命令。

ZXR10>disable

3）全局配置模式

在特权模式下输入"configure terminal"命令进入全局配置模式：

ZXR10# configure terminal

Enter configuration commands,one par line,End with Ctrl+Z。

ZXR10(config)#

全局配置模式下的命令作用于整个系统，而不仅是一个协议或接口。接下来，要退出全局命令模式并返回到特权模式，输入 exit 或 end 命令，也可按组合键 Ctrl+Z。

ZXR10(config)#exit

4）接口配置模式

在全局配置模式下使用"interface"命令进入接口配置模式：

ZXR10(config)#interface fei_1/4(fei_1/4 是接口名称，表示槽位 1 的以太网接口模块的第 4 个接口)。

在接口配置模式下可以修改各种接口的参数，要退出接口配置模式并返回到全局配置模式，输入 exit 命令；要退出接口配置模式直接返回到特权模式，则输入 end 命令或按组合键 Ctrl+Z。

5）路由配置模式

在全局配置模式下使用"router"命令进入路由配置模式：

ZXR10(config)#router ospf 1

ZXR10(config-router)#

要退出路由配置模式并返回到全局配置模式，输入 exit 命令；要退出路由配置模式并返回到特权模式，则输入 end 命令或按组合键 Ctrl+Z。

4. 操作技巧

在任意命令模式下，只要在系统提示符后面输入"?"，就会显示该命令模式下可用命令的列表。用上下文敏感帮助功能，还可以得到任何命令的关键字和参数列表。

（1）在任意命令模式的提示符下输入"?"，可显示该模式下的所有命令和命令的简要说明。命令帮助举例如图 5.1-3 所示。

ZXR10>?

```
ZXR10>?
Exec commands:
    disable    Turn off privileged commands
    enable     Turn on privileged commands
    exit       Exit from the EXEC
    login      Login as a particular user
    logout     Exit from the EXEC
    ping       Send echo messages
    ping6      Send IPv6 echo messages
    quit       Quit from the EXEC
    show       Show running system information
    telnet     Open a telnet connection
    telnet6    Open a telnet6 connection
    trace      Trace route to destination
    trace6     Trace route to destination using IPv6
    who        List users who are logining on
```

图 5.1-3　命令帮助举例

（2）在字符或字符串后面输入"?"，可显示以该字符或字符串开头的命令或关键字列表。注意，字符（字符串）与问号之间没有空格。部分输入帮助举例如图 5.1-4 所示。

```
ZXR10#co?
configure  copy
```

图 5.1-4　部分输入帮助

（3）在字符串后面按<Tab>键，如果以该字符串开头的命令或关键字是唯一的，则将其补齐，并在后面加上一个空格。注意在字符串与<Tab>键之间没有空格，举例如下：

ZXR10#con<Tab>

ZXR10#configure　（configure 和光标之间有一个空格）

（4）在命令、关键字、参数后输入问号"?"，可以列出下一个要输入的关键字或参数，并给出简要解释。注意，需要在问号之前输入空格，如图 5.1-5 所示。

```
ZXR10#config ?
  terminal  Enter configuration mode
```

图 5.1-5　参数输入提示

如果输入不正确的命令、关键字或参数，按下 Enter 键后，用户界面会用"^"符号提供错误隔离。"^"号出现在所输入的不正确的命令、关键字或参数的第一个字符的下方，如图 5.1-6 所示。

```
ZXR10#conte
       ^
% Invalid input detected at '^' marker.
```

图 5.1-6　输入错误提示

（5）用户界面提供了对所输入命令的记录功能，最多可以记录 10 条历史命令，该功能对重新调用长的或复杂的命令或入口特别有用。按组合键 Ctrl+P 或向上箭头键，重新调用记录缓冲区中的最新命令，重复这些按键向前调用旧命令；按组合键 Ctrl+N 或向下箭头键向后滚，到达最后一条命令行时再滚动则从缓冲区的头部开始循环滚动。

5. 配置语法

路由器 ZXR10 1809 有关接口地址的配置命令语法如表 5.1-1 所示。

表 5.1-1　配置语法

序号	命令	功能	参数解释
1	interface <interface-name>	进入接口配置模式	<interface-name>：接口名字
2	porttype l3	进入三层配置模式	1809 路由器百兆接口默认是二层模式，设置 IP 地址要先进入三层模式。千兆接口默认是三层模式
3	ip address <ip-addr> <net-mask> [<broadcast-addr>] [<secondary>]	设置接口 IP 地址	<ip-addr>：IP 地址；<net-mask><broadcast-addr>：网络掩码（广播地址）；secondary：辅助 IP 地址

任务实施：路由器直连配置

1. 配置思路

1）接口地址配置

在路由器的相应接口上配置 IP 地址，路由器就可以生成这些接口地址对应的网络彼此之间互通的路由。

2）网关配置

在计算机上配置网关地址，网关地址就是路由器的接口地址。

路由器直连配置

2. 数据规划

根据任务要求进行的网络数据规划如表 5.1-2 所示。

表 5.1-2 网络数据规划

序号	设备	接口	地址
1	PC-A		IP：172.1.1.143/24
			GW：172.1.1.144
2	PC-B		IP：172.1.2.143
			GW：172.1.2.144
3	路由器	Fei-1/1	172.1.1.144/24
		Fei-1/2	172.1.2.144/24

3. 操作步骤

第一步：设备连接。

按照实验拓扑图和数据规划使用网线连接计算机和路由器。

第二步：配置计算机 IP 和网关。

计算机 A 和 B 按照数据规划分别配置 IP 地址和网关。注意，网关是计算机所接的路由器的接口地址。

第三步：配置 1809 路由器。

ZXR10>Enable

ZXR10#conf t   //进入全局配置模式

ZXR10(config)# interface fei_1/1   //进入端口 1

ZXR10(config-if)#porttype l3   //设置端口属性为三层

ZXR10(config-if)# ip address 172.1.1.144 255.255.255.0   //设置 IP 地址

ZXR10(config-if)#exit

ZXR10(config-if)# int fei_1/2   //进入端口 2

ZXR10(config-if)#porttype l3   //设置端口属性为三层

ZXR10(config-if)# ip address 172.1.2.144 255.255.255.0   //设置 IP 地址

ZXR10(config-if)#exit

ZXR10(conf)write

4. 验证

1）数据配置和状态验证

在路由器上使用"show ip route"命令查看路由表，显示出的信息如图 5.1-7 所示。

```
ZXR10#show ip route
IPv4 Routing Table:
Dest           Mask              Gw             Interface    Owner     pri  metric
172.1.1.0      255.255.255.0     172.1.1.144    fei_1/1      direct    0    0
172.1.1.144    255.255.255.255   172.1.1.144    fei_1/1      address   0    0
172.1.2.0      255.255.255.0     172.1.2.144    fei_1/2      direct    0    0
172.1.2.144    255.255.255.255   172.1.2.144    fei_1/2      address   0    0
ZXR10#
```

图 5.1-7 直连路由实例路由表查看示意

图 5.1-7 中，比如到 172.1.1.0/24 网络的路由，网关是 172.1.2.144，接口是 fei-1/1，Owner 是 direct，接口产生的 172.1.1.0/24 的网络路由，优先级为 0，度量值为 0。而 172.1.1.144/32 的路由，则是接口产生的主机路由，所以 Owner 是 address。

2）业务测试

在计算机 A 上使用"ping 172.1.2.143"命令测试计算机 A 与计算机 B 是否连通，在计算机 B 上使用"ping 172.1.1.143"命令测试计算机 B 与计算机 A 是否连通，并记录下命令运行结果，正常情况下是可以互通的。

任务总结

本任务给路由器的各个接口配置了 IP 地址，这样路由器就在各个接口地址段所在的网络和主机生成了直接到达的路由，简称直连路由。直连路由的所有者是"direct"和"address"。

任务评估

任务完成之后，教师按照表 5.1-3 来评估每个学生的任务完成情况，或者学生按照表 5.1-3 来自评任务完成情况。

表 5.1-3 任务评估表

任务名称：直连路由配置		学生：	日期：	
评估项目	分值	评价标准	评估结果	得分情况
1. 数据规划	20	数据规划正确，每错一处扣 5 分，扣完为止		
2. 命令行输入	20	命令行输入完备和正确		
3. 配置数据检查	20	运行 show ip route，显示配置数据与规划数据相符		
4. 业务验证	20	A 和 B 互相 ping 通		
5. 完成时间	20	在规定的时间（20 min）内完成，超时 1 min 扣 1 分，扣完为止		
评价人：			总分：	

任务 5.2 静态路由配置

【任务描述】某企业有两个局域网，每个局域网连接一个路由器，两个路由器之间使用静态路由实现两个局域网的互通，如图 5.2-1 所示。

【任务要求】按照网络图连接设备，通过配置两个路由器实现计算机 A 与计算机 B 互通。完成数据配置后，请验证配置结果。

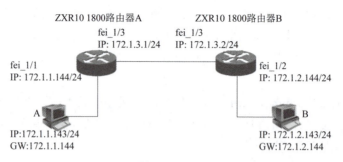

图 5.2-1　静态路由配置实例示意

【实施环境】计算机 2 台、ZXR10 1809 路由器 2 台、串口线 1 根、USB 转串口线 1 根、网线 3 根。

知识准备：静态路由认知

1. 静态路由定义

静态路由是由维护员根据网络拓扑和数据转发要求手动配置的路由，静态路由是否出现在路由表中取决于下一跳是否可达。静态路由是固定的，即使网络拓扑发生改变路由也不会改变。另外，静态路由是单向的，而且数据发送的路由和接收的路由要分别在不同的路由器上定义。静态路由的优点是不占用网络和系统资源，安全性高，其缺点是需要网络管理员手工逐条配置，工作量大，不能自动根据网络状态变化调整路由。

静态路由适用于中小型网络，大型和复杂的网络不宜采用静态路由。因为网络管理员难以全面地了解整个网络的拓扑结构，当网络的拓扑结构和链路状态发生变化时，不能自动重选路由，需要人工进行重新计算和配置路由，这时很可能路由计算错误或者配置错误而引起网络故障，而且中大型网络人工调整静态路由的难度和复杂程度太高。

2. 静态路由解析

静态路由的配置命令一般是"ip route 目的网段 子网掩码 下一条地址 IP"（不同厂家的路由器配置命令有可能不同），如在图 5.2-2 中，配置命令"IP route 10.0.0.0 255.0.0.0 172.16.2.2"，在路由器 A 上增加了一条到目的地址为 10.0.0.0，掩码是 255.0.0.0 网络的静态路由，其中下一跳地址 172.16.2.2 是和路由器 A 连接的路由器 B 的接口地址。所以静态路由的下一跳地址通常指的是在本路由器上当前路由条目要到达的目标地址而需要的经过下一个路由器的接口 IP。但是由于静态路由是单向的，网络 172.16.1.0 的主机发送的数据到达 10.0.0.0 网络后，返回的数据要达到 172.16.1.0 网络，必须在路由器 B 上增加一条路由，即"IP route 172.16.1.0 255.255.0.0 172.16.2.1"，否则数据只能发送而不能接收，网络不通。

默认路由是一种特殊的静态路由，当路由表中与数据包目的地址没有匹配的表项时，数据包将根据默认路由条目进行转发。默认路由可以大大简化路由器的配置，减轻网络管理员的工作负担。默认路由的配置命令是"ip route 0.0.0.0 0.0.0.0 192.168.2.2"，其中

模块 5　路由配置实现网络互联

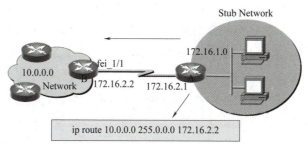

这是一条单向路由，还需要在对方的路由器上配置一条相反的路由。

图 5.2-2　静态路由图

"0.0.0.0 0.0.0.0"是指到任意网段的任意地址的路由。

在图 5.2-3 中，其中产生方式 Onwer 为静态 static 的路由表项是静态路由，静态路由的路由优先级为 1，其 metric 值为 0。

```
ZXR10(config)#show ip route
IPv4 Routing Table:
Dest            Mask             Gw             Interface    Owner     pri metric
172.1.1.0       255.255.255.0    172.1.1.144    fei_1/1      direct    0    0
172.1.1.144     255.255.255.255  172.1.1.144    fei_1/1      address   0    0
172.1.2.0       255.255.255.0    172.1.3.2      fei_1/3      static    1    0
172.1.3.0       255.255.255.0    172.1.3.1      fei_1/3      direct    0    0
172.1.3.1       255.255.255.255  172.1.3.1      fei_1/3      address   0    0
```

图 5.2-3　静态路由

3. 路由汇总

路由汇总又称为路由聚合，是将一组有规律的路由汇聚成一条路由，从而达到缩小路由表规模的目的，汇聚之前的路由称为精细路由或者是明细路由，汇聚之后的路由称为汇总路由或者是聚合路由。

在图 5.2-4 中，假设从 R1 要达到 R2 的网络 172.168.1.0/24、172.168.2.0/24、…、172.168.255.0/24，若手工为每个网段配置一条静态路由，要给 R1 手工配置 255 条静态路由，不仅工作量大而且 R1 的路由表也非常臃肿。如果使用一条指向 R2 的默认路由似乎就可以解决问题，如"IP route 0.0.0.0 0.0.0.0 192.168.0.2"，通过这条默认路由，R1 能够到达 R2 右侧的所有网段，而且其路由表及其精简，但是默认路由的"颗粒度"太大了，无法做到对路由进行更为细致的控制，如假设到 192.168.12.0 网络经过的是路由器 R1 的 e1_2 接口，如若在 R1 上配置默认路由而没有配置到 192.168.12.0 的明细路由，到 192.168.12.0 网络数据仍然匹配了默认路由而被转发到 e1_1 口从而造成路由失败。

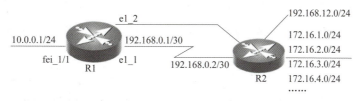

图 5.2-4　路由汇总

假如在 R1 上进行如下配置：ip route 172.16.0.0 255.255.0.0 192.168.0.2，在 R1 上创建一条静态的汇总路由，该路由的目的网络地址及掩码长度为 172.16.0.0/16。172.16.0.0/16 包括了 172.16.1.0/24、172.16.2.0/24……172.16.255.0/24 这些网段，效果是等价的。

路由汇总实际上是通过对目的网络地址和网络掩码的灵活操作实现的，用一个能够囊括这些小网段的大网段来替代它们。但是，汇总路由的计算要非常谨慎和精确，否则可能导致汇总路由混乱，如图 5.2-5 所示。

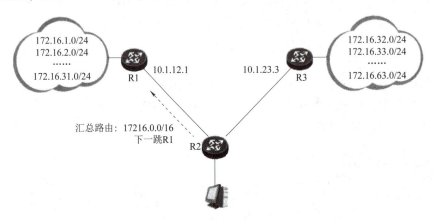

图 5.2-5　汇总路由混乱

为了让 R2 能够到达 R1 左侧的网段，配置了一条静态汇总路由：ip route 172.16.0.0 255.255.0.0 10.1.12.1。但是这条汇总路由错误，将 R3 右侧的网段也囊括在内，如此一来，去往 R3 右侧网段的数据包在到达 R2 后，就有可能被 R2 转发到 R1，从而导致数据包的丢失，这种路由汇总没有准确反映所有的明细路由。因此，汇总路由的目标是汇总路由刚好囊括所有明细路由，不多也不少，即掩码最长的汇总地址。

汇总路由可以按照如下方法计算：将明细路由的目的网络地址都换算成二进制，然后排列起来，找出所有目的网络地址中"相同的比特位"。这些明细路由的目的网络地址是连续的。因此，实际上，只要挑出首尾的两到三个目的网络地址来计算就足够了。

如图 5.2-6 所示，先将这些 IP 地址写成二进制格式，对于不变的比特组，可以不用转化，如 172.16。

			相同比特								变化的比特				
172.16.1.0/24	172	16	0 0 0 0 0 0 0 1	0 0 0 0 0 0 0 0
172.16.2.0/24	172	16	0 0 0 0 0 0 1 0	0 0 0 0 0 0 0 0
172.16.3.0/24	172	16	0 0 0 0 0 0 1 1	0 0 0 0 0 0 0 0
172.16.4.0/24	172	16	0 0 0 0 0 1 0 0	0 0 0 0 0 0 0 0
172.16.5.0/24	172	16	0 0 0 0 0 1 0 1	0 0 0 0 0 0 0 0
172.16.6.0/24	172	16	0 0 0 0 0 1 1 0	0 0 0 0 0 0 0 0
172.16.7.0/24	172	16	0 0 0 0 0 1 1 1	0 0 0 0 0 0 0 0
172.16.31.0/24	172	16	0 0 0 1 1 1 1 1	0 0 0 0 0 0 0 0

图 5.2-6　路由汇总计算

接着，在变化的比特组画一根竖线，要求是：这根线的左侧每一列的二进制数值都一样,线的右侧则无所谓,可以是变化的,这根线的最终位置就标识了汇总路由的掩码长度。注意,这根竖线可以从默认的掩码长度,如从24开始,一格一格地往左侧移动,直到线的左侧每一列数值都相等时即可停下,这时候,这根线所处的位置就刚刚好,这样就找出了所有的明细路由的目的网络地址中共同的比特位。

在图5.2-6中,线的位置是19,所以经过计算得到的汇总路由的目的网络地址及网络掩码就是172.16.0.0/19,即255.255.224.0,它是一个掩码最长的汇总地址,这就是一个最精确的汇总地址。

因此,可以在R1上进行如下的汇总路由配置:

ip route 172.16.0.0 255.255.224.0 10.1.12.1;

4. 静态路由命令语法

配置静态路由常用的命令如表5.2-1所示。

表5.2-1 配置静态路由常用的命令

序号	命令	功能	参数解释
1	speed {10	100}	配置接口在非自动协商情况下的工作速率	{10	100}:端口速率
2	duplex {half	full}	配置接口在非自动协商情况下的双工模式	{half	full}:端口双工模式
3	negotiation auto	配置接口的自动协商模式	Auto:自动协商
4	ip route [vrf <vrf-name>] <prefix><net-mask> {<forwarding-router's-address>	<interface-name>} [<distance-metric>] [tag <tag>]	配置静态路由	vrf:虚拟路由转发表; prefix:网络前缀; net-mask:网络掩码; forwarding-router's-address:转发地址(目的地址); interface-name:接口名字; distance-metric:路由度量; Tag:从路由的标志到同一个目的网络的两条静态路由(下一跳不同),不能具有相同的Tag值
5	show ip route [<ip-address> [<net-mask>]	<protocol>]	显示路由器的全局路由表,查看路由表中是否存在配置的静态路由	Protocol:协议

任务实施：路由器静态路由配置

路由器静态路由配置

1. 配置思路

（1）配置路由器互连接口地址。

（2）确定路由器的下一跳地址，配置静态路由。

计算机 A 到计算机 B 的下一跳地址是与路由器 A 连接的路由 B 的接口地址，计算机 B 到计算机 A 的下一跳地址是与路由器 B 连接的路由器 A 的接口地址。

（3）给计算机配置网关。

需要给计算机 B 上配置默认网关，地址是主机 B 连接路由器 B 的接口地址；需要给计算机 A 上配置默认网关，地址是计算机 A 连接路由器 A 的接口地址。

2. 数据规划

根据网络拓扑图做出数据规划，如表 5.2-2 所示。

表 5.2-2 数据规划

序号	设备	接口	地址	备注
1	PC-A		IP：172.1.1.143/24	
			GW：172.1.1.144	
2	PC-B		IP：172.1.2.143/24	
			GW：172.1.2.144	
3	路由器 A	fei-1/1	172.1.1.144/24	
		fei-1/3	172.1.3.1/24	
4	路由器 B	fei-1/2	172.1.2.144/24	
		fei-1/3	172.1.3.2/24	

3. 操作步骤

第一步：按照实验拓扑图连接计算机和路由器。

第二步：配置路由器 A。

ZXR10#conf t   //进入全局配置模式

ZXR10(config)# int fei_1/1   //进入百兆接口 1

ZXR10(config-if)#porttype l3   //配置端口为三层模式

ZXR10(config-if)# ip address 172.1.1.144 255.255.255.0   //配置端口的 IP 地址

ZXR10(config-if)#exit

ZXR10(config)# int fei_1/3   //进入百兆接口 3

ZXR10(config-if)#porttype l3   //配置端口为三层模式

ZXR10(config-if)# ip address 172.1.3.1 255.255.255.0   //配置端口的 IP 地址

ZXR10(config-if)#exit

ZXR10(config)# ip route 172.1.2.0 255.255.255.0 172.1.3.2   //配置静态路由

ZXR10(config)#exit

ZXR10#write

第三步：路由器 B 配置。

ZXR10#conf t   //进入全局配置模式

ZXR10(config)# int fei_1/2   //进入百兆接口 2

ZXR10(config-if)#porttype l3   //配置端口为三层模式

ZXR10(config-if)# ip address 172.1.2.144 255.255.255.0   //配置端口的 IP 地址

ZXR10(config-if)#exit

ZXR10(config)# int fei_1/3   //进入百兆接口 3

ZXR10(config-if)# porttype l3   //配置端口为三层模式

ZXR10(config-if)# ip address 172.1.3.2 255.255.255.0   //配置端口的 IP 地址

ZXR10(config-if)#exit

ZXR10(config-if)# ip route 172.1.1.0 255.255.255.0 172.1.3.1//配置静态路由

ZXR10(config)#exit

ZXR10#write

第四步：静态路由验证。

（1）数据配置和状态检查。

在路由器上 A 和 B 分别使用"show ip route"查看路由表，记录命令运行结果，如图 5.2-7 和图 5.2-8 所示。其中第三条为静态路由（Owner 为 static），Dest 为目的网络，nexthop 为下一跳地址。

```
ZXR10#show ip route
IPv4 Routing Table:
Dest            Mask              Gw              Interface    Owner      pri  metric
172.1.1.0       255.255.255.0     172.1.1.144     fei_1/1      direct     0    0
172.1.1.144     255.255.255.255   172.1.1.144     fei_1/1      address    0    0
172.1.2.0       255.255.255.0     172.1.3.2       fei_1/3      static     1    0
172.1.3.0       255.255.255.0     172.1.3.1       fei_1/3      direct     0    0
172.1.3.1       255.255.255.255   172.1.3.1       fei_1/3      address    0    0
ZXR10#
```

图 5.2-7　路由器 A 的路由表

```
ZXR10#show ip route
IPv4 Routing Table:
Dest            Mask              Gw              Interface    Owner      pri  metric
172.1.1.0       255.255.255.0     172.1.3.1       fei_1/3      static     1    0
172.1.2.0       255.255.255.0     172.1.2.144     fei_1/2      direct     0    0
172.1.2.144     255.255.255.255   172.1.2.144     fei_1/2      address    0    0
172.1.3.0       255.255.255.0     172.1.3.2       fei_1/3      direct     0    0
172.1.3.2       255.255.255.255   172.1.3.2       fei_1/3      address    0    0
ZXR10#
```

图 5.2-8　路由器 B 的路由表

（2）业务验证。

此时，计算机 A 和计算机 B 互相 ping 测试，是互通的。

第五步：在路由器 A 和 B 上取消静态路由并增加默认路由。

ZXR10(config)#no ip route 172.1.2.0 255.255.255.0   //删除路由器 A 静态路由

ZXR10(config)#no ip route 172.1.1.0 255.255.255.0　　//删除路由器 B 静态路由

ZXR10(config)#show ip route　　　　　　　　//查看路由表,确认路由删除

第六步：无路由验证。

(1) 数据配置和状态检查。

第二次运行"show ip route",从图 5.2-9 和图 5.2-10 中可以看出,路由表中已经没有了 static 类型的路由。

```
ZXR10#show ip route
IPv4 Routing Table:
Dest            Mask              Gw             Interface    Owner     pri  metric
172.1.1.0       255.255.255.0     172.1.1.144    fei_1/1      direct    0    0
172.1.1.144     255.255.255.255   172.1.1.144    fei_1/1      address   0    0
172.1.3.0       255.255.255.0     172.1.3.1      fei_1/3      direct    0    0
172.1.3.1       255.255.255.255   172.1.3.1      fei_1/3      address   0    0
ZXR10#
```

图 5.2-9　路由器 A 删除静态路由后的路由表

```
ZXR10#show ip route
IPv4 Routing Table:
Dest            Mask              Gw             Interface    Owner     pri  metric
172.1.2.0       255.255.255.0     172.1.2.144    fei_1/2      direct    0    0
172.1.2.144     255.255.255.255   172.1.2.144    fei_1/2      address   0    0
172.1.3.0       255.255.255.0     172.1.3.2      fei_1/3      direct    0    0
172.1.3.2       255.255.255.255   172.1.3.2      fei_1/3      address   0    0
ZXR10#
```

图 5.2-10　路由器 B 删除静态路由后的路由表

(2) 第二次业务验证。

此时,计算机 A 和计算机 B 互相 ping 测试,A 和 B 不通。

第七步：路由器 A 和 B 上配置默认路由。

ZXR10(config)# ip route 0.0.0.0 0.0.0.0 172.1.3.2　　//路由器 A 加入默认路由

ZXR10(config)# ip route 0.0.0.0 0.0.0.0 172.1.3.1　　//路由器 B 加入默认路由

第八步：默认路由次验证。

(1) 数据配置和状态验证。

第三次运行"show ip route"时可以看出,路由表中多了一条目的地址为 0.0.0.0/0 的路由,这条路由为默认路由,如图 5.2-11 和图 5.2-12 所示。

```
ZXR10#show ip route
IPv4 Routing Table:
Dest            Mask              Gw             Interface    Owner     pri  metric
0.0.0.0         0.0.0.0           172.1.3.2      fei_1/3      static    1    0
172.1.3.0       255.255.255.0     172.1.3.1      fei_1/3      direct    0    0
172.1.3.1       255.255.255.255   172.1.3.1      fei_1/3      address   0    0
ZXR10#
```

图 5.2-11　路由器 A 的默认路由

```
ZXR10#show ip route
IPv4 Routing Table:
Dest            Mask              Gw             Interface    Owner     pri  metric
0.0.0.0         0.0.0.0           172.1.3.1      fei_1/3      static    1    0
172.1.2.0       255.255.255.0     172.1.2.144    fei_1/2      direct    0    0
172.1.2.144     255.255.255.255   172.1.2.144    fei_1/2      address   0    0
172.1.3.0       255.255.255.0     172.1.3.2      fei_1/3      direct    0    0
172.1.3.2       255.255.255.255   172.1.3.2      fei_1/3      address   0    0
ZXR10#
```

图 5.2-12　路由器 B 的默认路由

(2) 业务验证。

此时，A 和 B 互相 ping 测试，A 和 B 通，即 A 和 B 互通的路由是默认路由。

任务总结

静态路由是由管理员手工配置的路由，是单向的，一般配置在接入层或者汇聚层的路由器上，配置灵活、节省链路开销。但是拓扑关系缺乏灵活性，当拓扑发生改变时，需要管理员在每台路由器上修改路由配置。静态路由协议只能在小规模的企业网络使用，大型企业网络一般使用动态路由协议。默认路由是静态路由的一种特殊形式，它属于静态路由中的一种，当路由器在路由表中找不到目标网络的路由条目时，路由器数据转发到默认路由接口。默认路由只能在末梢/末节网络中使用。

如果配置的静态路由过多，而且这些路由的目标地址可以汇总成一个较大的网络，可以使用汇总路由来代替一条条静态路由，这是精简路由表的有效方法，但是汇总路由需要正好概括明细路由，即二者完全等价。

任务评估

任务完成之后，教师按照表 5.2-3 来评估每个学生的任务完成情况，或者学生按照表 5.2-3 中的内容来自评任务完成情况。

表 5.2-3　任务评估表

任务名称：静态路由配置		学生：	日期：	
评估项目	分值	评价标准	评估结果	得分情况
1. 数据规划	30	数据规划正确，每错一处扣 5 分，扣完为止		
2. 命令输入	30	命令行输入完备和正确		
3. 数据配置检查	15	三次 show ip route 显示路由与规划和实际情况相符，第一次有静态路由，第二次无静态路由，第三次有默认路由，每次 5 分		
4. 业务检查	15	A 和 B 互相 ping，第一次通，第二次不通，第三次通，每次 5 分		
5. 完成时间	10	在规定的时间（30 min）内完成，超时 1 min 扣 1 分，扣完为止		
评价人：			总分：	

任务 5.3　OSPF 路由配置

【任务描述】某企业有两个局域网，每个局域网连接一个路由器，使用 OSPF 实现两个局域网的互通，如图 5.3-1 所示。

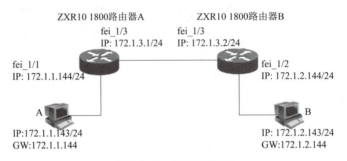

图 5.3-1　网络拓扑图

【任务要求】使用 OSPF 协议连接两个局域网，完成数据配置并验证。

【实施环境】计算机 2 台、ZXR10 1809 路由器 1 台、串口线 1 根、USB 转串口线 1 根、网线 3 根。

知识准备：OSPF 认知

1. AS 概念

在由多个网络组成的大型互联网络中，处于同一个管理机构控制之下的路由器和网络群组就是 AS（Autonomous System，自治系统）自治域。处于一个自治系统中的所有路由器必须相互连接且运行相同的路由协议，还要分配给它们同一个自治系统编号，如图 5.3-2 所示。

图 5.3-2　AS 定义

每个 AS 都有一个编号，AS 的编号范围是 1~65 535，其中 1~64 511 是注册的互联网编号，64 512~65 535 是私有网络编号。网络中的每个 AS 都被分配一个唯一的 AS 号，用于区分不同的 AS。AS 号分为 2 B AS 号和 4 B AS 号，其中 2 B AS 号的范围是 1~65 535，4 B AS 号的范围为 1~4 294 967 295。支持 4 B AS 号的设备能够与支持 2 B AS 号的设备兼容。中国联通、中国电信、中国铁通和一些大的民营 IDC 运营商都具有 AS 号，它们都是通过 BGP 协议与自身的 AS 号来实现互联的。比如 AS36678 是中国电信美国公司的 AS 号，AS23724 是中国电信 IDC 的 AS 号，AS4816 是广东电信的 AS 号，AS4815 是上海电信的 AS 号，AS9394 是原铁通的 AS 号，AS4847 是中国互联网交换中心的 AS 号，AS4808 是北京联通的 AS 号，AS4837 是联通骨干网的 AS 号。

在自治域内部使用的协议就叫 IGP（Interior Gateway Protocol，内部网关协议），在两个自治域之间使用的协议就叫 EGP（Exterior Gateway Protocols，外部网关协议）。IGP 协议主要包括：RIP（Routing Information Protocol，路由信息协议）、OSPF、IS-IS（Intermediate System-to-Intermediate System，中间系统到中间系统）。常用的 EGP 为 BGP（Border Gateway Protocol，边界网关协议）。

2. OSPF 定义

OSPF（Open Shortest Path First，开放式最短路径优先）协议是一个基于链路状态的内部网关协议，用于在单一 AS 内生成路由。

OSPF 协议的链路状态主要是指设备之间的链路的状态信息，包含接口 IP 地址、网络类型、接口对象、对端 IP 地址、接口的开销等。在一个网络内的每台路由器，根据路由器的分类产生一种或多种 LSA（Link-State Advertisement，链路状态通告）。它是链接状态协议使用的一个分组，包括有关邻居和通道成本的信息，LSA 被路由器接收用于维护它们的路由选择表。LSA 中包含 Router-ID、网络及掩码信息（路由信息）、邻居（互相连接在一起的设备）、网络类型、cost 开销值。LSA 的集合形成了 LSDB（Link-State Database，链路状态数据库）。

OSPF 协议的最短路径指的是 OSPF 通过路由器之间通告网络接口的状态来建立链路状态数据库，生成最短路径树，每个 OSPF 路由器使用这些最短路径构造路由表。

在 OSPF 协议中，只有具备邻接关系的路由器才能交换 LSA，两个路由器是否能够形成邻接，取决于连接路由器的网络类型。

（1）点对点网络和虚链路只有两个路由器，所以路由器自动形成邻接。

（2）点对多点网络可认为是点对点网络的集合，所以在每对路由器之间形成邻接。

（3）在广播和 NBMA（Non-Broadcast Multiple Access，非广播-多路访问网络）网络中，邻居间不一定形成邻接。如果一个网络上所有的 n 个路由器都建立了邻接，每个路由器有 $(n-1)$ 个邻接，则网络中将有 $n(n-1)/2$ 个邻接。

3. OSPF 协议工作的过程

1）建立邻居关系表

在路由器之间传递链路状态通告之前，需先建立 OSPF 邻居关系，hello 报文用于发现直连链路上的其他 OSPF 路由器，再经过一系列的 OSPF 消息交互最终建立起邻居关系，如图 5.3-3 所示。邻居关系的建立只是一个开始，后续会进行一系列报文交互。

2）建立连接关系

OSPF 用 LSA 来描述网络拓扑信息，然后 OSPF 路由器用链路状态数据库来存储网络的这些 LSA。OSPF 将自己产生的以及邻居通告的 LSA 搜集并存储在链路状态数据库 LSDB 中。当两台路由器 LSDB 同步完成并开始独立计算路由时，它们就形成了邻接关系。邻居关系建

图 5.3-3 OSPF 路由器建立邻居关系

立完毕后，它们是不会传递 LSA 信息的，只有建立邻接关系，才会交换 LSA 信息，如图 5.3-3 所示。

3) OSPF 路由生成

OSPF 路由器将 LSDB 转换成一张带权值的有向图，这张图便是对整个网络拓扑结构的真实反映。各个路由器得到的有向图是完全相同的。每台路由器根据有向图，使用 SPF (Shortest Path First, 最短路径优先) 算法计算出一棵以自己为根的最短路径的"树"，并根据这个最短路径生成路由表，如图 5.3-4 所示。

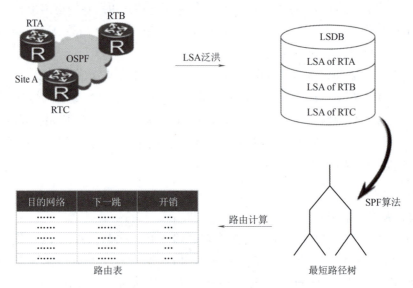

图 5.3-4 OSPF 工作原理示意

4. OSPF 区域

大规模的网络中存在数量众多的路由器，它们会生成很多 LSA，整个 LSDB 会非常大，甚至占用 2~3 MB 的内存容量。其次，OSPF 算法会增加耗时，造成 CPU 负担增大，当一台设备出现变化时，整个网络随之变化，这个问题在一些大型网络中会造成 LSA 消息泛滥、路由器负荷增加和路由表抖动，引发通信中断。

为了解决这个问题，OSPF 将一个大的自治系统划分为几个小的区域（Area），区域是具有相同区域标识的 OSPF 网络、路由器和链路的逻辑集合。区域内的路由器必须为所属区域保存拓扑数据库，该路由器不包含关于其所属区域外部的网络拓扑的详细信息，同一区域内各路由器的链路状态数据库必须同步且完全相同。不同区域之间可以进行路由汇总和过滤，因此，缩小了其链路状态数据库。

OSPF 网络划分为主干区域和非主干区域（图 5.3-5），其中的区域 0 是主干区域，其他都是非主干区域。

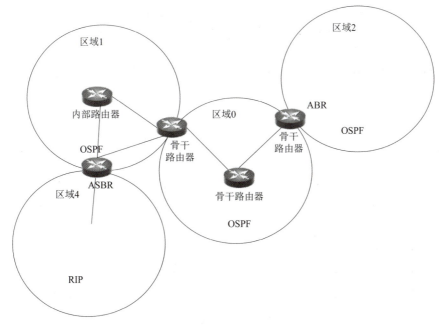

图 5.3-5　OSPF 区域

区域划分时必须遵循以下规则：

（1）必须存在主干区域，用于将一些独立的区域组合到单个域中。

（2）每个非主干区域必须直接或者通过 OSPF 虚连接连接到主干区域，OSPF 虚连接是指在两台 ABR 之间穿过一个非骨干区域建立的一条逻辑上的连接通道。

（3）在任何故障情况下（例如链路或路由器关闭），均不得对主干区域进行进一步分区（划为更小的部分）。

一个区域用 32 位无符号数字来标识。区域 ID 可以表示为一个十进制数字，也可以表示为一个点分十进制的数字，如区域 0 = 区域 0.0.0.0。区域 0 被保留，用来标识骨干网络，其他所有区域必须直接连在区域 0 上。一个 OSPF 网络中必须有一个骨干区域，即区域 0。骨干区域负责在非骨干区域之间发布由区域边界路由器汇总的路由信息，快速高效地传输数据包,通常不接用户。非骨干区域主要是连接用户且所有数据都必须经过 Area 0 中转。

OSPF 网络中的路由器根据它在区域内的任务,可以是下列一种或多种类型。

(1) 内部路由器:路由器的接口在同一个区域内。

(2) 骨干路由器:路由器中至少有一个接口在区域 0 内。

(3) ABR(Area Border Router,区域边缘路由器):路由器中至少有一个接口在区域 0 并且至少有一个接口在其他区域。

(4) ASBR(Autonomous System Boundary Router,自治系统边界路由器):路由器将一个运行 OSPF 的自治系统 AS 连接到另一个运行其他协议(如 RIP 或 IGRP)的 AS 上。

5. OSPF 常用命令语法

配置 OSPF 路由协议常用命令如表 5.3-1 所示。

表 5.3-1 配置 OSPF 路由协议常用命令

序号	命令	功能	参数解释
1	router ospf <process-id> [vrf <vrf-name>]	启动 OSPF 路由选择进程	process-id:进程标识 vrf:虚拟路由转发
2	network <ip-address> <wildcard-mask> area <area-id>	定义 OSPF 协议运行的接口以及对这些接口定义区域 ID	ip-addr:IP 地址 wildcard-mask:网络反码 area-id:区域 ID
3	show ip ospf [<process-id>]	查看 OSPF 进程的详细信息	
4	auto-cost reference-bandwidth <bandwidth>	配置接口开销参考	bandwidth:参考带宽

在 OSPF 协议中,Metric 是路由条目传递方向,经过所有路由器的入接口的 cost(开销)总和。关于 cost 值,OSPF 的 cost 计算公式 cost=100 000 000/(带宽×1 000)。比如,串口通信 cost=100 000 000/(1 544×1 000)=64,百兆以太网 cost=100 000 000/(100 000×1 000)=1。

任务实施:OSPF 配置

OSPF 配置

1. 配置思路

1) 启动 OSPF 进程

在路由器 A 和 B 上启动 OSPF 路由选择进程。

2) 定义 OSPF 协议和区域 ID

在路由器 A 和 B 互连的接口上运行 OSPF 协议,并定义路由器 A、B 的接口所在的 OSPF 区域。

2. 数据规划

根据图 5.3-1 进行数据规划,如表 5.3-2 所示。

表 5.3-2 数据规划

序号	设备	接口	地址	备注
1	PC-A		IP：172.1.1.143/24	
			GW：172.1.1.144	
2	PC-B		IP：172.1.2.143/24	
			GW：172.1.2.144	
3	路由器 A	fei-1/1	172.1.1.144/24	
		fei-1/3	172.1.3.1/24	
4	路由器 B	fei-1/1	172.1.2.144/24	
		fei-1/3	172.1.3.2/24	

3. 操作步骤

第一步：连接网络。

根据网络图，使用网线连接路由器和计算机。

第二步：配置路由器 A。

ZXR10#conf t

ZXR10(config)# int fei_1/1　　　　　　　　　　　　　//进入百兆接口 1

ZXR10(config-if)#porttype l3　　　　　　　　　　　　//配置端口为三层模式

ZXR10(config-if)# ip address 172.1.1.144 255.255.255.0　　//配置接口的 IP 地址

ZXR10(config-if)#exit

ZXR10(config)# int fei_1/3　　　　　　　　　　　　　//进入百兆接口 3

ZXR10(config-if)#porttype l3　　　　　　　　　　　　//配置端口为三层模式

ZXR10(config-if)# ip address 172.1.3.1 255.255.255.0　　//配置接口的 IP 地址

ZXR10(config-if)#exit

ZXR10(config)# router ospf 10　　　　　　　　　　　//启动 OSPF 进程号 10，每个进程号维护本进程的路由信息，进程号只具有本地意义，一个路由器的两个进程之间互相隔离

ZXR10(config-router)#network 172.1.3.0 0.0.0.255 area 0　　//运行 OSPF 的接口，加入 OSPF 区域 0

ZXR10(config-router)#network 172.1.1.0 0.0.0.255 area 0　　//运行 OSPF 的接口，加入 OSPF 区域 0

ZXR10(config-router)#exit

ZXR10(config)#exit

ZXR10#write

第三步：配置路由器 B。

ZXR10#conf t

ZXR10(config)# int fei_1/1　　　　　　　　　　　　　　//进入百兆接口 1
ZXR10(config-if)#porttype l3　　　　　　　　　　　　//配置端口为三层模式
ZXR10(config-if)# ip address 172.1.2.144 255.255.255.0　　//配置接口的 IP 地址
ZXR10(config-if)#exit　　　　　　　　　　　　　　　//退出目前模式
ZXR10(config)# int fei_1/3　　　　　　　　　　　　　　//进入百兆接口 3
ZXR10(config-if)# porttype l3　　　　　　　　　　　　//配置接口为三层模式
ZXR10(config-if)# ip address 172.1.3.2 255.255.255.0　　　//配置端口的 IP 地址
ZXR10(config-if)#exit　　　　　　　　　　　　　　　//退出目前模式
ZXR10(config)# router ospf 10　　　　　　　　　　　　//启动 OSPF 进程 10
ZXR10(config-router)#network 172.1.3.0 0.0.0.255 area 0　　//运行 OSPF 的接口,加入 OSPF 区域 0
ZXR10(config-router)#network 172.1.2.0 0.0.0.255 area 0　　//运行 OSPF 的接口,加入 OSPF 区域 0
ZXR10(config-router)#exit
ZXR10(config)#exit
ZXR10#write

4. 验证

1)数据配置和状态检查

在路由器 A 和 B 上运行"show ip route",结果如图 5.3-6 和图 5.3-7 所示。

```
ZXR10#show ip route
IPv4 Routing Table:
Dest            Mask              Gw              Interface     Owner     pri metric
172.1.1.0       255.255.255.0     172.1.1.144     fei_1/1       direct    0   0
172.1.1.144     255.255.255.255   172.1.1.144     fei_1/1       address   0   0
172.1.2.0       255.255.255.0     172.1.3.2       fei_1/3       ospf      110 2
172.1.3.0       255.255.255.0     172.1.3.1       fei_1/3       direct    0   0
172.1.3.1       255.255.255.255   172.1.3.1       fei_1/3       address   0   0
ZXR10#
```

图 5.3-6　路由器 A 的 OSPF 路由

```
ZXR10#show ip route
IPv4 Routing Table:
Dest            Mask              Gw              Interface     Owner     pri metric
172.1.1.0       255.255.255.0     172.1.3.1       fei_1/3       ospf      110 2
172.1.2.0       255.255.255.0     172.1.2.144     fei_1/2       direct    0   0
172.1.2.144     255.255.255.255   172.1.2.144     fei_1/2       address   0   0
172.1.3.0       255.255.255.0     172.1.3.2       fei_1/3       direct    0   0
172.1.3.2       255.255.255.255   172.1.3.2       fei_1/3       address   0   0
ZXR10#
```

图 5.3-7　路由器 B 的 OSPF 路由

在图 5.3-6 中,路由表中的第三条和图 5.3-7 中路由表第一条为 OSPF 协议生成的路由,Owner 生成者为 OSPF,优先级为 110,metric 为 2。

在路由器 A 和 B 上运行"show ip ospf 10",其结果如图 5.3-8 所示,OSPF 进程 10 已经启动,区域 0 被激活。

2)业务验证

将计算机 A 的默认 IP 地址设置为 172.1.1.143,网关为 172.1.1.144;将计算机 B 的默

```
ZXR10(config)#show ip ospf 10
OSPF 10 Router ID 172.1.1.144 enable
 Enabled for 00:58:55,Debug on
 Number of areas 1, Normal 1, Stub 0, NSSA 0
 Number of interfaces 2
 Number of neighbors 0
 Number of adjacent neighbors 0
 Number of virtual links 0
 Total number of entries in LSDB 1
 Number of ASEs in LSDB 0, Checksum Sum 0x00000000
 Number of grace LSAs 0
 Number of new LSAs received 0
 Number of self originated LSAs 5
 Hold time between consecutive SPF 1 secs
 Non-stop Forwarding disabled, last NSF restart 03:53:01 ago (took 0 secs)

        Area 0.0.0.0 enable
            Enabled for 00:58:48
            Area has no authentication
            Times spf has been run 6
            Number of interfaces 2. Up 1
            Number of ASBR local to this area 0
            Number of ABR local to this area 0
```

图 5.3-8　OSPF 进程状态

认 IP 地址设置为 172.1.2.143，默认网关为 172.1.2.144 后，它们之间可以 ping 通。

任务总结

OSPF 是典型的链路状态动态路由协议，链路状态路由协议通告的是链路状态而不是路由信息。运行链路状态路由协议的路由器之间首先会建立邻居关系，然后彼此之间开始交互 LSA，每台路由器都会产生 LSA，路由器将接收到的 LSA 放入自己的 LSDB。路由器通过对 LSDB 中所存储的 LSA 进行解析，进而了解全网拓扑。每台路由器基于 LSDB，使用 SPF 算法进行计算。每台路由器都计算出一棵以自己为根的、无环的、拥有最短路径的"树"。有了这棵"树"，路由器就已经知道了到达所有网段的优选路径。之后，路由器将计算出来的优选路径加载进自己的路由表。

使用 OSPF 配置网络，基本上需要 4 个步骤：①启动时定义进程号；②进行区域划分；③接口激活协议；④传递接口信息。

本实验需要两组同学协作完成，并且两组路由器都要配置正确，否则便会导致实验失败。

★请大家在实验中通过配合完成相关步骤，体会团队合作的重要性，提高团队合作能力及责任感。

二十大报告中明确指出："团结奋斗是中国人民创造历史伟业的必由之路。"在百年征程上，党始终团结一切可以团结的力量、调动一切可以调动的积极因素，最大限度凝聚起共同奋斗的力量，形成了爱国统一战线这一党团结海内外中华儿女、实现中华民族伟大复兴的重要法宝。党不断砥砺初心使命，团结、带领全国各族人民以强烈的历史主动和奋斗拼搏，有效应对严峻复杂的国际形势和接踵而至的巨大风险挑战，攻克了许多长期没有解决的难题，办成了许多事关长远的大事、要事，推动党和国家事业取得了举世瞩目的重大成就。我们所经历的对党和人民事业具有重大现实意义和深远历史意义的三件大事，都是党带领中国人民团结奋斗赢得的历史性胜利。中国共产党带领中国人民靠团结奋斗创造了辉煌历史，还要靠团结奋斗开辟美好未来。新征程上，要有效实现团结奋斗，就要坚决维护党中央的权威和集中、统一的领导，把党的领导落实到党和国家事业各领域各方面各环节，始终确保党拥有团结奋斗的强大政治凝聚力，确保人民始终具有发展的自信心。我们要始终把人民对美好生活的向往作为奋斗的目标，实现好、维护好、发展好最广大人民根本利益，紧紧抓住人民最关心、最直接、最现实的利益问题，以切实有效的工作让人民群众共享社会发展成果。更要坚持大团结大联合，坚持一致性和多样性统一，努力寻求最大公约数、画出最大的同心圆，形成海内外中华儿女心往一处想、劲儿往一处使的生动局面，共同为实现中华民族的伟大复兴而不懈奋斗。

任务评估

任务完成之后，教师按照表 5.3-3 来评估每个学生的任务完成情况，或者学生按照表 5.3-3 中的内容来自评任务完成情况。

表 5.3-3　任务评估表

任务名称：OSPF 路由配置		学生：	日期：	
评估项目	分值	评价标准	评估结果	得分情况
1. 数据规划	20	数据规划正确，每错一处扣 5 分，扣完为止		
2. 命令输入	30	命令行输入完备和正确		
3. 配置数据检查	10	show ip route 显示配置数据与规划数据相符，错误一处扣 5 分，扣完为止		
4. 状态检查	10	show ip ospf 进程号，显示配置 OSPF 和区域 enable		
5. 业务检查	10	A 和 B 互 ping，A 和 B 通		
6. 完成时间	10	在规定的时间（30 min）内完成，超时 1 min 扣 1 分，扣完为止		
7. 素养评价	10	从小组任务实施过程考量，对团结协作、互帮互助精神进行组内评价		
评价人：			总分：	

任务 5.4　BGP 路由配置

【任务描述】某大型公司的网络规模较大，分成了总公司、分公司多个 AS。现在要完成总公司和分公司的互连，而且尽量简化路由配置和维护的工作量，如图 5.4-1 所示。

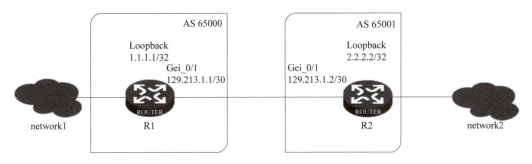

图 5.4-1　总公司和分公司组网图

【任务要求】AS 内路由器启用 OSPF 协议，AS 之间边缘路由器启用 BGP 协议，进行数据配置并验证。

【实施环境】计算机 2 台、1809 路由器 2 台、串口线 1 根、RS232 转 USB 线 1 根、网线 3 根。

知识准备：动态路由 BGP 认知

1. BGP 协议定义

BGP 是一种动态路由协议，但它并不产生路由、不发现路由、不计算路由，其主要功能是完成最佳路由的选择并在 BGP 邻居之间进行最佳路由的传递。

在 BGP 协议中，每个 AS 内部都有许多 BGP 边界路由器，而这个 BGP 边界路由器是自治系统内部路由的代理，不同 AS 之间交换路由都是通过在 BGP 边界路由器之间建立 TCP 连接，然后在此连接上交换 BGP 报文以建立 BGP 会话。两个建立 BGP 会话的路由器互为 BGP 对等体，而 BGP 对等体之间可以交换路由表，如图 5.4-2 所示。

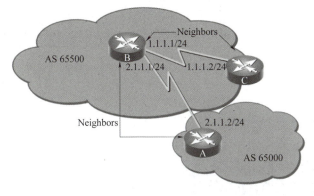

图 5.4-2　边界路由器交换路由信息

图 5.4-2 中 A、C 分别是 AS 65000、AS 65500 的边界路由器，A 和 B 之间建立邻居关系交换 AS65000 和 AS65500 的路由信息，这种邻居关系叫作外部 BGP，邻居处于不同的自治域，邻居之间一般直接连接。B 和 C 之间建立邻居关系叫作内部 BGP，邻居处于同一个 AS 内部，邻居之间不必直连。当各个 BGP 边界路由器一旦交换了可达性信息之后，就会选择出来一条到达各个 AS 比较好的路由路径。

2. BGP 工作过程

（1）建立 BGP 邻居关系

运行 BGP 的路由器通常被称为 BGP Speaker（发言者），相互之间传递报文的 Speaker 之间互称为对等体。BGP 邻居关系的建立、更新和删除是通过对等体之间的 5 种报文、6 种状态机和 5 个表等信息来完成的，最终形成 BGP 邻居。

（2）通告 BGP 路由

BGP 路由通过在 BGP 邻居之间通告 BGP 命令而成的，而通告 BGP 路由的方式有两种：network 和 Import。

①network 方式：使用 network 命令可以将当前设备路由表中的路由（非 BGP）发布到 BGP 路由表中并通告给邻居。

②Import 方式：使用 Import 命令可以将该路由器学到的路由信息重分发到 BGP 路由表中，是 BGP 宣告路由的一种方式，可以引入 BGP 的路由包括直连路由、静态路由及动态路由协议学到的路由。

（3）更新 BGP 路由表

BGP 设备会将最优路由加入 BGP 路由表，从而形成 BGP 路由。

3. 配置 BGP 常用的命令语法

配置 BGP 常用的命令语法如表 5.4-1 所示。

表 5.4-1 配置 BGP 常用的命令语法

序号	命令	功能	参数解释
1	router bgp <as-number>	启动 BGP 进程	as-number：进程标识
2	neighbor <ip-address> remote-as <number>	配置 BGP 邻居	ip-address：IP 地址 number：邻居区域号
3	network<ip-address><net-mask>	使用 BGP 通告一个网络	net-mask：网络掩码

任务实施：动态路由 BGP 配置

动态路由 BGP 配置

1. 配置思路

（1）各路由器完成 OSPF 协议的配置。

（2）在路由器上配置 BGP 邻居。

（3）在两台路由器互连接口上通告 BGP 网络。

2. 数据规划

根据任务要求，设计的数据规划如表 5.4-2 所示。

表 5.4-2 数据规划

序号	设备	协议	AS	接口	地址
1	路由器 R1	OSPF、BGP	65000	gei_0/1	129.213.1.1/30
2	路由器 R2	OSPF、BGP	65001	gei_2/1	129.213.1.2/30

3. 配置步骤

第一步：网络连接。

根据网络拓扑，使用网线连接路由器 R1 和 R2。

第二步：路由器 R1 配置。

ZXR10#conf t

ZXR10（config）# int gei_0/1　　　　　　　　　　　　　　//进入千兆接口 1

ZXR10（config-if）# ip address 129.213.1.1 255.255.255.252　//配置接口的 IP 地址

ZXR10（config-if）#exit

ZXR10（config）# router ospf 10　　　　　　　　　　　　//启动 OSPF 进程号 10

ZXR10（config-router）#network 129.213.1.1 0.0.0.3 area 0　//将此网段划入 OSPF 区域 0

ZXR10（config-router）#exit

ZXR10（config）#router bgp 65000　　　　　　　　　　　//启动 BGP，定义 AS 号

ZXR10（config-bgp）#neighbor 129.213.1.2 remote-as 65001　//配置一个 BGP 邻居及其 AS 号

ZXR10（config-bgp）#exit

ZXR10（config）#exit

ZXR10#write

R2 上的配置如下：

ZXR10#conf t

ZXR10（config）# int gei_0/1　　　　　　　　　　　　　　//进入千兆接口 1

ZXR10（config-if）# ip address 129.213.1.2 255.255.255.252　//配置接口的 IP 地址

ZXR10（config-if）#exit

ZXR10（config）# router ospf 10　　　　　　　　　　　　//启动 OSPF 进程号 10

ZXR10（config-router）#network 129.213.1.2 0.0.0.3 area 0　//将此网段划入 OSPF 区域 0

ZXR10（config-router）#exit

ZXR10（config）#router bgp 65001　　　　　　　　　　　//启动 BGP，配置 AS 号

ZXR10（config-bgp）#neighbor 129.213.1.1 remote-as 65000　//配置一个 BGP 邻居及其 AS 号

ZXR10（config-bgp）#exit

ZXR10(config)#exit

ZXR10#write

第三步：配置验证。

在 R1 上用"show ip bgp neighbor"命令查看建立的 EBGP 邻居关系情况，如图 5.4-3 所示。

```
ZXR10#show ip bgp neighbor
BGP neighbor is 129.213.1.2, remote AS 65001, external link
  BGP version 4, remote router ID 129.213.1.2
  BGP state = Established, up for 00:02:30
  hold time is 90 seconds, keepalive interval is 30 seconds
  Neighbor capabilities:
    Route refresh: advertised and received
    Address family IPv4 Unicast: advertised and received
  All received 6 messages

    Connections established 1
    Local host: 129.213.1.1, Local port: 179
    Foreign host: 129.213.1.2, Foreign port: 1024
```

图 5.4-3 查看 R1 建立的 EBGP 邻居关系情况

从图 5.4-3 中的输出可以了解以下的信息：BGP 的邻居是 129.213.1.2，邻居属于 AS65001 中，建立了 EBGP 连接。邻居的 router ID 是 129.213.1.2，状态是 Established。

在 R2 上用"show ip bgp neighbor"命令查看建立的 BGP 邻居关系情况如图 5.4-4 所示，相关解释同上。

```
ZXR10#show ip bgp neighbor
BGP neighbor is 129.213.1.1, remote AS 65000, external link
  BGP version 4, remote router ID 129.213.1.1
  BGP state = Established, up for 00:07:42
  hold time is 90 seconds, keepalive interval is 30 seconds
  Neighbor capabilities:
    Route refresh: advertised and received
    Address family IPv4 Unicast: advertised and received
  All received 17 messages

    Connections established 1
    Local host: 129.213.1.2, Local port: 1024
    Foreign host: 129.213.1.1, Foreign port: 179
```

图 5.4-4 查看 R2 建立的 BGP 邻居关系情况

任务总结

BGP 是一个用于自治系统之间的域间路由协议，它的主要功能是在运行 BGP 协议的自治系统之间交换网络可达性信息，这些信息主要包括一个路由所经过的自治系统的列表，它们足以建立一个表示自治系统连接状态的图。与 IGP 路由协议不同，BGP 不提供有关度量 Metric 或链路状态的路由，但它会选择涉及较少 AS 数量的一条路径。

互联网是围绕 ISP 建立的网络，BGP 在这些 ISP 之间建立连接，并基于 AS 的策略，通过 BGP 来选择控制路由，因此 BGP 就是互联网协议。

使用 BGP 配置网络，基本上需要下面三个步骤：①启动 BGP 进程；②配置 BGP 邻居；③使用 BGP 通告一个网络。

任务评估

任务完成之后，教师按照表 5.4-3 来评估每个学生的任务完成情况，或者学生按照表 5.4-3 中的内容来自评任务完成情况。

表 5.4-3 任务评估表

任务名称：BGP 路由配置		学生：	日期：	
评估项目	分值	评价标准	评估结果	得分情况
1. 数据规划	30	数据规划正确，每错 1 处扣 5 分，扣完为止		
2. 命令行输入	30	命令行输入完备和正确		
3. 配置检查	20	show ip bgp neighbor，显示配置数据与规划数据相符		
4. 状态检查	10	EGBP link 建立		
5. 完成时间	10	在规定的时间（30 min）内完成，超时 1 min 扣 1 分，扣完为止		
评价人：			总分：	

任务 5.5 路由器 IPv6 直连和静态路由配置

【任务描述】某企业实现两个分公司之间的互连，为每个分公司配置一台互连路由器，在接口处启用 IPv6 地址配置，并使两个分公司实现互通，如图 5.5-1 所示。

图 5.5-1 IPv6 任务组网拓扑示意

【任务要求】完成设备连接，进行数据配置并验证配置是否正确。

【实施环境】计算机 2 台、5950-36TM-H 交换机 2 台、串口线 1 根、RS232 转 USB 线 1 根、网线 3 根。

知识准备：IPv6 地址认知

随着网络的发展，IPv4 地址即将用尽。为了解决这个问题，NAT 技术被广泛应用，但是 NAT 技术会严重占用路由器的资源，导致网络速度变慢。IPv6（Internet Protocol Version 6）地址的出现解决了这个问题，它是用于替代现行版本 IP 协议 IPv4 的下一代 IP 协议。

1. IPv6 地址格式

IPv6 地址有 128 bit，比特长度太长，因此，IPv4 点分十进制格式不再适用，IPv6 采用十六进制格式表示，如图 5.5-2 所示。

网络前缀64 bit		接口ID64 bit
2001:3CA1:010F:	001A:	121B:0000:0000:0010
全球路由选择前缀48 bit	子网ID16 bit	接口ID64 bit

图 5.5-2　IPv6 地址格式

在这 128 bit 中，前 64 bit 是网络前缀，后 64 bit 是接口标识。在前 64 bit 中，前 48 bit 是全球可汇总地址（全局路由选择前缀），在给一个公司分配 IPv6 地址时，总是分配给它一个前 48 bit 固定的地址，而后面的 16 bit 又可以被该公司用来作子网地址；接口标识相当于 IPv4 的主机位。

接口标识可通过三种方法生成：手工配置、系统通过软件自动生成或 IEEE EUI-64 规范生成。其中，EUI-64 规范自动生成最为常用。IEEE EUI-64 规范是将接口的 MAC 地址转换为 IPv6 接口标识。如图 5.5-3 所示，MAC 地址的前 24 位（用 m 表示的部分）为公司标识，后 24 位（用 n 表示的部分）为扩展标识符。从高位数第 7 位是 0，表示了 MAC 地址全球唯一。转换的第一步是将"FFFE"插入 MAC 地址的公司标识和扩展标识符之间，第二步是将从高位数，即第 7 位的 0 改为 1 表示此接口标识本地唯一。

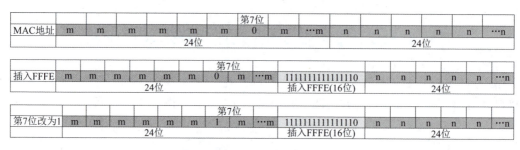

图 5.5-3　MAC 地址转换过程

根据图 5.5-3 中的过程，MAC 地址"000E-0C82-C4D4"先转换为二进制数"0000，0000，0000，1110-0000，1100，1000，0010-1100，0100，1101，0100"，按照规范变成"0000，0010，0000，1110-0000，1100，1111，1111-1111，1110，1000，0010-1100，0100，1101，0100"，即"020e：0cff：fe82：c4d4"。

2. IP 地址表示方法

为了方便书写和表示 IPv6 地址，IETF 在标准中规定了规范的文本表示形式。

（1）抑制每个字段中的前导零。

（2）使用双冒号"::"替换连续全零的字段，注意一个 IPv6 地址只能压缩一个零字段序列。

（3）如果一个 IPv6 地址中有多个连续全零字段，只压缩最长的零字段序列。

（4）如果一个 IPv6 地址中有多个相等长度的序列，则只压缩第一个。

（5）不允许压缩单个零字段。

（6）IETF 互联网工程任务组建议 a、b、c、d、e、f 采用小写字母。

IPv6 有 3 种表示方法：

1）冒分十六进制表示法

格式为 X:X:X:X:X:X:X:X，其中每个 X 表示地址中的 16 b，以十六进制表示，如"abcd:ef01:2345:6789:abcd:ef01:2345:6789"。在这种表示法中，每个 X 中高位的连续 0 可以省略，如"2001:0db8:0000:0023:0008:0800:200c:417a"可以表示为"2001:db8:0:23:8:800:200c:417a"。

2）0 位压缩表示法

在某些情况下，一个 IPv6 地址中间可能包含很长的一段 0，可以把连续的一段 0 压缩为"::"。但为保证地址解析的唯一性，地址中"::"只能出现一次，如"ff01:0:0:0:0:0:0:1101"可以表示为"ff01::1101"；"0:0:0:0:0:0:0:1"可以表示为"::1"，"0:0:0:0:0:0:0:0"可以表示为"::"。

3）内嵌 IPv4 地址表示法

为了实现 IPv4-IPv6 互通，IPv4 地址会嵌入 IPv6 地址中，此时地址常表示为 X:X:X:X:X:X:d.d.d.d，前 96 bit 采用冒分十六进制表示，而最后 32 bit 地址则使用 IPv4 的点分十进制表示，如"::192.168.0.1"与"::ffff:192.168.0.1"就是两个典型的例子。注意，在前 96 bit 中，压缩 0 位的方法依旧适用。

3. IPv6 地址分类

IPv6 地址分为单播地址、任播地址、组播地址三种类型。和 IPv4 相比，它取消了广播地址类型，以更丰富的组播地址代替，还增加了任播地址类型。

IPv6 单播地址标识了一个接口，由于每个接口属于一个节点，因此，每个节点的任何接口上的单播地址都可以标识这个节点。发往单播地址的报文由这个地址标识的接口接收。

IPv6 定义了多种单播地址，目前常用的单播地址有未指定地址、环回地址、全球单播地址、链路本地地址、唯一本地地址。

1）未指定地址

IPv6 中的未指定地址即 0:0:0:0:0:0:0:0/128 或者::/128。该地址可以表示某个接口或者节点还没有 IP 地址，可以作为某些报文的源 IP 地址。而源 IP 地址是"::"的报文不会被路由设备转发。

2）环回地址

IPv6 中的环回地址即 0:0:0:0:0:0:0:1/128 或者::1/128。环回与 IPv4 中的 127.0.0.1 作用相同，主要用于设备给自己发送报文。该地址通常用来作为一个虚接口的地址（如

Loopback 接口）。实际发送的数据包中不能使用环回地址作为源 IP 地址或者目的 IP 地址。

3）GUA

GUA（Global Unicast Address，全球单播地址）类地址类似于 IPv4 中的公网地址。目前的 GUA 地址前 3 b 固定为 001，因此 GUA 地址范围为："2000::" ~ "3fff:ffff:ffff:ffff:ffff:ffff"，GUA 地址一共占 1/8 的 IPv6 地址。

全球单播地址由全球路由前缀、子网 ID 和接口标识组成，其格式如图 5.5-4 所示。

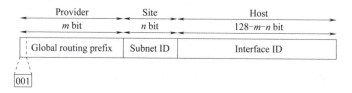

图 5.5-4 GUA 组成

（1）Global routing prefix：全球路由前缀，由提供商指定给一个组织机构，通常全球路由前缀至少为 48 bit。目前已经分配的全球路由前缀的前 3 bit 均为 001。

（2）Subnet ID：子网 ID，组织机构可以用子网 ID 来构建本地网络，子网 ID 通常最多分配到第 64 位。子网 ID 和 IPv4 中的子网号作用相似。

（3）Interface ID：接口标识。用来标识一个设备。

4）ULA

ULA（Unique Local Address，唯一本地地址）该地址类似 IPv4 中的私网地址。ULA 地址前 7 位固定，地址格式为"fc00::/7"，范围为"fc00:: ~ fdff::"，因此，"fc00:/8"和"fd00:/8"都是 ULA 地址，如图 5.5-5 所示。

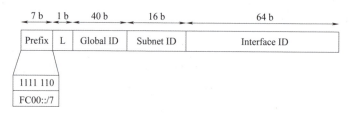

图 5.5-5 ULA 的组成

（1）Prefix：前缀，固定为 fc00::/7。

（2）L：L 标志位，值为 1 代表该地址为在本地网络范围内使用的地址；值为 0 被保留，用于以后扩展。

（3）Global ID：全球唯一前缀，通过伪随机方式产生。

（4）Subnet ID：子网 ID；用来划分子网。

（5）Interface ID：接口标识。

一般来说，ULA 只在网络内部使用，但是 ULA 在配置时，必须先申请一个 40 bit 的 Global ID，因此，大部分 ULA 地址也不会重复，即使不小心将 ULA 地址发布到公网上，也不会导致太大的问题发生，这一点和 IPv4 有很大区别。

5) LLA

LLA（Link-Local Address，链路本地地址）只在本地链路上有效。该地址格式为：fe80::/10，如图5.5-6所示。

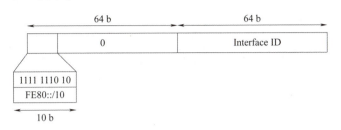

图 5.5-6　LIA 组成

当一个节点启动 IPv6 协议栈时，启动时节点的每个接口会自动配置一个链路本地地址（其固定的前缀+EUI-64 规则形成的接口标识）。这种机制使得两个连接到同一链路的 IPv6 节点不需要做任何配置就可以通信。因此，链路本地地址广泛应用于邻居发现，无状态地址配置等应用。以链路本地地址为源地址或目的地址的 IPv6 报文不会被路由设备转发到其他链路上。

4. IPv6 配置语法

IPv6 的地址配置和静态路由配置和 IPv4 的格式基本一致，如表 5.5-1 所示。

表 5.5-1　IPv6 配置语法

序号	命令	功能	参数解释
1	IPv6 enable（disable）	开启（关闭）IPv6 地址模式	
2	IPv6address {ipv6-address}	配置 IPv6 地址	ipv6-address：IPv6 地址
3	IPv6 route {des-ipv6-address} {sou-ipv6-address}	配置 IPv6 静态路由	des-ipv6-address：目的 IPv6 地址 sou-ipv6-address：源 IPv6 地址

任务实施：路由器 IPv6 直连和静态路由配置

1. 配置思路

根据任务要求，R1 和 R2 直连地址间配置好 IPv6 互连地址，在 R2 的直连接口上配置一个不同网段的 IPv6 地址。在 R1 上加指向 R2 直连网段的静态路由后，R1 可以 ping6 通 R2 的直连网段地址。

路由器 IPv6 直连和静态路由配置

2. 数据规划

数据规划如表 5.5-2 所示。

表 5.5-2 数据规划

序号	设备	接口	地址
1	路由器 R1	gei-0/1/1/5	2005∷1/64
2	路由器 R2	gei-0/1/1/5	2005∷2/64
		Gei-0/1/1/6	2003∷2/64

3. 操作步骤

第一步：配置 R1。

ZXR10#conf t

ZXR10(config)#interface gei-0/1/1/5

ZXR10(config-if-gei-0/1/1/5)#no shutdown

ZXR10(config-if-gei-0/1/1/5)#switch attribute disable//关闭接口二层属性

Would you change the L2/L3 attribute of the interface? [yes/no]:yes

ZXR10(config-if-gei-0/1/1/5)#ipv6 enable

ZXR10(config-if-gei-0/1/1/5)#ipv6 address 2005∷1/64   //配置接口 IP 地址

ZXR10(config-if-gei-0/1/1/5)#exit

ZXR10(config)#ipv6 route 2003∷/64 2005∷2

第二步：配置 R2。

ZXR10#conf t

ZXR10(config)#interface gei-0/1/1/5

ZXR10(config-if-gei-0/1/1/5)#no shutdown

ZXR10(config-if-gei-0/1/1/5)#switch attribute disable

Would you change the L2/L3 attribute of the interface? [yes/no]:yes

ZXR10(config-if-gei-0/1/1/5)#ipv6 enable

ZXR10(config-if-gei-0/1/1/5)#ipv6 address 2005∷2/64

ZXR10(config-if-gei-0/1/1/5)#exit

ZXR10(config)#interface gei-0/1/1/6

ZXR10(config-if-gei-0/1/1/6)#no shutdown

ZXR10(config-if-gei-0/1/1/6)#switch attribute disable

Would you change the L2/L3 attribute of the interface? [yes/no]:yes

ZXR10(config-if-gei-0/1/1/6)#ipv6 enable

ZXR10(config-if-gei-0/1/1/6)#ipv6 address 2003∷2/64

ZXR10(config-if-gei-0/1/1/6)#exit

ZXR10(config)#exit

ZXR10#write

4. 验证

1）数据配置和状态验证

在路由器 R1 和 R2 上输入“show ipv6 for route”，显示路由器 R1 配置的 IPv6 的路由信息，如图 5.5-7 和图 5.5-8 所示。

```
ZXR10#show ipv6 for route
IPv6 Routing Table:
Headers: Dest: Destination, Gw: Gateway, Pri: Priority;
Codes   : K: kernel, I1: isis-l1, SFN: sf-nat64, R: ripng, AF: aftr, B: bgp,
          D: direct, I2: isis-l2, SLN: sl-nat64, O: ospfv3, D6: dhcp, P: ppp,
          S: static, N: nd, V: vrrp, A: address, M: multicast, UI: user-ipaddr,
          GW-FWD: PS-BUSI,GW-UE: PS-USER,LDP-A: LDP-AREA, UN: user-network,
          US: user-special;
Dest                                                    Owner     Metric
  Interface                          Pri   Gw
2003::/64                                               S           0
  gei-0/1/1/5                        1     2005::2
2005::/64                                               D           0
  gei-0/1/1/5                        0     2005::1
2005::1/128                                             A           0
  gei-0/1/1/5                        0     2005::1
ff02::/16                                               M           0
  NULL                               0     ::
```

图 5.5-7　R1 路由器路由表

```
ZXR10#show ipv6 for route
IPv6 Routing Table:
Headers: Dest: Destination, Gw: Gateway, Pri: Priority;
Codes   : K: kernel, I1: isis-l1, SFN: sf-nat64, R: ripng, AF: aftr, B: bgp,
          D: direct, I2: isis-l2, SLN: sl-nat64, O: ospfv3, D6: dhcp, P: ppp,
          S: static, N: nd, V: vrrp, A: address, M: multicast, UI: user-ipaddr,
          GW-FWD: PS-BUSI,GW-UE: PS-USER,LDP-A: LDP-AREA, UN: user-network,
          US: user-special;
Dest                                                    Owner     Metric
  Interface                          Pri   Gw
2005::/64                                               D           0
  gei-0/1/1/5                        0     2005::2
2005::2/128                                             A           0
  gei-0/1/1/5                        0     2005::2
ff02::/16                                               M           0
  NULL                               0     ::
```

图 5.5-8　R2 路由器路由表

2）业务验证

在路由器 R1 的“(config)#”符号后面输入“ping6 2003::2”，链路是通的，如图 5.5-9 所示。

```
ZXR10#ping6 2005::1
sending 5,100-byte ICMP echo(es) to 2005:0:0:0:0:0:0:1,timeout is 2 second(s).
!!!!!
Success rate is 100 percent(5/5),round-trip min/avg/max= 10/10/10 ms.
[finish]
```

图 5.5-9　IPv6 ping 测试

任务总结

IPv6 地址从 IPv4 地址的 32 bit 扩展到 128 bit，IPv6 地址的表示、书写方式也从 IPv4 的点分十进制（如 192.168.1.1）转变为 16 bit 一组，采用十六进制表示，共有 8 组字段，在每个字段之间使用“:”分隔。

IPv6 地址分为单播、组播、任播三种类型，IPv6 支持不同范围的地址，即作用域包括本地接口范围、本地链路范围、本地网络范围和全球网络范围。IPv6 的地址和路由的设置与 IPv4 格式一样，只是在一些指令上添加了 6，如 ipv6、ping6 等。

IPv6 是公认的下一代互联网商业应用解决方案，它能够为每个联网设备提供一个独立的 IP 地址，有望解决端到端的连接和安全性、移动性等问题。部署 IPv6 有利于支撑 5G、人工智能和云计算等新兴技术的发展，从而提升我国互联网的承载能力和服务水平。目前，我国 IPv6 互联网活跃用户数达 6.93 亿，其中移动网络 IPv6 流量占比突破 40%。

任务评估

任务完成之后，教师按照表 5.5-3 来评估每个学生的任务完成情况，或者学生按照表 5.5-3 中的内容来自评任务完成情况。

表 5.5-3 任务评估表

任务名称：BGP 路由配置		学生：	日期：	
评估项目	分值	评价标准	评估结果	得分情况
1. 数据规划	20	数据规划正确，每处错误扣 5 分，扣完为止		
2. 命令输入	40	命令行输入完备和正确		
3. 数据配置检查	20	show interface，显示 IP 地址配置正确；show ip for route，显示理由正确		
4. 业务检查	10	在 R1 和 R2 上 ping 接口地址，都可以通		
5. 完成时间	10	在规定的时间（20 min）内完成，超时 1 min 扣 1 分，扣完为止		
评价人：			总分：	

任务 5.6 多路由选择

【任务说明】一个企业设有很多的分公司，分公司与总公司网络互连。其中，一个分公司通过路由器 A 接入总公司的路由器 B，路由器 A 和 B 之间使用了两条链路连接，一条是 100 Mbit/s 的联通专线，一条是 50 Mbit/s 的电信专线。100 Mbit/s 联通专线主用，50 Mbit/s 电信专线备用，当 100 Mbit/s 专线中断后，路由自动切换到 50 Mbit/s 专线上，如图 5.6-1 所示。

【任务要求】通过浮动路由实现 2 条链路的主备，完成数据配置并验证。

【实施环境】计算机 2 台、ZXR10 1809 路由器 2 台、串口线 1 根、RS232 转 USB 线 1 根、网线 4 根。

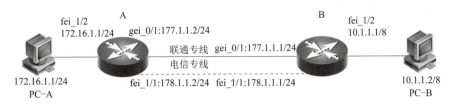

图 5.6-1　主备路由组网

知识准备：路由选择认知

1. 路由选择原则

首先按目的地址最长匹配原则，其次按最小管理距离（优先级）优先，最后按度量值最小优先。

2. 最长匹配原则

当路由器收到一个 IP 数据包时，会将数据包的目的 IP 地址与自己本地路由表中的表项进行逐位查找，直到找到匹配度最长的条目，这叫最长匹配原则。比如表 5.6-1 是一个路由器的路由表，当一个包的目的地址为 10.1.1.1 时，进入路由器后，在路由表中能够匹配上多个路由条目。

表 5.6-1

目的地址	掩码	下一跳地址	接口	拥有者	优先级	度量值
10.0.0.0	255.0.0.0	1.1.1.1	fei_1/1	ospf	110	10
10.1.0.0	255.255.0.0	2.1.1.1	fei_1/2	static	1	0
10.1.1.0	255.255.255.0	3.1.1.1	fei_1/3	rip	120	5
0.0.0.0	0.0.0.0	1.1.1.1	fei_1/1	static	0	0

包括缺省路由的上述路由条目都能匹配上 10.1.1.1 目的地址，路由器将根据最长匹配原则进行数据的转发：路由器会选择匹配最深的。也就是说，可以匹配的掩码长度最长的一条路由进行转发，所以本例中路由器将选择路由条目"10.1.1.0　255.255.255.0　3.1.1.1　fei_1/3　rip　120　5"转发数据包。

3. 路由优先级

一台路由器上可以同时运行多个路由协议。不同的路由协议或者相同的路由协议都可能发现或者生成到某一相同的目的网络的多条路由，但由于不同路由协议的选路算法不同，它们可能选择不同的路径作为最佳路径。路由器必须选择其中一个最佳路径作为转发路径加入路由表中。路由器选择路由按照两个顺序：路由优先级与度量值。

路由协议的优先级（Preference）是指路由的管理距离（Administrative Distance），一般为 0~255 的数字，数字越大，则优先级越低；数字越小，则在路径选择时优先级越高，路由优先级最高的协议获取的路由被优先选择加入路由表中。而不同的路由协议有不同的路由优先级。各种路由协议的路由优先级的默认值如表 5.6-2 所示。

表 5.6-2　各种路由协议产生的路由的优先级

路由来源	默认优先级
Connected interface	0
Static route	1
External BGP	20
OSPF	110
IS-IS	115
RIP v1, v2	120
Internal BGP	200

在图 5.6-2 中，一台路由器上同时运行 RIP 和 OSPF。RIP 与 OSPF 协议都发现并计算出了到达同一条网络"10.0.0.0/16"的最佳路径，但由于选路算法不同而选择了不同的路径。由于 OSPF 具有比 RIP 高的路由优先级（查表 5.6-2 可知，RIP 优先级为 120，OSPF 为 110，110 小于 120，所以 OSPF 产生的路由优先级高），路由器将通过 OSPF 学习到的这条路由加入路由表。

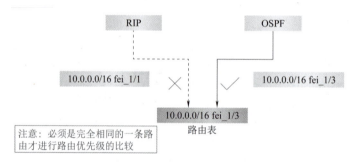

图 5.6-2　路由选择示例

注意，必须是完全相同的一条路由才进行路由优先级的比较，如 10.0.0.0/16 和 10.0.0.0/24 被认为是不同的路由，如果 RIP 学习到了其中的一条，而 OSPF 学习到了另一条，则两条路由都会被加入路由表中。

如果有两条路由都是去往同一个目的地，但分别采用不同的下一跳 IP 地址，同时这两条路由具备相同的优先级，那它们就是等价路由。路由优先级可以自定义，如果想优先使用其中的一条路由，只需要将另外一条等价路由的优先级定义一个比默认优先级大的值即可实现。假设从 R1 到 192.168.6.0/24 网段有两条不同的路由，且配置如下：

ZXR10_R1(config)#ip route 192.168.6.0 255.255.255.0 192.168.4.2

ZXR10_R1(config)#ip route 192.168.6.0 255.255.255.0 192.168.3.2 25 tag 180

这两条命令配置了到达同一网络"192.168.6.0/24"的两条不同的静态路由，第一条命令没有配置优先级（管理距离值），因此使用缺省值 1；第二条命令配置管理距离值 25（即优先级 25）。由于第一条路由的管理距离值小于第二条，所以路由表中将只会出现第一条路由信息，即路由器将只通过下一跳192.168.4.2到达目的网络192.168.6.0/24。只有当第一条路由失效从路由表中消失后，第二条路由才会生效并出现在路由表中。

4. 路由度量值

除了路由优先级，在路由中度量值（metric）对路由的选择也起到了一定的作用，metric是衡量同一种路由协议产生的路由状态的度量值，如一个路由器有两条达到同一个目的地址的两条静态路由，它们的优先级都是1，此时要根据metric值来确定使用哪一条路由。metric值越小，路径越佳。metrics实际上包括cost、跳数、链路延时、负载、MTU、可靠性等。不同协议metric值计算不同，OSPF的metric主要依据接口带宽计算，在任务14里提及。静态路由metric值指的是"Distance metric for this route"，即优先级和度量值可以理解为一个概念。

5. 备份链路

路由优先级的典型应用是用于备份链路，备份链路的作用是当主链路状态不正常的情况下接替主链路转发数据，当主链路状态恢复正常后流量应该自动切换回主链路。为了解决备份链路的路由切换问题，一般使用浮动静态路由配置备份链路。浮动路由指的是配置两条静态路由，默认选取优先级高的作为主路径，当主路径出现故障时，由优先级低的备份路径顶替主路径。这条路由正常工作时并不出现在路由表中，这条路由就是浮动静态路由。

6. 路由配置语法

浮动路由没有单独的配置命令，使用的仍然是静态路由的配置命令，其功能是通过配置路由优先级和度量值参数实现的，如表5.6-3所示。

表5.6-3　浮动路由配置语法

命令	功能	参数解释
iproute［vrf<vrf-name>］<prefix><net-mask>｛<forwarding-router's-address>｜<interface-name>｝［<distance-metric>］［tag <tag>］	配置静态路由	vrf：虚拟路由转发表； forwarding-router's-address：转发地址（目的地址）； interface-name：接口名字； distance-metric：路由管理距离-度量值； Tag：路由的标志，到同一个目的网络的两条静态路由（下一跳不同），不能具有相同的tag值

知识准备：浮动静态路由配置

浮动静态路由配置

1. 配置思路

1）确定主备路由

两个网络之前存在两条链路，其中100 Mbit/s联通专线的链路作为主用链路，50 Mbit/s电信专线作为备用链路，因此，可以将前者设置为默认路由，将后者配置为备用路由，当100 Mbit/s联通专线中断后，50 Mbit/s电信专线成为工作链路。

2）配置不同的路由优先级

给默认路由配置默认的优先级，给备份路由配置较大的优先级值。

2. 数据规划

主路由优先级保持缺省值1，备份路由的优先级配置为5。数据规划如表5.6-4所示。

表 5.6-4 数据规划

路由序号	设备	目的地址	接口地址	下一跳地址	优先级
1	路由器 A	10.0.0.0/8	gei_0/1：177.1.1.2	177.1.1.1	1
2	路由器 A	10.0.0.0/8	fei_1/1：178.1.1.2	178.1.1.1	5
3	路由器 B	172.16.1.0/24	gei_0/1：177.1.1.1	177.1.1.2	1
4	路由器 B	172.16.1.0/24	fei_1/1：178.1.1.1	178.1.1.2	5

3. 操作步骤

第一步：连接网络。

按照实验拓扑图使用网线连接路由器。

第二步：配置路由器 A。

ZXR10#conf t

ZXR10（config）# int gei_0/1　　　　　　　　　　　　　　　//进入千兆接口 0/1

ZXR10（config-if）# ip address 177.1.1.2 255.255.255.0　　　//配置接口的 IP 地址

ZXR10（config-if）#exit

ZXR10（config）# int fei_1/1　　　　　　　　　　　　　　　//进入百兆接口 1/1

ZXR10（config-if）#porttype l3

ZXR10（config-if）# ip address 178.1.1.2 255.255.255.0　　　//配置接口的 IP 地址

ZXR10（config-if）#exit

ZXR10（config）# int fei_1/2

ZXR10（config-if）#porttype l3

ZXR10（config-if）# ip address 172.16.1.1 255.255.255.0

ZXR10（config-if）#exit

ZXR10（config）#ip route 10.0.0.0 255.0.0.0 177.1.1.1　　　//配置主静态路由，默认优先级为1

ZXR10（config）#ip route 10.0.0.0 255.0.0.0 178.1.1.1 5 tag 200　//配置备静态路由，优先级为5，路由标签为200

ZXR10（config-if）#exit

ZXR10（config）#exit

ZXR10#write

第三步：配置路由器 B。

ZXR10#conf t

ZXR10(config)# int gei_0/1　　　　　　　　　　　　　　　//进入千兆接口 0/1

ZXR10(config-if)# ip address 177.1.1.1 255.255.255.0　　//配置端口的 IP 地址

ZXR10(config-if)#exit

ZXR10(config)# int fei_1/1　　　　　　　　　　　　　　//进入百兆接口 1/1

ZXR10(config-if)#porttype l3

ZXR10(config-if)# ip address 178.1.1.1 255.255.255.0　　//配置端口的 IP 地址

ZXR10(config-if)#exit　　　　　　　　　　　　　　　　//退出目前模式

ZXR10(config)# int fei_1/2

ZXR10(config-if)#porttype l3

ZXR10(config-if)# ip address 178.1.1.1 255.255.255.0

ZXR10(config-if)#exit　　　　　　　　　　　　　　　　//退出目前模式

ZXR10(config)#ip route 172.16.1.0 255.255.255.0 177.1.1.2　　//配置主静态路由，默认优先级为1

ZXR10(config)#ip route 172.16.1.0 255.255.255.0 178.1.1.2 5 tag 200　　//优先级5，路由标签为200

ZXR10(config-if)#exit

ZXR10(config)#exit

ZXR10#write

4. 验证

1）数据配置和状态检查

在路由器上 A 和 B 分别使用"show ip route"查看路由表，记录下命令运行结果。在正常情况下，路由表中只会出现主路由，即路由器 A 和 B 之间 gei_0/1 的路由，（图 5.6-3 和图 5.6-4），此时的路由优先级为 1。

```
ZXR10#show ip route
IPv4 Routing Table:
Dest            Mask               Gw          Interface   Owner    pri metric
10.0.0.0        255.0.0.0          177.1.1.1   gei_0/1     static   1   0
177.1.1.0       255.255.255.0      177.1.1.2   gei_0/1     direct   0   0
177.1.1.2       255.255.255.255    177.1.1.2   gei_0/1     address  0   0
178.1.1.0       255.255.255.0      178.1.1.2   fei_1/1     direct   0   0
178.1.1.2       255.255.255.255    178.1.1.2   fei_1/1     address  0   0
ZXR10#
```

图 5.6-3　路由器 A 主路由表

```
ZXR10#show ip route
IPv4 Routing Table:
Dest            Mask               Gw          Interface   Owner    pri metric
172.16.1.0      255.255.255.0      177.1.1.2   gei_0/1     static   1   0
177.1.1.0       255.255.255.0      177.1.1.1   gei_0/1     direct   0   0
177.1.1.1       255.255.255.255    177.1.1.1   gei_0/1     address  0   0
178.1.1.0       255.255.255.0      178.1.1.1   fei_1/1     direct   0   0
178.1.1.1       255.255.255.255    178.1.1.1   fei_1/1     address  0   0
ZXR10#
```

图 5.6-4　路由器 B 主路由表

当拔掉路由器 A 和 B 之间 gei_0/1 之间的网线，再运行"show ip route"，路由器 A 和 B 的路由表如图 5.6-5 和图 5.6-6 所示。此时，路由器 A 和 B 的备份路由生效，即接口为 fei_1/1 的路由的优先级为 5。

```
ZXR10#show ip route
IPv4 Routing Table:
Dest            Mask            Gw          Interface   Owner    pri  metric
10.0.0.0        255.0.0.0       178.1.1.1   fei_1/1     static   5    0
178.1.1.0       255.255.255.0   178.1.1.2   fei_1/1     direct   0    0
178.1.1.2       255.255.255.255 178.1.1.2   fei_1/1     address  0    0
ZXR10#
```

图 5.6-5　路由器 A 备份路由表

```
ZXR10#show ip route
IPv4 Routing Table:
Dest            Mask            Gw          Interface   Owner    pri  metric
172.16.1.0      255.255.255.0   178.1.1.2   fei_1/1     static   5    0
178.1.1.0       255.255.255.0   178.1.1.1   fei_1/1     direct   0    0
178.1.1.1       255.255.255.255 178.1.1.1   fei_1/1     address  0    0
ZXR10#
```

图 5.6-6　路由器 B 主路由表

2）业务验证

在上面的过程中，在 A 和 B 之间一直 ping，A 和 B 是通的。当拔掉路由器 A 和 B 之间 gei_0/1 之间的网线后，A 和 B 之间会有短暂的网络中断，因为此时备用路由还未生效，如图 5.6-7 所示。

```
C:\Users\cuihaibin>ping 10.1.1.143 -t

正在 Ping 10.1.1.143 具有 32 字节的数据:
来自 10.1.1.143 的回复: 字节=32 时间=1ms TTL=126
来自 10.1.1.143 的回复: 字节=32 时间=1ms TTL=126
来自 10.1.1.143 的回复: 字节=32 时间=1ms TTL=126
来自 10.1.1.143 的回复: 字节=32 时间=1ms TTL=126
请求超时。
来自 10.1.1.143 的回复: 字节=32 时间=2ms TTL=126
来自 10.1.1.143 的回复: 字节=32 时间=1ms TTL=126
来自 10.1.1.143 的回复: 字节=32 时间=1ms TTL=126
来自 10.1.1.143 的回复: 字节=32 时间=1ms TTL=126
来自 10.1.1.143 的回复: 字节=32 时间=1ms TTL=126
```

图 5.6-7　A 和 B 的互通测试

当两条链路状态都正常的情况下由于设置的是两条完全相同的路由，所以路由优先级高（优先级数值小）的即通过接口 gei-0/1 转发的那条路由条目会出现路由表中，而路由优先级低（优先级数值大）的即通过接口 fei-1/1 转发的那条路由条目不会出现在路由表中。当主链路发生故障，路由器在接口上检测出链路 down 掉后会撤销所有通过此接口转发的路由条目。此时路由优先级低（优先级数值大）的路由条目就自动出现在路由表中，所有到达外部网络 10.0.0.0/8 的流量被切换到备份链路。而当主链路状态恢复正常后，通过主链路转发的路由会自动出现在路由表中，而通过备份链路转发的路由被自动撤销。

任务总结

路由选路的顺序依据三大原则。

（1）按最长匹配原则。当有多条路径到达目标时，以其 IP 地址或网络号最长匹配的作为最佳路由，如在到 0.1.1.1/18、10.1.1.1/24、10.1.1.1/32 三个目的网络的路由中，32

这个掩码最长的,所以会选择 10.1.1.1/32 这条路由。

(2) 优先级高者(管理距离小)优先。在相同掩码长度的情况下,按照路由的管理距离:管理距离越小,路由越优先。例如,路由 1:10.1.1.1/8 为静态路由,路由 2:10.1.1.1/8 为 RIP 产生的动态路由,静态路由的默认管理距离值为 1,而 RIP 默认管理距离为 120,因而选路由 1:10.1.1.1/8。

(3) 按度量值最小优先:当掩码长度、管理距离都相同时,比较路由的度量值或称代价,度量值越小越优先。例如:路由 1:10.1.1.1/8 的路由接口度量值为 1;路由 2:10.1.1.1/8 的路由接口其度量值为 0.1,因此选路由 2。

任务评估

任务完成之后,教师按照表 5.6-5 来评估每个学生的任务完成情况,或者学生按照表 5.6-5 中的内容来自评任务完成情况。

表 5.6-5　任务评估表

任务名称:浮动静态路由配置		学生:		日期:	
评估项目	分值	评价标准		评估结果	得分情况
1. 数据规划	20	数据规划正确,每错一处扣 5 分,扣完为止			
2. 命令输入	30	命令行输入完备和正确			
3. 数据配置检查	10	正常情况下,在两台路由器上:show running-config,显示主备用路由配置正常			
4. 状态检查	10	正常情况下在两台路由器上:show ip route,只显示主用路由			
	10	拔掉备用网线的情况下在两台路由器上:show ip route,显示备用路由			
5. 业务验证	10	在计算机 A 和 B 互 ping,A 和 B 可以互通,中间短暂暂停			
6. 完成时间	10	在规定的时间(30 min)内完成,超时 1 min 扣 1 分,扣完为止			
评价人:				总分:	

任务 5.7　交换机和路由器 Telnet 远程连接

【任务描述】某企业新增一个小型部门,小型部门规划为一个独立的网络。现有一台新的 ZXR10 2826 交换机和 1 台新的 ZXR10 1809 路由器,交换机用来接入桌面终端,路由器用来将部门网络接入公司网络。

要求：使用 SecureCRT 软件配置 Telnet 服务远程登录交换机，详细记录每个步骤的操作结果。

【实施环境】ZXR10 1809 路由器 1 台、ZXR0 2826S 交换机 1 台、USB 转串口线缆 1 条、串口线 1 条、笔记本电脑 1 台。

知识准备：Telnet 协议认知

1. Telnet 协议概述

Telnet（Telecommunication Network Protocol，远程登录协议）是一种最早的互联网协议和应用，Telnet 提供了一种通过终端远程登录到服务器的方式，呈现一个交互式操作界面。用户可以在一台主机上通过 Telnet 的方式远程登录到网络上的其他主机上去对设备进行配置和管理，而不需要为每一台主机都连接一个硬件终端。Telnet 应用分为 Telnet 客户端和 Telnet 服务器程序，操作员使用 Telnet 客户端登录 Telnet 服务器后，在 Telnet 程序中输入命令，这些命令会在服务器上运行，就像直接在服务器的控制台上输入一样。

使用 Telnet 客户端访问 Telnet 服务端的流程如图 5.7-1 所示。

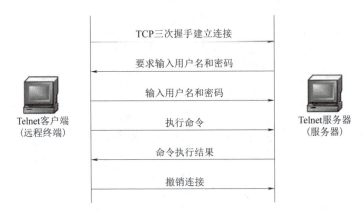

图 5.7-1 使用 Telnet 客户端访问 Telnet 服务端的工作流程

Telnet 位于 TCP/IP 模型的应用层。在建立 Telnet 连接之前，客户端首先发起建立一个 TCP 连接建立请求，然后通过 TCP 三次握手在客户端和服务器之间建立一个 TCP 连接，在这个 TCP 连接之上，服务器要求客户端输入用户名和密码进行用户身份验证，客户端输入用户名和密码之后，服务器进行验证，合法则进入服务器系统，非法则拒绝服务。最后在客户端的 Telnet 界面上输入命令，服务器执行后回复结果。操作结束后，拆除 TCP 连接。

2. Telnet 程序使用

Telnet 程序的使用方法有两种，一种是在计算机的 DOS 窗口中输入"telnet <hostname or IP> <port>"（图 5.7-2），hostname or IP 是指服务器主机名字或者 IP 地址，port 指的是服务器 Telnet 的服务端口号，一般为 23，有的服务器设置了特殊的端口号。需要注意的是，有的计算机关闭了 Telnet 程序，需要在计算机服务里添加"Telnet 客户端"程序，如图 5.7-3 所示。

模块 5　路由配置实现网络互联

图 5.7-2　在 DOS 窗口运行 Telnet 客户端程序　　图 5.7-3　Windows 系统开启 Telnet 客户端

另一种是使用 SecureCRT 软件，在选择 SecureCRT 协议的时候选择"Telnet"，如图 5.7-4 所示。

单击"下一页"按钮，在【主机名】中输入要登录的服务器的 IP 地址，在【端口】中输入 23（或者服务器特殊定义的端口），将【防火墙】状态选为"None"，如图 5.7-5 所示。

图 5.7-4　选择 Telnet 通信协议　　　　　　　图 5.7-5　输入 Telnet 服务器参数

单击"下一页"按钮，在【会话名称】输入连接的名字，如 Telnet-192.168.1.1，或者保持默认，如图 5.7-6 所示。单击"完成"按钮后，生成了名称为"Telnet-192.168.1.1"的连接，如图 5.7-7 所示。

图 5.7-6　定义连接名　　　　　　　　　　图 5.7-7　Telnet 连接

我们要在计算机上用 Telnet 程序连接交换机或者路由器,其中计算机是 Telnet 客户端,交换机和路由器是 Telnet 服务器。另外,还必须给交换机或者路由器配置 IP 地址。需要说明的是,IP 地址是网络层地址,二层交换机不能配置 IP 地址,但可以设置一个管理 IP 地址,以实现与交换机、计算机、网管以及其他设备之间的管理数据的交互。中高端的交换机和路由器为安全考虑,默认账号不允许使用 Telnet,如果要使用 Telnet,则需要配置登录用户和账号的认证和鉴权。

3. Telnet 命令语法

交换机 ZXR10 2826S 是二层交换机,其配置语法请参考表 5.7-1,而路由器则按照任务 12 中的方法给接口配置 IP 地址。

表 5.7-1　ZXR10 2826S 配置 IP 语法

序号	命令	功能	参数解释
1	config router	进入路由配置模式	
2	Set ipport [0-63] ipaddress {[a.b.c.d/m]	[a.b.c.d] [a.b.c.d]}	设置三层端口的 IP 地址和掩码	[0-63]:端口号
3	vlan set ipport [0-63] vlan[vlanname]	为三层端口绑定 VLAN 名	[vlanname]:VLAN 名
4	set ipport [0-63] mac[xx.xx.xx.xx.xx.xx]	设置三层端口 MAC 地址	[xx.xx.xx.xx.xx.xx]:MAC 地址
5	set ipport [0-63] {enable|disable}	使能/关闭三层端口	在更改一个 IP 端口的设置时,先要将端口设置为 disable 状态,然后设置需要修改的项,新的设置将覆盖原来的设置
6	clear ipport [0-63] [mac|ipaddress {[a.b.c.d/m]|[a.b.c.d] [a.b.c.d]}| vlan [vlanname]]	清除端口的某个参数或全部参数,在清除之前同样要将端口设置为 disable 状态	Mac:MAC 地址 ipaddress:IP 地址
7	show ipport [0-63]	对 IP 端口的配置进行查看	

交换机和路由器 Telnet 远程连接

任务实施:交换机和路由器 Telnet 远程连接

1. 配置思路

(1) 选择交换机的一个端口号或者路由器的一个接口设置 IP 地址。

(2) 给交换机或者路由器设置 Telnet 登录的用户名和密码,且在本次实验中不需要进行这一步操作,因为已经开启了 Telnet 的登录账号和密码。

2. 数据规划

根据任务要求进行数据规划，如表 5.7-2 所示。

表 5.7-2　数据规划

序号	设备	接口（端口）	地址
1	交换机	63	172.0.0.1/24
2	路由器	fei_1/1	172.16.1.1/24

3. 交换机配置

zte(cfg)#config router

zte(cfg-router)#set ipport 63 disable　　　　　　//ipport 是指三层端口，端口号是 63，如果 ipport 已经启用，需要先 disable 才能进行修改，因此，在配置之前先关闭 ipport

zte(cfg-router)#set ipport 63 ipaddress 172.0.0.1 255.255.255.0　　//设置三层端口 63 的 IP 地址为 172.0.0.1，掩码是 255.255.255.0

zte(cfg-router)#set ipport 63 vlan 1　　　　　　//把 ipport 端口加入交换机默认创建的 VLAN 1，ipport 的 IP 地址相当于 VLAN 的地址，1 个 VLAN 只有一个 IP 地址

zte(cfg-router)#set ipport 63 enable　　　　　　//激活 ipport 63 端口

zte(cfg-router)#exit

zte(cfg)#set remote-access any　　　　　　//设置 Telnet 为任意模式，因为系统默认只允许特定主机访问

zte(cfg)#save　　　　　　//保存配置

4. 路由器配置

ZXR10>Enable

ZXR10#conf t

ZXR10(config)# interface fei_1/1　　　　　　//进入端口 1

ZXR10(config-if)#porttype l3　　　　　　//设置端口属性为三层

ZXR10(config-if)# ip address 172.1.1.1 255.255.255.0　　　　//设置 IP 地址

ZXR10(config-if)#exit

ZXR10(config)#write

5. 验证

1）交换机登录验证

使用直连网线一端连接到计算机网卡，一端连接到交换机的任意一个接口，将计算机的网卡地址配置成 172.0.0.x，子网掩码为 255.255.255.0，注意不要设置为 172.0.0.1，因为此地址已经配置给了交换机。在计算机的 DOS 窗口中输入"ping 172.0.0.1"，检查计算机和设备之间的链路是否连通（图 5.7-8），说明链路通了。

运行 SecureCRT，将 Telnet 服务器的地址设置为 172.0.0.1，其他不变，如图 5.7-9 和

图 5.7-10 所示。

单击连接"telnet-172.0.0.1"即可出现 login 界面，如图 5.7-11 所示。根据第二步中的用户认证步骤输入用户名和密码，即可进入交换机用户模式，这说明计算机通过 Telnet 连接到了交换机。

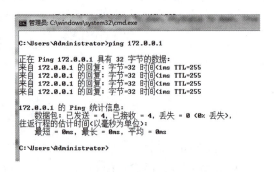

图 5.7-8　链路通测试　　　　　　　　　　图 5.7-9　建立登录连接

图 5.7-10　设置 Telnet 连接　　　　　　　图 5.7-11　Telnet 登录成功

2）路由器登录验证

计算机网卡地址设置为 172.1.1.123，在 DOS 界面上运行"telnet 172.1.1.1"，在 userame 后面输入"zxr10"，在 password 后面输入"zsr"（以上用户名和密码路由器出厂默认生成），即可成功登录，如图 5.7-12 所示。

```
****************************************************
Welcome to ZXR10 ZSR Serial Router of ZTE Corporation
****************************************************
Username:zxr10
Password:
ZXR10>
```

图 5.7-12　Telnet 登录路由器

任务总结

Telnet 远程登录是进行数据配置和设备维护最常用的方式，它的优点是不需要到设备侧即可通过网络登录到设备，配置界面和操作体验和在设备上操作完全一样。Telnet 设备要具备两个条件。

（1）要在设备侧配置一个接口 IP，并且终端到设备的网络是连通的。

（2）设备上已经定义好了 Telnet 登录的用户名和密码，开启了这些用户登录的权限。如果没有，需要在设备上配置用户的 AAA（Authentication，认证；Authorization，授权；Accounting，计费）的前两个——认证和授权。

以下是在 ZXR10 5950-36TM-H 交换机上配置 Telnet 登录用户名和密码的例子。

ZXR10#conf t

ZXR10（config）#aaa-authentication-template 2001　　　　　　//定义认证模板

ZXR10（config-aaa-authen-template）##aaa-authentication-type local　//本地认证

ZXR10（config-aaa-authen-template）#exit

ZXR10（config）##aaa-authorization-template 2001　　　　　　//定义授权模板

ZXR10（config-aaa-author-template）#aaa-authorization-type local　//本地授权

ZXR10（config-aaa-author-template）#exit

ZXR10（config）#system-user

ZXR10（config-system-user）##authentication-template 1

ZXR10（config-system-user-authen-temp）#bind aaa-authentication-template 2001

ZXR10（config-system-user-authen-temp）##exit

ZXR10（config-system-user）#authorization-template 1

ZXR10（config-system-user-author-temp）#bind aaa-authorization-template 2001

ZXR10（config-system-user-author-temp）#local-privilege-level 15

ZXR10（config-system-user-author-temp）#exit

ZXR10（config-system-user）#user-name zte

ZXR10（config-system-user-username）#bind authentication-template 1

ZXR10（config-system-user-username）##bind authorization-templat 1

ZXR10（config-system-user-username）##password zte123

ZXR10（config-system-user-username）#exit

ZXR10（config-system-user）#exit

ZXR10（config）#exit

ZXR10#write

具备这两个条件后，就可以使用 Telnet 客户端登录到设备。常用的 Telnet 客户端有操作系统自带的 Telnet 客户软件，以及支持 Telnet 协议的 SecureCRT、Putty 等软件。

任务评估

任务完成之后，教师按照表 5.7-3 评估每个学生的任务完成情况，或者学生按照表 5.7-3 中的内容来自评任务完成情况。

表 5.7-3　任务评估表

任务名称：交换机和路由器 Telnet 远程连接		学生：	日期：	
评估项目	分值	评价标准	评估结果	得分情况
1. 数据规划	20	交换机、路由器数据规划正确，每错一处扣 10 分，扣完为止		
2. 命令输入	40	交换机和路由器命令行的输入完备和正确		
3. 业务验证	20	在交换机和路由器上使用 SecureCRT 进行 Telnet 登录，显示登录界面，输入用户名和密码便可以成功登录		
4. 完成时间	20	在规定的时间（20 min）内完成，超时 1 min 扣 1 分，扣完为止		
评价人：			总分：	

模块总结

路由分为静态路由和动态路由，本节我们学习了静态路由中的直连路由和静态路由以及动态路由的 OSPF 协议和 BGP 协议。直连路由是路由器的接口之间以及接口所在的网络直通的路由，静态路由是维护员手工在路由表中添加的路由，增加静态路由的一般格式是"IP route 目标地址 下一跳地址 优先级"，特别的"IP route 0.0.0.0 0.0.0.0 下一跳地址 优先级"是默认路由，用于没有明确目标地址的数据的转发。

OSPF 是域内状态路由协议，OSPF 通过路由器之间的状态报文自动发现和生成路由，BGP 则是域间的动态路由协议，它不产生路由、不发现路由，也不计算路由，而是在 BGP 邻居之间进行路由传递。

IPv6 地址有 128 bit，在这 128 bit 中，前 64 bit 是网络前缀，后 64 bit 是接口标识。目前，IPv6 地址已经在一些系统中得到了应用，而 IPv6 的接口地址和静态路由配置与 IPv4 是一样的。

路由有优先级和度量值的区别，优先级指的是路由的管理距离，用于在不同种类的路由确定路由的优先级；度量值则是用来衡量相同类型的路由之间的优先级，度量值可以通过带宽、速率、时延等进行综合计算，但是静态路由一般不适用度量值。优先级和度量值都是值越小，优先级越高。如果有两条相同目的地址的路由，则要根据优先级和 metirc 值进行最优路由的选择。在不同协议产生的路由中，直连路由优先级最高、静态路由次之，往下才是各种动态路由。如果是相同路由协议产生的路由，则 metic 值小的路由优先，而浮动路由就是通过路由优先级实现的。

路由器和交换机都可以配置 Telnet 协议，在网络连通的情况下，它们可以通过远程登录实现对设备的配置和维护。

模 块 练 习

一、单选题

1. 下列选项中关于路由器的主要功能的说法中错误的是（　　）。
   A. 根据路由表指导数据转发　　　　B. 通过多种协议建立路由表
   C. 实现不同网段设备之间相互通信　　D. 根据收到数据包的源 IP 地址进行转发
2. 路由表中存在到达同一个目的网络的多个路由条目，这些路由称为（　　）。
   A. 次优路由　　　B. 多径路由　　　C. 等价路由　　　D. 默认路由
3. 下列选项中关于直连路由说法中正确的是（　　）。
   A. 直连路由优先级低于动态路由
   B. 直连路由优先级低于静态路由
   C. 直连路由优先级最高
   D. 直连路由需要管理员手工配置目的网络和下一跳地址
4. 下列选项中配置默认路由的命令中正确的是（　　）。
   A. ip route 0.0.0.0.0.0.255 0.0.0.0
   B. ip route 0.0.0.0 0.0.0.0 192.168.1.1
   C. ip route 0.0.0.0 0.0.0.0 0.0.0.0
   D. ip route 0.0.0.0 255.255.255.255 192.168.1.1
5. 假设 ip route 10.0.12.0 255.255.255.0 192.168.1.1，则下列选项中关于此命令描述中正确的是（　　）。
   A. 此命令配置了一条到达 10.0.12.0 网络的路由
   B. 该路由的优先级为 100
   C. 如果路由器通过其他协议学习到和此路由相同目的网络的路由器，路由器将会优先选择此路由
   D. 此命令配置了一条到达 192.168.1.1 网络的路由
6. 某台运行了 OSPF 的设备，在没有指定 router-id 是多少的时候，会使用下列选项中哪个接口的 IP 地址作为自己 OSPF 进程的 router-id？（　　）
   A. Ethernet0/0/0 10.0.12.1　　　　B. Ethernet0/0/1 10.0.21.1
   C. Loopback0 1.1.1.1　　　　　　D. Loopback1 2.2.2.2

7. 路由表不包含下列选项中的哪项参数？（　　）

A. 目的地址/掩码　　　B. cost 开销　　　C. MAC 地址　　　D. 下一跳地址

8. OSPF 协议使用哪种报文对接收到的 LSU 报文进行确认？（　　）

A. LSU　　　　　B. LSR　　　　　C. LSACK　　　　　D. LSA

9. 下列关于 BGP 路由协议的说法不正确的是（　　）。

A. BGP 自治系统间的动态路由协议

B. BGP 其主要功能是完成最佳路由的选择并在 BGP 邻居之间进行最佳路由的传递

C. BGP 不发现路由、不计算路由、不产生路由

D. BGP 选择了 UDP 作为其传输协议

二、多选题

1. 假设 ip route 10.0.2.2 255.255.255.255 10.0.12.2 20，则下列选项中关于此命令说法正确的是（　　）。

A. 该路由优先级为 20

B. 该路由可以指导目的 IP 地址为 10.0.2.2 的数据包转发

C. 该路由可以指导目的 IP 地址为 10.0.12.2 的数据包转发

D. 该路由的下一跳为 10.0.12.2

2. 下列关于缺省路由的说法正确的有（　　）。

A. 如果报文的目的地址不能与路由表的其他任何路由条目匹配，那么路由器将根据缺省路由转发该报文

B. 缺省路由只能由管理员手工配置

C. 任何一台路由器的路由表中必须存在缺省路由

D. 在路由表中缺省路由以到网络 0.0.0.0（子网掩码为 0.0.0.0）的路由形式出现

3. 关于路由优先级和度量值的说法正确的是（　　）。

A. 优先级数值越大，优先级越低

B. 度量值数值越大，优先级越高

C. 优先级就是路由的管理距离，一般用于区别不同路由类型路由之间的优先级

D. 度量值一般用于区分同种类型路由之间的优先级

三、填空题

1. 直连路由优先级为_____，静态路由的优先级为_____。

2. 一条路由的目的地址是 192.168.12.101，掩码是 255.255.255.0，下一跳地址是 192.168.11.1，采用默认路由优先级，则静态路由的配置命令是_____。

3. OSPF 通过路由器之间通告网络接口的_____来建立链路状态数据库，生成_____并构造路由表。

4. BGP 协议主要用于互联网_____之间的互联。

5. IPv6 地址有 128 bit，在这 128 bit 中，前 64 bit 是_____，后 64 bit 是_____。

四、实操题

1. 题图 5-1 所示的用静态路由可以实现两台 PC 的通信。

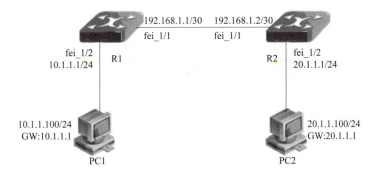

题图 5-1　用静态路由可以实现两台 PC 的通信

2. 如题图 5-2 所示，使用动态路由 OSPF 可以实现两台 PC 的通信。

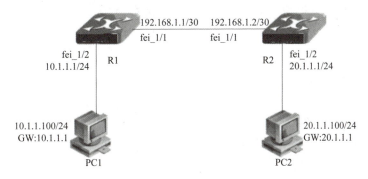

题图 5-2　用动态路由 OSPF 可以实现两台 PC 的通信

3. 如题图 5-3 所示，使用浮动路由可以实现两台 PC 的通信。

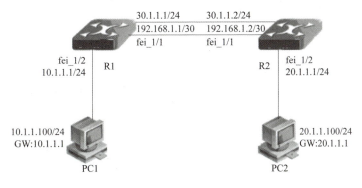

题图 5-3　用浮动路由可以实现两台 PC 的通信

4. 如何在 ZXR10 5950-36TM-H 交换机上配置 Telnet 登录用户名和密码？

模块 6

VLAN间路由配置实现VLAN间互相访问

VLAN 实现了交换机的端口隔离，各 VLAN 之间的数据在二层不能互通，但是在组网过程中的很多场景下需要 VLAN 之间在网络层互通。本模块以实现中兴通讯交换机 VLAN 间通信为目标，设计了"路由器物理接口实现 VLAN 互通""路由器单臂路由实现 VLAN 互通"和"三层交换机实现 VLAN 互通"三个任务，三个任务都可以完成 VLAN 间的通信，可以根据组网环境灵活选用。学习本模块后，学生可以熟悉 VLAN 间路由的基本知识，掌握配置 VLAN 间路由的方法和流程，能够独立完成 VLAN 路由配置相关工作，从而达到数通工程师的基本岗位能力。

【知识目标】

1. 掌握使用路由器多个接口连接多个 VLAN 实现 VLAN 间通信的方法；
2. 掌握路由器单臂路由的原理和配置方法；
3. 熟悉三层交换机的定义和功能，了解其工作原理。

【技能目标】

1. 会使用路由器多个接口，实现 VLAN 间互通；
2. 会配置单臂路由，实现 VLAN 间互通；
3. 会配置三层交换机，实现 VLAN 之间的互通。

【素养目标】

培养具体问题具体分析的思维方法。

融入点：本模块提供了三个方法实现 VLAN 间互相访问，大家可以根据组网环境灵活选用。

任务 6.1　路由器多接口方式实现 VLAN 互通

【任务描述】1 个办公室中的 2 台计算机接到了同一个交换机上，而且属于不同的 VLAN。现在使用 2 个端口将交换机连接到路由器的两个接口上，如图 6.1-1 所示。

【任务要求】实现 2 台计算机互通，完成网络连接、数据规划和数据配置，并完成验证。

模块 6　VLAN 间路由配置实现 VLAN 间互相访问

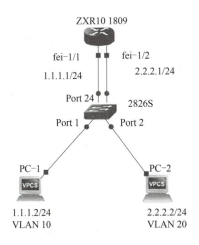

图 6.1-1　网络拓扑图

【实施环境】计算机 2 台、ZXR10 2826S 交换机 1 台、ZXR10 1809 路由器 1 台、网线 4 根、串口线 1 根、USB 转串口线 1 根。

知识准备：路由器多接口实现 VLAN 互通的认知

路由器以太网接口如果支持 802.1Q 封装，那么可用普通路由的方式来实现 VLAN 之间的互通。在交换机上，给每个 VLAN 定义一个 Trunk 接口，使用网线将交换机的每个 VLAN 中的 Trunk 接口与路由器的一个接口相连，设置路由器接口的 IP 地址，此地址就是 VLAN 成员的缺省网关地址。在路由器侧，每个来自 VLAN 的接口的网线接到一个路由器的端口上，每个 VLAN 占用一个物理接口，而且要求路由器支持 802.1Q 封装，封装类型为 dot1Q。此时，路由器上的物理接口就可以为多个 VLAN 转发数据了，而这种方式也称为普通路由方式。这种方式的特点带宽高、配置灵活、可扩展性好、具有冗余特性，但是需要占用较多的路由器接口，浪费了资源。

在路由器 ZXR10 1809 上，相关的 VLAN 配置命令语法如表 6.1-1 所示。

表 6.1-1　VLAN 配置命令语法

序号	设备	命令	功能	参数解释
1	路由器	vlan-configuration	路由器进入 VLAN 配置模式	
2	路由器	encapsulation-dot1Q {VLAN}	路由器接口封装 802.1Q	VLAN：VLAN ID

任务实施：路由器多接口实现 VLAN 互通实施

1. 配置思路

（1）路由器选择两个接口配置 IP 地址，接口地址分别与计算机的网卡地址处于同一个网段，接口封装协议是 802.1Q。

（2）交换机配置两个 VLAN，每个 VLAN 两个端口，其中一个是中继端口，封装协议是

路由器多接口
实现 VLAN
互通实施

802.1Q,有 VLAN 标识。

（3）使用 2 根网线连接交换机的中继端口和路由器的接口。

2. 数据规划

根据要求进行网络数据规划，如表 6.1-2 所示。

表 6.1-2 网络数据规划

序号	设备	接口	地址/接口类型	VLAN
1	PC-A		IP：1.1.1.2/24	
			GW：1.1.1.1	
2	PC-B		IP：2.2.2.2/24	
			GW：2.2.2.1	
3	路由器	fei-1/1	1.1.1.1/24	
		fei-1/2	2.2.2.1/24	
4	交换机	1	Access	10
		2	Access	20
		23	Trunk	20
		24	Trunk	10

3. 操作步骤

第一步：连接设备。

按照网络拓扑图（图 6.1-1）完成设备的连接。

第二步：路由器配置。

ZXR10#config terminal

ZXR10（config）#interface fei_1/1　　　　　　//进入 fei-1/1

ZXR10（config-if）#porttype L3　　　　　　//设置端口属性为三层

ZXR10（config-if）#exit　　　　　　//设置端口属性为三层

ZXR10（config）#interface fei_1/1.1　　　　　　//配置子接口

ZXR10（config-subif）# encapsulation dot1Q 10

ZXR10（config-subif）#ip add 1.1.1.1 255.255.255.0　　//配置接口 ip 地址

ZXR10（config-subif）#no shutdown

ZXR10（config-subif）#exit

ZXR10（config）#interface fei_1/2　　　　　　//进入 fei-1/2

ZXR10（config-if）# porttype L3　　　　　　//设置端口属性为三层

ZXR10（config-if）#exit

ZXR10（config）#interface fei_1/2.1　　　　　　//配置子接口

ZXR10（config-subif）# encapsulation dot1Q 20

ZXR10(config-subif)#ip add 2.2.2.1 255.255.255.0   //配置接口 ip 地址

ZXR10(config-subif) #no shutdown

ZXR10(config-if) #exit

ZXR10(config) #exit

ZXR10#write

第三步：配置交换机。

ZXR10(cfg)#set vlan 10 add port 1 untag	//创建 VLAN10 加入无标签端口 1
ZXR10(cfg)#set port 1 pvid 10	//端口 1 打上 PVID 10 标签
ZXR10(cfg)#set vlan 10 add port 24 tag	//端口 24 加入 VLAN10
ZXR10(cfg)#set vlan 10 enable	//启用 VLAN10
ZXR10(cfg)#set vlan 20 add port 2 untag	//创建 VLAN20 加入端口 2
ZXR10(cfg)#set port 2 pvid 20	//端口 2 打上 PVID 20 标签
ZXR10(cfg)#set vlan 20 add port 23 tag	//端口 23 加入 VLAN20
ZXR10(cfg)#set vlan 20 enable	//启用 VLAN20

4. 验证

1）数据配置和状态验证

在路由器上执行"show interface"和"show ip route"，检查接口配置和路由配置是否正确，确认接口是 up 状态，在交换机上执行"show vlan"，查看 VLAN 配置，VLAN 状态是 enable（具体操作在介绍 ZXR10 1809 路由器和 ZXR10 2826S 交换机上的操作时已经提及，此处不再截图）。

2）业务测试

PC1 设置 IP 地址 1.1.1.2，掩码为 255.255.255.0，网关为 1.1.1.1，PC2 设置 IP 地址 2.2.2.2，子网掩码为 255.255.255.0，网关为 2.2.2.1。配置完成后，在 PC1 和 PC2 之间互相 ping，如果数据配置无误，它们之间是可以 ping 通的。

任务总结

本任务讲解了如何使用路由器的多个接口实现 VLAN 之间的路由，每个 VLAN 使用一个 Trunk 接口连接到路由器的一个接口上，再配置路由器接口地址，从而通过路由器的直连路由实现 VLAN 之间的数据转发。

任务评估

任务完成之后，教师按照表 6.1-3 来评估每个学生的任务完成情况，或者学生按照表 6.1-3 中的内容来自评任务完成情况。

表 6.1-3　任务评估表

任务名称：路由器多接口方式实施 VLAN 互通		学生：	日期：	
评估项目	分值	评价标准	评估结果	得分情况
1. 数据规划	30	数据规划正确，每错一处扣除 5 分，扣完为止		
2. 命令输入	30	交换机和路由器命令行输入完备和正确		
3. 数据配置检查	10	show interface、show ip route、show vlan 与规划数据一致		
4. 状态检查	10	接口状态 up，VLAN 状态 enable		
5. 业务检查	10	A 和 B 互 ping，能够互相 ping 通		
6. 完成时间	10	在规定的时间（30 min）内完成，超时 1 min 扣 1 分，扣完为止		
评价人：			总分：	

任务 6.2　路由器单臂路由实现 VLAN 互通

【任务描述】1 个办公室中的 2 台计算机接到了同一个交换机上，而且属于不同的 VLAN。使用 1 个端口将交换机连接到路由器的 1 个接口上，如图 6.2-1 所示。

【任务要求】实现 2 台计算机互通，完成网络连接、数据规划和数据配置，并完成验证。

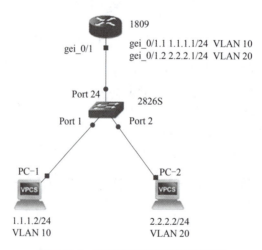

图 6.2-1　单臂路由实验网络拓扑图

模块 6　VLAN 间路由配置实现 VLAN 间互相访问

【实施环境】计算机 2 台、ZXR10 2826S 交换机 1 台、ZXR10 1809 路由器 1 台、网线 4 根、串口线 1 根、USB 转串口线 1 根。

知识准备：路由器单臂路由认知

单臂路由是指在路由器的一个接口上，通过配置子接口或"逻辑接口"的方式，来实现原来相互隔离的不同 VLAN 之间的互连互通。从功能、作用上来说，每个子接口与物理接口是没有任何区别的。在路由器中，一个子接口的取值范围是 0~4 095，共 4 096 个，比如 fei_1/1 是一个物理接口，它的子接口是 fei_1/1.1、fei_1/1.2、fei_1/1.3、…，以此类推。受主接口物理性能限制，实际中并无法完全达到 4 096 个，数量越多，各子接口的性能便越差。子接口共用主接口的物理层参数，又可以分别配置各自的链路层和网络层参数。用户可以禁用或者激活子接口，这不会对主接口产生影响；但主接口状态的变化会对子接口产生影响，只有主接口处于连通状态时子接口才能正常工作。

这种方式下，交换机侧要求使用一个端口与路由器相连，交换机的这个端口设置为 Trunk 模式；在路由器侧，与交换机相连的接口支持 802.1Q 封装，并设置多个子接口，子接口设置封装类型为 dot1Q，并指定此子接口与哪个 VLAN 关联，然后将子接口的 IP 地址设置为此 VLAN 成员的缺省网关地址。

这种方式的优点是只需要一个路由器物理接口，成本低、灵活性、可扩展性好。但是由于多个 VLAN 的数据通过一个接口转发，容易成为网络性能瓶颈，不适用于大型网络。

在路由器 ZXR10 1809 上配置单臂路由相关的命令语法如表 6.2-1 所示。

表 6.2-1　单臂路由相关的命令语法

命令	功能	参数解释
interface <interface-name> | <interface-name. 子接口号>	如果为不存在的子接口，则创建并进入子接口配置模式	|<interface-name. 子接口号>：接口子接口号

任务实施：路由器单臂路由实施

1. 配置思路

（1）路由器的一个接口和交换机的一个端口互连。

（2）交换机的 2 个 VLAN 各有 2 个端口，其中的 1 个接口是 2 个 VLAN 共有的接口，这个接口和路由器互连，要配置成 Trunk 模式。

（3）在路由器和交换机互连的接口上配置两个子接口，子接口的地址是 PC 的网关地址。

路由器单臂路由实施

2. 数据规划

根据要求进行网络数据规划，如表 6.2-2 所示。

表 6.2-2　网络数据规划

序号	设备	接口	地址/接口类型	VLAN
1	PC-A		IP：1.1.1.2/24	
			GW：1.1.1.1	
2	PC-B		IP：2.2.2.2/24	
			GW：2.2.2.1	
3	路由器	gei_0/1.1	1.1.1.1/24	
		gei_0/1.2	2.2.2.1/24	
4	交换机	1	Access	10
		2	Access	20
		24	Trunk	10、20

3. 操作步骤

第一步：连接设备。

根据网络拓扑图（图 6.2-1）连接交换机和路由器。

第二步：配置路由器。

ZXR10#config terminal

ZXR10（config）#interface gei_0/1.1　　　　　　　　//进入接口 gei_0/1.1 子接口 1

ZXR10（config-subif）#encapsulation dot1Q 10　　　//dot1Q 封装

ZXR10（config-if）#ip add 1.1.1.1 255.255.255.0　　//配置子接口 IP 地址

ZXR10（config-if）#no shutdown

ZXR10（config-if）#exit

ZXR10（config）#interface gei_0/1.2　　　　　　　　//进入接口 gei_0/1.2 子接口 2

ZXR10（config-subif）#encapsulation dot1Q 20　　　//dot1Q 封装

ZXR10（config-if）#ip add 2.2.2.1 255.255.255.0　　//配置子接口 IP 地址

ZXR10（config-if）#no shutdown

ZXR10（config-if）#exit

ZXR10（config）#exit

ZXR10#write

第三步：配置交换机。

ZXR10（cfg）#set vlan 10 add port 1 untag　　　　　//创建 VLAN 10 加入无标签端口 1

ZXR10（cfg）#set port 1 pvid 10　　　　　　　　　　//给端口 1 打上 PVID 10 标签

ZXR10（cfg）#set vlan 10 add port 24 tag　　　　　 //给端口 24 加入 VLAN 10,打上 PVID 10 标签

ZXR10（cfg）#set vlan 10 enable　　　　　　　　　　//启用 VLAN 10

ZXR10（cfg）#set vlan 20 add port 2 untag　　　　　//创建 VLAN 20 加入无标签端口 2

ZXR10(cfg)#set port 2 pvid 20   //给端口 2 打上 PVID 20 标签
ZXR10(cfg)#set vlan 20 add port 24 tag   //给端口 24 加入 VLAN 20,打上 PVID 20 标签
ZXR10(cfg)#set vlan 20 enable   //启用 VLAN 20

4. 验证

1）数据配置和状态验证

在路由器上执行"show interface gei-0/1.1"和"show interface gei-0/1.2"，显示路由器的接口配置和状态，确认接口 IP 地址正确，状态是 up，如图 6.2-2 和图 6.2-3 所示。执行"show ip route"，显示路由配置信息，如图 6.2-4 所示。在交换机上执行"show vlan"，查看 VLAN 配置，VLAN 状态是 enable（此操作在前面任务中已经提及，本处不再截图）。

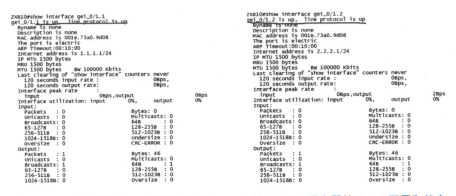

图 6.2-2　路由器接口 1.1 配置和状态　　图 6.2-3　路由器接口 1.2 配置和状态

图 6.2-4　路由器路由表

2）业务测试

给 PC1 设置 IP 地址 1.1.1.2，子网掩码为 255.255.255.0，网关为 1.1.1.1；给 PC2 设置 IP 地址 1.1.1.3，子网掩码为 255.255.255.0，网关为 1.1.1.1。配置完成后，在 PC1 和 PC2 之间互相 ping，如果数据配置无误，是可以 ping 通的。

任务总结

本任务讲解了如何使用路由器的一个接口实现多个 VLAN 之间路由的方法，这种方法叫作单臂路由：将交换机的属于多个 VLAN 的一个 Trunk 接口接到路由器的一个接口上，通过给路由器的接口配置子接口并封装 dot1Q，可以实现多个 VLAN 之间的数据转发。

任务评估

任务完成之后，教师按照表 6.2-3 来评估每个学生的任务完成情况，或者学生按照

表 6.2-3 中的内容来自评任务完成情况。

表 6.2-3 任务评估表

任务名称：路由器单臂路由实现 VLAN 互通		学生：	日期：	
评估项目	分值	评价标准	评估结果	得分情况
1. 数据规划	30	数据规划正确，每错 1 处扣除 5 分，扣完为止		
2. 命令输入	30	交换机和路由器命令行输入完备且正确		
3. 数据配置检查	10	show interface、show ip route、show vlan 与规划数据一致		
4. 状态检查	10	接口状态 up，VLAN 状态 enable		
5. 业务检查	10	A 和 B 互 ping，能够互相 ping 通		
6. 完成时间	10	在规定的时间（30 min）内完成，超时 1 min 扣 1 分，扣完为止		
评价人：			总分：	

任务 6.3 三层交换机实施 VLAN 互通

【任务描述】1 个办公室中的 4 台计算机接到了同一台交换机上，A 和 B 属于同一个 VLAN，而 C 和 D 属于另一个 VLAN，如图 6.3-1 所示。

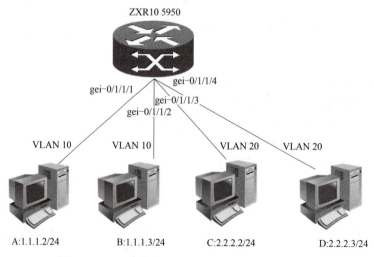

图 6.3-1 三层交换机实现 VLAN 之间互通拓扑图

【任务要求】每 2 台计算机能够互相通信，进行数据规划、数据配置并完成验证。

【实施环境】计算机 4 台、ZXR10 5950-36TM-H 三层交换机 1 台、网线 4 根、串口线 1 根、USB 转串口线 1 根。

知识准备：三层交换机路由原理认知

三层交换机是在二层交换机的基础上，增加了路由选择功能的网络设备。三层交换机能够基于网络层的 IP 地址，实现路由选择以及分组过滤等功能，实现跨 VLAN 的通信，使用三层交换机不需要路由器就能完成不同 VLAN 之间的通信。

在图 6.3-2 中，交换机是三层交换机，如果 A 要给 B 发送数据，已知目的 IP，它就用子网掩码取得网络地址，判断目的 IP 是否与自己处于同一网段。如果在同一网段，但不知道转发数据所需的 MAC 地址，A 就发送一个 ARP 请求，B 返回其 MAC 地址，A 用此 MAC 封装数据包并发送给交换机，交换机起用二层交换模块，查找 MAC 地址表，将数据包转发到相应的端口，这是典型的二层交换。如果显示出的目的 IP 地址不是同一网段的，且流缓存条目中没有对应 MAC 地址条目，就将第一个正常数据包发送向一个缺省网关，这个缺省网关一般是三层交换机的 VLAN 的接口地址，是三层交换机的路由模块。然后，由三层模块接收此数据包，查询路由表以确定到达 B 的路由，构造一个新的帧头，其中以缺省网关的 MAC 地址为源 MAC 地址，以主机 B 的 MAC 地址为目的 MAC 地址，确立主机 A 与 B 的 MAC 地址及转发端口的对应关系，并记录进流缓存条目表，以后的 A 到 B 的数据，就直接交由二层交换模块完成，这就是一次路由多次转发。

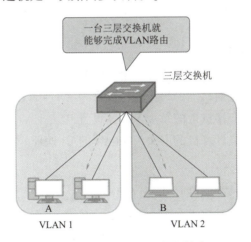

图 6.3-2　三层交换机数据转发

三层交换机的路由功能通常比较简单，因为它主要面向简单的局域网连接，功能远没有路由器那么复杂。它在局域网中的主要目的是提供快速的数据交换功能，以满足局域网中数据频繁交换的特点。路由器虽然也适用于局域网之间的连接，但它的路由功能更多地体现在不同类型网络之间的互连上，比如局域网与广域网之间的连接，以及不同协议网络之间的连接。路由器的优势在于选择较佳路由、负载分担、链路备份以及与其他网络交换路由信息。另外，路由器为了连接各种类型的网络，接口类型非常丰富，而三层交换机一般只有同类型的 LAN 接口，非常简单。

使用 ZXR10 5950 三层交换机实现 VLAN 互通的相关命令语法如表 6.3-1 所示。

表 6.3-1 配置命令语法

步骤	命令	功能	参数解释
1	ZXR10（config）# switchvlan - configuration	进入交换机 VLAN 配置模式	
2	ZXR10(config-swvlan)#interface <interface-name>	进入交换机 VLAN 端口配置模式	interface-name：VLAN ID
3	ZXR10(config-if-interface-name)# ip address<ip-address><net-mask> [<broadcast-address>| secondary]	配置 IP 地址	net-mask：IP 子网掩码；secondary：配置接口的辅地址
4	ZXR10(config-swvlan-if-ifname)# switchport mode {access|hybrid|trunk}	设置端口的 VLAN 链路模式。缺省模式为 access	Access：接入；Hybrid：混合；Trunck：中继
5	ZXR10(config-swvlan-if-ifname)# switchport access vlan<vlan_id>	将 access 端口加入 VLAN 中，如果该 VLAN 不存在，则创建 VLAN	vlan_id：VLAN ID

任务实施：三层交换机 VLAN 路由实施

三层交换机
VLAN 路由实施

1. 配置思路

（1）给三层交换机划分 2 个 VLAN，每个 VLAN 中包含 2 个接口；
（2）给交换机上的每个端口设置为 Access 模式；
（3）给交换机上的每个 VLAN 设置 IP 地址；
（4）设置计算机的网关为 VLAN 的 IP 地址。

2. 数据规划

根据任务要求进行网络数据规划，如表 6.3-2 所示。

表 6.3-2 网络数据规划

序号	设备	接口	地址		VLAN
1	A		IP：1.1.1.2/24		
			GW：1.1.1.1		
2	B		IP：1.1.1.3/24		
			GW：1.1.1.1		

模块 6　VLAN 间路由配置实现 VLAN 间互相访问

续表

序号	设备	接口	地址	VLAN
3	C		IP：2.2.2.2/24	
			GW：2.2.2.1	
4	D		IP：2.2.2.3/24	
			GW：2.2.2.1	
3	ZXR10 5950-H 交换机	1、2	1.1.1.1/24	10
		3、4	2.2.2.1/24	20

3. 操作步骤

第一步：按照实验网络拓扑图（图 6.3-1）连接网络。

第二步：配置三层交换机。

ZXR10#config terminal

ZXR10（config）#interface vlan10　　　　　　　　　　//进入 VLAN 接口 10

ZXR10（config-if）#ip add 1.1.1.1 255.255.255.0　　　//配置接口 IP 地址

ZXR10（config-if）#no shutdown

ZXR10（config-if）#exit

ZXR10（config）#interface vlan20　　　　　　　　　　//进入 VLAN 接口 20

ZXR10（config-if）#ip add 2.2.2.1 255.255.255.0　　　//配置接口 IP 地址

ZXR10（config-if）#no shutdown

ZXR10（config-if）#exit

ZXR10（config）#switchvlan-configuration　　　　　　//进入 VLAN 配置模式

ZXR10（config-swvlan）#interface gei-0/1/1/1　　　　//进入接口 gei-0/1/1/1

ZXR10（config-swvlan-if-gei-0/1/1/1）# switchport access vlan 10　//将接口加入 VLAN10

ZXR10（config-swvlan-if-gei-0/1/1/1）exit

ZXR10（config-swvlan）# interface gei-0/1/1/2　　　　//进入接口 gei-0/1/1/2

ZXR10（config-swvlan-if-gei-0/1/1/2）#switchport access vlan 10　//将接口加入 VLAN10

ZXR10（config-swvlan-if-gei-0/1/1/2）exit

ZXR10（config-swvlan）# interface gei-0/1/1/3　　　　//进入接口 gei-0/1/1/3

ZXR10（config-swvlan-if-gei-0/1/1/3）#switchport access vlan 20　//将接口加入 VLAN20

ZXR10（config-swvlan-if-gei-0/1/1/3）exit

ZXR10（config-swvlan）# interface gei-0/1/1/4　　　　//进入接口 gei-0/1/1/4

ZXR10（config-swvlan-if-gei-0/1/1/4）#switchport access vlan 20　//将接口加入 VLAN20

ZXR10（config-swvlan-if-gei-0/1/1/4）#exit

ZXR10（config）#exit

ZXR10#write

4. 验证

1) 数据配置和状态验证

在路由器上执行"show interface vlan10"和"show interface vlan20"检查接口配置，接口状态为 up，如图 6.3-3 和图 6.3-4 所示。执行"show vlan"显示 VLAN 配置数据，如图 6.3-5 所示。执行"show ip for route"并显示路由配置信息，如图 6.3-6 所示。

```
ZXR10#show interface vlan10
vlan10 is up, line protocol is up, IPv4 protocol is up, IPv6 protocol is down, d
etected status is RX-OK/TX-OK
    Last line protocol up time : 2011-08-20 16:56:58
    Hardware is Vlan, address is 744a.a408.e88c
    Internet address is 1.1.1.1/24
    BW 1000000 Kbps
    IP MTU 1500 bytes
    MPLS MTU 1550 bytes
    ARP type ARP
    ARP Timeout 04:00:00
    Current Time : 2011-08-20 17:01:08
```

图 6.3-3　VLAN10 接口配置和状态

```
ZXR10#show interface vlan20
vlan20 is up, line protocol is up, IPv4 protocol is up, IPv6 protocol is down, d
etected status is RX-OK/TX-OK
    Last line protocol up time : 2011-08-20 16:59:04
    Hardware is Vlan, address is 744a.a408.e88c
    Internet address is 2.2.2.1/24
    BW 1000000 Kbps
    IP MTU 1500 bytes
    MPLS MTU 1550 bytes
    ARP type ARP
    ARP Timeout 04:00:00
    Current Time : 2011-08-20 17:01:11
```

图 6.3-4　VLAN20 接口配置和状态

```
ZXR10#show vlan
VLAN    Name       PvidPorts              UntagPorts              TagPorts
--------------------------------------------------------------------------
1       vlan0001   gei-0/1/1/6-28
                   xgei-0/1/2/1-4
10      vlan0010   gei-0/1/1/1-2
20      vlan0020   gei-0/1/1/3-4
```

图 6.3-5　VLAN 配置信息

```
ZXR10#show ip for route
IPv4 Routing Table:
Headers: Dest: Destination,  Gw: Gateway,  Pri: Priority;
Codes  : BROADC: Broadcast, USER-I: User-ipaddr, USER-S: User-special,
         MULTIC: Multicast, USER-N: User-network, DHCP-D: DHCP-DFT,
         ASBR-V: ASBR-VPN, STAT-V: Static-VRF, DHCP-S: DHCP-static,
         GW-FWD: PS-BUSI, NAT64: Stateless-NAT64, LDP-A: LDP-area,
         GW-UE: PS-USER, P-VRF: Per-VRF-label, TE: RSVP-TE;
Status codes: *valid, >best;
    Dest              Gw             Interface      Owner      Pri  Metric
*>  1.1.1.0/24        1.1.1.1        vlan10         Direct     0    0
*>  1.1.1.1/32        1.1.1.1        vlan10         Address    0    0
*>  2.2.2.0/24        2.2.2.1        vlan20         Direct     0    0
*>  2.2.2.1/32        2.2.2.1        vlan20         Address    0    0
```

图 6.3-6　路由配置信息

2）业务测试

给 PC1 设置 IP 地址 1.1.1.2，子网掩码为 255.255.255.0，网关为 1.1.1.1；给 PC2 设置 IP 地址 2.2.2.2，子网掩码为 255.255.255.0，网关为 2.2.2.1。当配置完成后，PC1 和 PC2 之间互相 ping，如果数据配置无误，是可以 ping 通。

> ★在本模块中，为实现 VLAN 间互相访问，提供了三种方法。可以根据组网环境灵活选用。请同学们完成以上实验，体会并逐步建立具体问题具体分析的思维方法。
>
> 从马克思主义基本原理的角度看，不同事物具有不同的矛盾，具体事物的矛盾及每个矛盾的各个方面各有其特点，这就要求我们具体问题具体分析。该原理是马克思主义理论的重要观点，我党在各个历史时期的成长正是在这个基本原理的指导下发生的。而具体问题具体分析主要是针对矛盾的特殊性这一原理来展开的，如今，我们也坚持并实践之。

任务总结

如果是三层交换机，则实现 VLAN 之间数据互通不需要借助于路由器，也不需要设置 Trunk 接口和链路，因为三层交换机本身具备路由功能。在三层交换机上，将不同的端口划入 VLAN，并给 VLAN 配置接口地址，这样属于同一个 VLAN 的端口都具有相同的 IP 地址，而这些 VLAN 之间生成了直连路由。因此，接入这些 VLAN 的设备就可以将 VLAN 接口地址作为网关实现互通。

任务评估

任务完成之后，教师按照表 6.3-3 来评估每个学生的任务完成情况，或者学生按照表 6.3-3 中的内容来自评任务完成情况。

表 6.3-3　任务评估表

任务名称：路由器单臂路由实现 VLAN 互通		学生：	日期：	
评估项目	分值	评价标准	评估结果	得分情况
1. 数据规划	20	数据规划正确，错误一处扣除 5 分，扣完为止		
2. 命令输入	30	交换机和路由器命令行输入完备和正确		
3. 数据配置检查	10	show interface、show ip for route、show vlan 与规划数据一致		
4. 状态检查	10	接口状态 up，VLAN 状态 enable		

续表

评估项目	分值	评价标准	评估结果	得分情况
5. 业务检查	10	4 台计算机之间互 ping，都能够互相 ping 通，错 1 处扣除 5 分，扣完为止		
6. 完成时间	10	在规定的时间（30 min）内完成，超时 1 min 扣 1 分，扣完为止		
7. 素养评价	10	谈一谈在生活中是如何做到实事求是、具体问题具体分析的		
评价人：			总分：	

模 块 总 结

VLAN 实现了交换机的端口隔离，但是 VLAN 之间经常需要通信，VLAN 通信是通过网络层来实现的。有三种方式可以实现 VLAN 之间的通信：第一种是每个 VLAN 都出一个中继链路接到路由器的一个接口上，几个 VLAN 就需要几个路由器接口，通过路由器的直连路由实现；第二种是所有 VLAN 出一个中继链路接到路由器的一个接口上；同时，还要在路由器接口上配置子接口，然后通过路由器的直连路由实现；第三种是使用三层交换机，给每个 VLAN 配置 VLAN 接口地址，再通过三层交换机的直连路由实现。在三种实现方式中，第一种占用较多的路由器接口；第二种交换机和路由器之间的链路会成为网络流量的瓶颈；第三种则可以充分发挥三层交换机快速转发数据包的优势，在三种方式中为最佳。

模 块 练 习

一、填空题

1. 单臂路由是指在路由器的一个接口上通过配置_____或_____的方式实现原来相互隔离的不同 VLAN 之间的互连互通。

2. 配置单臂路由时，子接口设置封装类型为_____，子接口的 IP 地址设置为各个 VLAN 成员的缺省_____。

3. 三层交换机在二层交换机的基础上增加了_____功能的网络设备，可以实现 VLAN 间的通信。

二、实操题

1. 如题图 6-1 所示，PC1 的 IP 为 192.168.1.2/24，连接二层交换机的 Port2 端口，属于 VLAN10；PC2 的 IP 地址为 192.168.2.2/24，连接二层交换机的 Port3 端口，属于 VLAN 20；二层交换机 Port1 作为 Trunk 端口连接到路由器 R1 的 gei_0/1 接口，接口的 IP 地址为

模块 6 VLAN 间路由配置实现 VLAN 间互相访问

172.16.1.2/24。请采用单臂路由的配置方法使 PC1、PC2 之间可以互相 ping 通。

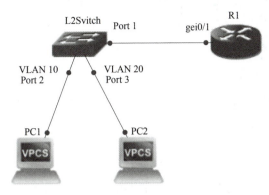

题图 6-1 网络连接

2. 如题图 6-2 所示，PC1 的 IP 为 192.168.1.2/24，连接在二层交换的 Port2 端口上，属于 VLAN10；PC2 的 IP 为 192.168.2.2/24，连接在三层交换机的 Port3 端口，属于 VLAN20；二层交换机 Port1（属于 VLAN30）作为接入端口连接到路由器 R1 的 gei_0/1，IP 地址为 172.16.1.2/24，R1 的 gei_0/2 接口 IP 为 10.16.1.2/24，R2 的 gei_0/1 接口 IP 为 10.16.1.3/24。请采用三层交换机 VLAN 路由的方式使 PC1、PC2 与路由器 R2 之间可以互相 ping 通。

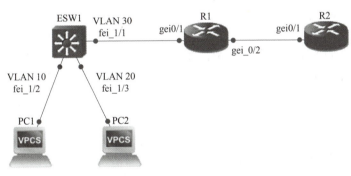

题图 6-2 网络连接图

模块 7

ACL配置实现网络访问限制

在组网过程中，人们经常会遇到一些限制网络某方面的流量或者拒绝某些人访问网络的需求，要求对网络进行基本的控制管理。除了防火墙拥有这些功能之外，路由器也可以通过配置 ACL（Access Control List，访问控制列表）功能来实现。本模块设置了 2 个 ACL 的配置任务，学习之后，学生能够熟悉 ACL 的工作原理和配置方法，能够在组网中应用 ACL 灵活地对网络进行控制，从而保证网络的安全、可靠。

【知识目标】

1. 熟悉 ACL 的定义，了解 ACL 的工作原理；
2. 掌握标准 ACL 和扩展 ACL 的配置方法。

【技能目标】

1. 会根据组网需求配置标准 ACL 和扩展 ACL；
2. 会定位、分析和解决 ACL 配置错误导致的数据通信故障。

【素养目标】

培养网络安全意识，逐步建立维护国家网络安全的意识。

融入点：随意修改或者删除路由器数据会导致网络上的信息不安全。学习本模块后，学生认识到网络数据泄露的危害，不断提高网络安全保护意识，积极维护国家的网络安全。

任务 7.1　ACL 标准列表实施

【任务说明】某公司某部门有 2 台计算机（A 和 B）连接到 1 台交换机上，然后交换机连接到路由器 A，上通过另一个路由器 B 访问外部网络。由于业务原因，A 主机不能访问外网，B 主机能访问外网，如图 7.1-1 所示。

【任务要求】在路由器上配置 ACL 进行 IP 地址限制实现 A 主机不能访问外网，B 主机能访问外网，完成数据配置并验证。

【实施环境】ZXR10 1809 路由器 2 台、ZXR10 2826S 系列交换机 1 台、计算机 2 台、USB 转串口线 1 条、串口线 1 条、网线 3 条。

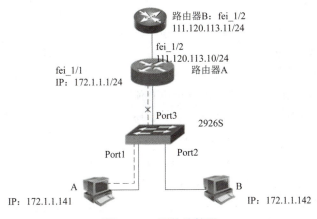

图 7.1-1　网络连接图

知识准备：ACL 认知

ACL 是一种基于包过滤的访问控制技术，它可以根据设定的条件对接口上的数据包进行过滤，允许其通过或丢弃。访问控制列表被广泛应用于路由器和三层交换机，可以借助访问控制列表有效地控制用户对网络的访问，从而最大限度地保障网络安全。ACL 访问控制列表由一条或多条描述报文匹配条件的判断语句的规则组成，这些条件可以是报文的源地址、目的地址、端口号等。设备基于这些规则进行报文匹配，可以过滤出特定的报文，并根据应用 ACL 的业务模块的处理策略来允许或阻止该报文通过。ACL 一般只在内部网和外部网的边界路由器，以及两个功能网络交界的路由器上配置。

ACL 应用的场合非常广泛，在进行路由器 Telnet 访问的时候，可以用 ACL 来限制某些用户的 Telnet 访问，允许某些用户 Telnet 访问。另外，在其他情况下，如要求服务质量、NAT、路由控制、数据控制等，都可以用 ACL 来进行报文和流量的分类控制。

1. ACL 的组成

一个 ACL 由以下几个参数组成。

（1）ACL 标识：使用数字或者名称来标识 ACL。不同类型的 ACL 使用不同的数字进行标识，也可以使用字符来标识 ACL，就像用域名代替 IP 地址一样方便记忆。

（2）规则：描述匹配条件的判断语句。

（3）规则编号：用于标识 ACL 规则，所有规则均按照规则编号从小到大进行排序。

（4）动作：包括 permit/deny 两种动作，表示设备对所匹配的数据包接受或者丢弃。

（5）匹配项：ACL 定义了极其丰富的匹配项，包括 IP 协议（ICMP、TCP、UDP 等）、源/目的地址以及相应的端口号（21、23、80 等）。

2. ACL 的匹配原则

一个端口执行 ACL 的哪条规则，需要按照 ACL 中规则列表中的条件语句执行顺序来判断。如果一个数据包的报头跟表中某个条件判断语句匹配，后面的语句就将被忽略，不再进行检查。只有在跟第一个判断条件不匹配时，数据包才被交给 ACL 中的下一个条件判断语句进行比较。如果匹配则不管是第一条还是最后一条语句，数据都会立即发送到目的接口，如果所有的 ACL 判断语句都检测完毕，仍没有匹配的语句出口，则该数据包将视为被拒绝而被丢弃，最后这条语句通常称为隐式的"deny any"（拒绝所有）语句，在配置时不需要配置，因为 ACL 一旦启用，默认都是拒绝所有。所以在 ACL 中，最后要增加一条"permit"（允许）语句，否则默认情况下 ACL 将阻止所有流量。

例如，以下 ACL 准许除发自子网 10.2.0.0/16 之外的所有 TCP 数据报。

zxr10(config)#ip access-list extended 101

zxr10(config-ext-acl)#deny tcp 10.2.0.0 0.0.255.255 any

zxr10(config-ext-acl)#permit tcp any any

当 TCP 分组从子网 10.2.0.0/16 中发出时，它发现与第一项规则相匹配，从而使该分组被丢弃。发自其他子网的 TCP 分组不与第一项规则相匹配，而是与第二项规则匹配，因此，这些分组可以通过。

3. ACL 应用于接口

将 ACL 定义好后，需要应用在设备的接口上。当 ACL 应用在数据接收的方向上（即入口），应将数据根据应用在接口上的 ACL 条件进行匹配，如果允许，则根据路由表进行转发；如果拒绝，则直接丢弃。因此先匹配 ACL 后再进行数据路由转发。当 ACL 应用在数据发送的方向即出方向，数据先经过路由表路由后转至出接口，根据接口上应用的出方向 ACL 进行匹配，是允许还是拒绝，如果允许，就根据路由表转发数据；如果拒绝，就直接将数据包丢弃了。因此，应先数据路由然后再匹配 ACL。

假设一个 ACL 应用于路由器的出接口方向，它的工作过程如图 7.1-2 所示。

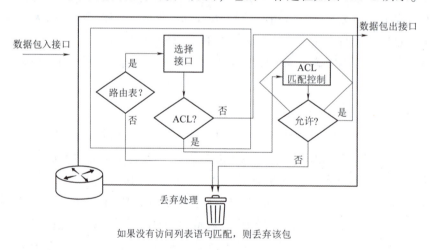

图 7.1-2　ACL 工作过程（出接口）

数据包进入路由器后，首先匹配路由表，如果没有与之匹配的路由，则该数据包被直接丢弃；如果匹配路由成功，应检查接口是否应用了 ACL；如果没有应用 ACL，则该数据直接从路由器的连接下一跳地址的接口发出。如果应用了 ACL，则进行 ACL 匹配控制，如果匹配上了第一条规则，则不再继续检查，而 ACL 将决定允许该数据包通过或拒绝通过；如果不匹配第一条规则，则依次继续检查，直至任何一条规则匹配，ACL 才决定允许该数据包通过或拒绝通过；如果没有任何一条规则匹配，则路由器根据默认的规则将丢弃该数据包。因此，更为具体的规则应始终排列在较不具体的规则前面。

假设一个 ACL 应用于路由器的入接口方向，它的工作过程如图 7.1-3 所示。

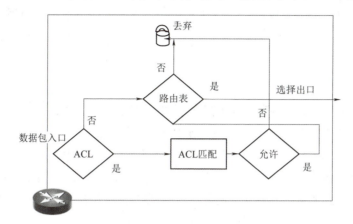

图 7.1-3　ACL 的工作过程（入接口）

数据包进入路由器后，首先应检查是否应用了 ACL。如果没有应用 ACL，则数据直接匹配路由表，路由成功则从路由器连接的下一跳地址的接口发出，路由失败则数据丢弃。如果接口应用了 ACL，则首先匹配 ACL，如果匹配 ACL 成功，则数据继续匹配路由表，路由成功则转发数据，失败则丢弃；如果匹配 ACL 失败，则数据直接被丢弃。

从节省资源的角度讲，ACL 一般应用于靠近限制对象最近的路由器的数据入口方向。

4. ACL 分类

ACL 主要有两种：标准 ACL 和扩展 ACL，如图 7.1-4 所示。

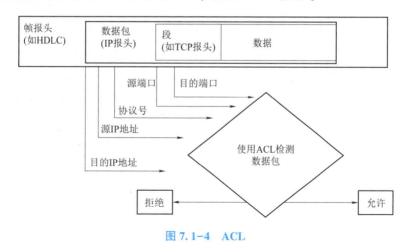

图 7.1-4　ACL

标准 ACL 仅以源 IP 地址作为过滤标准，只能粗略地限制某一大类协议如 IP 协议。标准的 ACL 使用 1~99 以及 1 300~1 999 之间的数字作为表号。标准 ACL 可以阻止来自某一网络的所有通信流量，或者允许来自某一特定网络的所有通信流量，或者拒绝某一协议族（比如 IP）的所有通信流量。

扩展 ACL 可以把源地址、目的地址、协议类型及端口号等作为过滤标准，可以精确地限制到某一种具体的协议。扩展的 ACL 使用 100～199 以及 2 000～2 699 中的数字作为表号。扩展 ACL 比标准 ACL 提供了更广泛的控制范围，如网络管理员如果希望做到"允许外来的 Web 通信流量通过，拒绝外来的 FTP 和 Telnet 等通信流量"，而使用扩展 ACL 则可以实现这个目标。

5. 地址检查方式

在 ACL 中，列表策略中要对源地址进行严格检查，一般采取"地址 IP+通配符掩码"的方式检查。通配符掩码用 0 表示严格匹配，用 1 表示不检查。例如，对于主机 172.16.1.1，通配符掩码 0.0.0.0，说明 32 位都要检查；对于网络 172.16.0.0/16，通配符掩码 0.0.255.255，说明检查前 16 位；对于子网 172.16.1.0/24，通配符掩码 0.0.0.255，说明前 24 位要检查；任意的 0.0.0.0 通配符掩码 255.255.255.255，说明不检查源地址。由此可见，通配符掩码其实就是网络掩码的反码。

6. 标准 ACL 命令语法

标准 ACL 的配置命令语法如表 7.1-1 所示。

表 7.1-1　标准 ACL 的配置命令语法

序号	命令	功能	参数解释
1	ip access-list standard {<access-list-number> | alias <acl-alias> | name <acl-name>} [match-order {auto | config}]	在全局配置模式下定义一个标准访问控制列表	access-list-number：标准访问列表号，范围 1～99 或者 1 300～1 999； acl-alias：访问列表的别名； acl-name：访问列表的名字
2	{permit | deny} {<source> [<source-wildcard>] | any} [log]	为标准访问控制列表设置条件	source：源地址； source-wildcard：通配符掩码
3	ip access-group <acl-number> | <acl-name> {in | out}	配置的 ACL 作用于接口	in：接口入方向； out：接口出方向

任务实施：标准 ACL 实施

标准 ACL 实施

1. 配置思路

（1）定义一个基本访问列表。

（2）定义规则包括两条：一条是不允许地址是 172.1.1.141 的主机的数据通过；另一条是允许其他所有的数据通过。

（3）将访问列表绑定于路由器接口上，为了将网络的影响降至最低，应选择路由器连接外网的接口，且要选择好方向。

2. 数据规划

数据规划如表 7.1-2 所示。

表 7.1-2 数据规划

序号	设备	接口	地址	ACL 策略	数据控制方向
1	PC-A		IP：172.1.1.141/24	阻止	
			GW：172.1.1.1		
2	PC-B		IP：172.1.1.142/24	允许	
			GW：172.1.1.1		
3	路由器 A	fei-1/1	172.1.1.1/24		
4		fei-1/2	110.120.113.10/24		out
5	路由器 B	fei-1/2	110.120.113.11/24		

3. 操作步骤

第一步：按照网络拓扑图连接交换机、路由器和计算机。

第二步：路由器 A 配置。

ZXR10#config terminal

ZXR10(config)#interface fei_1/1　　　　　　　　　　//进入内网口 1 配置

ZXR10(config-if)#porttype l3　　　　　　　　　　　//设置端口属性为三层

ZXR10(config-if)# ip add 172.1.1.1 255.255.255.0　　//设置路由器接口地址

ZXR10(config-if)#exit

ZXR10(config)#interface fei_1/2　　　　　　　　　　//进入内网口 2 配置

ZXR10(config-if)#porttype l3　　　　　　　　　　　//设置端口属性为三层

ZXR10(config-if)# ip add 110.120.113.10 255.255.255.0//设置路由器接口地址

ZXR10(config-if)#exit

ZXR10(config)# ip access-list standard 10　　　　　　//设置表号为 10 的标准列表

ZXR10(config-std-acl)#deny 172.1.1.141 0.0.0.0　　　//拒绝源主机 172.1.1.141 的数据通过

ZXR10(config-std-acl)# permit any　　　　　　　　　//允许其他主机的数据通过

ZXR10(config-std-acl)# exit

ZXR10(config)# int fei_1/2　　　　　　　　　　　　//进入端口 2

ZXR10(config-if)# ip access-group 10 out　　　　　　//将 ACL 10 应用于接口 fei-1/1 的数据接收方向

ZXR10(config-if)#exit

ZXR10(config)#ip route 0.0.0.0 0.0.0.0 110.120.113.11

ZXR10(config)#exit

ZXR10#write

第三步：配置路由器 B。

ZXR10（config）#interface fei_1/2

ZXR10（config-if）#porttype l3

ZXR10（config-if）#ip address 110.120.113.11 255.255.255.0

ZXR10（config-if）#no shutdown

ZXR10（config-if）#exit

ZXR10（config）#ip route 0.0.0.0 0.0.0.0 110.120.113.10

ZXR10（config）#exit

ZXR10#write

4. 配置验证

1）配置数据和状态检查

在路由器 A 上执行"show ACL 10"，显示 ACL 配置的数据，如图 7.1-5 所示。

```
ZXR10#show acl 10
standard acl 10
    rule 1 deny 172.1.1.141 0.0.0.0
    rule 2 permit any
```

图 7.1-5　ACL 配置

2）业务验证

在计算机 A 上 ping 路由器 A 的 fei_1/2 的接口地址"110.120.113.10"，可以 ping 通，ping 路由器 B 的 fei_1/2 的接口地址"110.120.113.11"，不通。在计算机 B 上 ping 路由器 A 的 fei_1/2 的接口地址"110.120.113.10"，ping 路由器 B 的 fei_1/2 的接口地址"110.120.113.11"，都通，如图 7.1-6 和图 7.1-7 所示。

图 7.1-6　计算机 A 测试　　　　　图 7.1-7　计算机 B 测试

计算机 A 在 ping 路由器 A 的时候，因为路由器 A 在 fei_1/2 接口发送方向上应用 ACL，接口的入方向没有应用 ACL，路由器 A 正常接收数据，是通的；计算机 A 在 ping 路由器 B 的时候，因为要经过路由器 A 的 fei_1/2 接口，fei_1/2 接口发送数据，匹配 ACL 的第一条规则"deny 172.1.1.141 0.0.0.0"成功,数据被直接丢弃,A 无法 ping 通 110.120.113.11。同样的原因,路由器 B ping 路由器 A 的 110.120.113.10 的时候通,路由器 B ping 路由器 A 的 110.120.113.11 的时候匹配 ACL 的第一条规则失败,接着匹配下一条规则"permit 0.0.0.0 0.0.0.0"成功地允许数据通过,所以路由器 B ping 110.120.113.11 时是通的。

任务总结

ACL 是一种基于包过滤的流控制技术,是在路由器上实现的一种通过限制流量来保障网络安全的基本技术。ACL 是由 permit 或 deny 组成的一系列有序的规则,它告知路由器端口哪种类型的通信流量被转发或者被阻塞。所有 ACL 的最后一行上都有隐含的 deny 语句,且他的顺序不可改变。

配置 ACL 需要遵循两个基本原则:一是最小特权原则,只给受控对象完成任务必须的最小权限,所以规则的粒度要完全匹配操作,不多也不少;二是最靠近受控对象原则,所有网络层访问权限控制尽可能距离受控对象最近。根据需要,提供两种基于 IP 的访问表:标准访问表和扩展访问表。而标准访问表只根据源 IP 地址决定允许或拒绝流量。

任务评估

任务完成之后,教师按照表 7.1-3 来评估每个学生的任务完成情况,或者学生按照表 7.1-3 中的内容来自评任务完成情况。

表 7.1-3　任务评估表

任务名称:ACL 标准列表实施		学生:	日期:	
评估项目	分值	评价标准	评估结果	得分情况
1. 数据规划	30	交换机数据规划正确		
2. 命令输入	30	交换机命令行输入完备和正确		
3. 数据配置检查	10	show ACL 显示 ACL 配置正确		
4. 业务验证	10	A ping 网关通,A ping 外网地址不通		
	10	A ping 网关通,A ping 外网地址不通		
5. 完成时间	10	在规定的时间(30 min)内完成,超时 1 min 扣 1 分,扣完为止		
评价人:			总分:	

任务 7.2　ACL 扩展列表实施

【任务描述】某公司某部门有 2 台主机(A 和 B)连接到 1 台交换机上,而交换机连接 1 个路由器访问外网。为了保证网络安全,防止有人通过远程登录方式修改或者删除路由器中的数据,要求禁止用户通过远程登录的方式访问路由器,如图 7.2-1 所示。

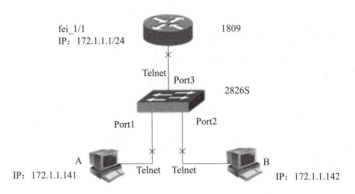

图 7.2-1 网络拓扑图

【任务要求】在路由器上启用 ACL，拒绝 Telnet 协议数据，配置数据并完成验证。

【实施环境】ZXR10 1809 路由器 1 台、ZXR10 2826s 交换机 1 台、计算机 2 台、USB 转串口线 1 条、串口线 1 条、网线 3 条。

知识准备：扩展 ACL 认知

在网络中，仅仅允许或者拒绝某一个源 IP 地址的数据很难解决具体的一些流量或者安全的问题，如果可以根据目标地址、源地址、协议、端口等多个条件组合起来匹配，就可以使网络控制更灵活、更精确，而这就需要用到扩展访问控制列表。扩展访问控制列表更加灵活，条件更加细化，可使用 IPv4 报文的源 IP 地址、目的 IP 地址、IP 协议类型、ICMP 类型、TCP 源/目的端口号和 UDP 源/目的端口号，甚至生效时间段等来定义相关规则。

扩展的访问控制列表和标准访问列表的区别：

（1）定义列表时扩展访问列表的关键字是 extend："ip access-list extend 扩展访问列表号"，定义一个扩展访问列表。

（2）定义规则的时候，"｛deny｜permit｝协议源地址目的地址操作端口号"，此命令定义了扩展访问列表的策略，拒绝还是允许，其中有：

①协议：检查特定协议的数据包，如 TCP、UDP、ICMP、Telnet 等；

②操作：有 lt（小于）、gt（大于）、eq（等于）、neq（不等于）；

③端口：协议的端口号，扩展后 ACL 使用 100～199 和 2 000～2 699 中的数字。

扩展访问列表命令语法如表 7.2-1 所示。

表 7.2-1 扩展访问列表命令语法

序号	命令	功能	参数解释
1	ip access-list extended ｛<access-list-number> | alias <acl-alias> | name <acl-name>｝［match-order｛auto | config｝］	在全局配置模式下定义一个扩展访问控制列表	access-list-number：标准访问列表号，范围 100～199 以及 2 000～2 699； acl-alias：访问列表的别名； acl-name：访问列表的名字

续表

序号	命令	功能	参数解释
2	{permit｜deny}｛<protocol number>｜<protocol keyword>｝{｛<source address><source-wildcard>}｜any}[<source port>]｛｛<destination address><destination-wildcard>}｜any}[<destination port>][log]	为扩展访问控制列表设置条件	source：源地址； source-wildcard：通配符掩码； source port：源端口； destination address：目标地址； destination-wildcard：目标地址通配符； destination port：目标地址端口号
3	ip access-group <acl-number>｜<acl-name> {in｜out}	配置的 ACL 作用于接口	in：接口入方向； out：接口出方向

任务实施：扩展 ACL 实施

1. 配置思路

（1）定义一个扩展访问列表。

（2）定义规则包括两条：一条是不允许来自地址 172.1.1.141 和 172.1.1.142 的主机的 Telnet 数据通过；另一条是允许其他所有的数据通过。

（3）将访问列表应用在路由器的接口上。

扩展 ACL 实施

2. 数据规划

数据规划如表 7.2-2 所示。

表 7.2-2 数据规划

序号	设备	接口	地址	ACL 策略	方向
1	PC-A		IP：172.1.1.141/24		
			GW：172.1.1.1		
2	PC-B		IP：172.1.1.142/24		
			GW：172.1.1.1		
3	路由器	Fei-1/1	172.1.1.1/24	2 台主机的 Telnet 数据拒绝；其他数据通过	IN

3. 操作步骤

第一步：连接设备。

按照网络拓扑图连接交换机、路由器和计算机。

第二步：配置路由器。

ZXR10#conf t

ZXR10(config)#interface fei_1/1

ZXR10(config-if)#porttype l3   //设置端口属性为三层

ZXR10(config-if)# ip add 172.1.1.1 255.255.255.0 //设置路由器接口地址

ZXR10(config-if)#exit

ZXR10(config)# ip access-list extend 120 //配置拓展 ACL 号为 120

ZXR10(config-ipv4-acl)# deny tcp any any eq 23 //禁止端口 23(Telnet)的 tcp 数据

ZXR10(config-ipv4-acl)# permit ip any any //允许其他所有的协议通过

ZXR10(config-ipv4-acl)# exit

ZXR10(config)# interface fei_1/1

ZXR10(config-if)# ip access 120 in //将 ACL 120 应用于接口 gei-2 /1 的接收数据方向

ZXR10(config-if)#exit

ZXR10(config)#exit

ZXR10#write

第三步：验证。

（1）配置数据并状态检查。

在路由器上执行“show ACL”显示 ACL 的配置无误，如图 7.2-2 所示。

（2）业务验证。

在两台计算机上 ping 172.1.1.1，可以 ping 通 172.1.1.1（图 7.2-3），由于 ACL 允许除 Telnet 之外的其他协议的数据通过，ping 命令是正常的。在两台计算机上 Telnet 172.1.1.1，因为 ACL 禁止了 Telnet 数据，Telnet 登录失败，如图 7.2-3 所示。

```
ZXR10#show acl 120
extended acl 120
  rule 1 deny tcp any any eq telnet
  rule 2 permit ip any any
```

图 7.2-2 ACL 配置

```
C:\Users\cuihaibin>ping 172.1.1.1

正在 Ping 172.1.1.1 具有 32 字节的数据:
来自 172.1.1.1 的回复: 字节=32 时间=2ms TTL=255
来自 172.1.1.1 的回复: 字节=32 时间=1ms TTL=255

172.1.1.1 的 Ping 统计信息:
    数据包: 已发送 = 2, 已接收 = 2, 丢失 = 0 (0% 丢失),
往返行程的估计时间(以毫秒为单位):
    最短 = 1ms, 最长 = 2ms, 平均 = 1ms
Control-C
^C
C:\Users\cuihaibin>telnet 172.1.1.1
正在连接172.1.1.1...无法打开到主机的连接。 在端口 23: 连接失败
```

图 7.2-3 ping 和 telnet 测试

使用“ZXR10（config-if）#no ip access-group 120 in”去掉接口 fei_1/1 的访问控制列表后，计算机 A 和 B 可以 Telnet 连接到路由器上，如图 7.2-4 所示。

```
Telnet 172.1.1.1

            ******************************************************
            Welcome to ZXR10 ZSR Serial Router of ZTE Corporation
            ******************************************************

Username:
```

图 7.2-4 Telnet 连接成功

> ★本模块 ACL 的配置任务可防止有人随意修改或者删除路由器数据,保护网络上的信息安全。请大家查阅资料,正确认识网络安全问题,以及网络安全对于国家和社会的重要性,并坚定维护国家网络安全的信念,从而更好地适应现代社会的发展需求,逐步建立维护国家安全意识。
>
> 习近平总书记在党的二十大报告中强调国家安全是民族复兴的根基,是社会稳定、国家强盛的前提,我们要推进国家安全体系和能力现代化,坚决维护国家安全和社会稳定。我们要坚持以人民安全为宗旨、以政治安全为根本、以经济安全为基础、以军事科技文化社会安全为保障、以促进国际安全为依托,统筹外部安全和内部安全、国土安全和国民安全、传统安全和非传统安全、自身安全和共同安全,统筹维护和塑造国家安全,夯实国家安全和社会稳定基层基础,完善参与全球安全治理机制,建设更高水平的平安中国,以新安全格局保障新发展格局。

任务总结

相比标准 ACL,扩展 ACL 应用更加广泛,因为它可以区分 IP 流量,因此,不会像标准访问列表中那样允许或拒绝整个流量,即扩展 ACL 可以实现精准控制。一般来说,标准访问列表应用于靠近目的地址的接口处,而扩展访问列表应用于靠近源目的地址的接口处。标准 ACL 和扩展 ACL 的过滤信息比较如表 7.2-3 所示。

表 7.2-3 标准 ACL 和扩展 ACL 的过滤信息比较

过滤信息	标准 ACL	扩展 ACL
源地址	√	√
目标地址	×	√
上层协议	×	√
协议信息	×	√

任务评估

任务完成之后,教师按照表 7.2-4 来评估每个学生的任务完成情况,或者学生按照表 7.2-4 中的内容来自评任务完成情况。

表 7.2-4 任务评估表

任务名称:ACL 扩展列表实施		学生:		日期:	
评估项目	分值	评价标准		评估结果	得分情况
1. 数据规划	20	交换机数据规划正确			
2. 命令输入	20	交换机命令行输入完备和正确			
3. 数据配合检查	10	show ACL 显示配置正确			

续表

评估项目	分值	评价标准	评估结果	得分情况
4. 业务验证	10	A、B Telnet 失败		
	10	A、B ping 网关成功		
	10	取消访问控制列表后，Telnet 成功		
5. 完成时间	10	在规定的时间（30 min）内完成，超时 1 min 扣 1 分，扣完为止		
6. 素养评价	10	对爱国主义思想和社会责任感表述自己的看法		
评价人：			总分：	

模 块 总 结

路由是根据目的地址来确定路由的，因此无法做到对数据的进一步细分控制。而在某些情况下，需要对某些主机、某个网段或者某些类型的流量进行控制，ACL 可以实现这个目的。ACL 分为标准 ACL 和扩展 ACL，标准 ACL 只能根据源地址决定数据允许转发还是丢弃；扩展 ACL 则可以根据源地址、目标地址、协议、端口号等参数进行多种条件的组合来允许数据通过或者将其丢弃，由于灵活性较高，经常应用于解决网络的安全访问控制问题。

路由器启用 ACL 后，默认设置是拒绝数据的。数据根据 ACL 的策略一条一条匹配，匹配一条则转发一条，如果不匹配，则继续进行下一条的匹配，如果一直不匹配，则该数据将被拒绝。因此若希望一条数据不被拒绝，应在 ACL 的最后增加一条默认数据通过的策略。

模 块 练 习

一、填空题

1. 标准 ACL 以_____作为过滤标准。

2. 扩展 ACL 时可以把_____、_____、_____及_____等作为过滤标准，可以精确地限制到某一种具体的协议。

3. 一个端口在执行 ACL 规则时，需要按照 ACL 中规则列表中的条件语句执行顺序来判断。如果一个数据包的报头跟表中某个条件判断语句相匹配，后面的语句就将被_____，不再继续检查。

4. ip access-list_____是定义标准访问列表，ip access-list_____是定义扩展访问列表。

5. 在 ACL 中，列表策略中要对源地址进行严格检查，一般采取地址_____的方式检查，通配符掩码用_____表示严格匹配，用_____表示不需要检的位。

二、实操题

1. 某公司的某部门有两台计算机（A 和 B）连接到一台交换机上，而交换机连接到路由器上访问外网。由于业务原因，要求 B 不能访问外网，而 A 能访问外网，如题图 7-1 所示。

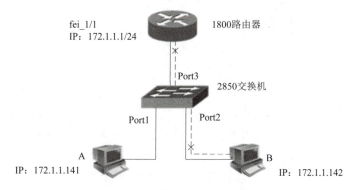

题图 7-1　实操题 1 的网络连接图

2. 某公司的某部门有两台计算机（A 和 B）连接到一台交换机上，而交换机连接到路由器上访问外网。由于业务原因，要求 A、B 不能通过 Telnet 和 http 登录路由器，如题图 7-2 所示。

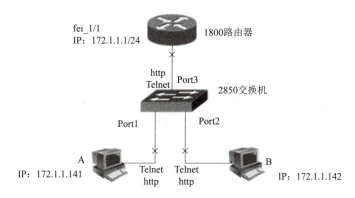

题图 7-2　实操题 2 的网络连接图

模块 8

NAT和PAT实现内外网互相访问

为了解决可分配的 IPv4 地址越来越少的问题，在 20 世纪 90 年代，有人提出了 NAT 和 PAT 技术。NAT 和 PAT 被广泛应用于各种类型 Internet 接入方式和各种类型的网络中，不仅完美解决了 IP 地址不足的问题，而且还能够有效地避免来自网络外部的攻击，隐藏并保护网络内部的计算机。本模块设置了路由器动态 NAT 配置和路由器动态 PAT 配置两个任务，学习这两个任务后，学生可以熟悉 NAT 和 PAT 的定义和工作原理，掌握 NAT 和 PAT 的配置方法，熟练地解决内外网互相访问的问题。

【知识目标】

1. 熟悉 NAT 的定义和工作原理，掌握 NAT 的配置方法；
2. 熟悉 PAT 的定义和工作原理，掌握 PAT 的配置方法。

【技能目标】

1. 会配置 NAT 数据使内网接入外网；
2. 会配置 PAT 使内外网可以互相访问。

【素养目标】

培养服务人民、奉献社会的人生观。

融入点：通过 NAT 和 PAT 技术，可实现用户内网和外网间的互连访问，方便了人们的生活、工作及生产。学生应树立服务人民、奉献社会的人生观，不断发挥自己的社会价值。

任务 8.1 路由器动态 NAT 配置

【任务描述】某企业一台主机，分配的是内部地址，主机直接连接到了路由器的一个接口上，要求使用这台路由器访问外网，外网分配的 IP 地址范围是 1.2.3.1~1.2.3.10，网络拓扑图如图 8.1-1 所示。

【任务要求】在路由器上配置 NAT 数据使主机可以访问外网，并进行数据验证。

【实施环境】计算机 1 台、ZXR10 1809 路由器 2 台、串口线 1 条、RS232 转 USB 线 1 条、网线 2 根、接入互联网使用的设备接口 1 个。

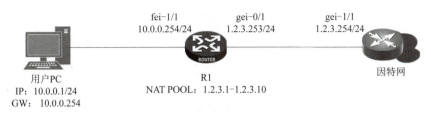

图 8.1-1　网络拓扑图

知识准备：NAT 认知

1. NAT 概述

2011 年 2 月 3 日，IANA（The Internet Assigned Numbers Authority，国际互联网分址机构）宣布最后一个 8 位块地址已经分配出去，这表示 IPv4 总地址池彻底枯竭。随后，各大地区网络中心的地址池也即将枯竭，但是上网的设备都需要 IPv4 地址，虽然 IANA 分配了一些私有地址，如 A 类私有地址段为 10.0.0.0 ~ 10.255.255.255，B 类私有地址段为 172.16.0.0 ~ 172.31.255.255，C 类私有地址段为 192.168.0.0 ~ 192.168.255.255。但是私有地址只能在局域网或者专网内部使用，不能出现在互联网上。

私有地址可以复用不具备全球唯一性，但是由于各种设备需要和互联网通信，于是便需要标识自己，如果不具备唯一性，网络寻址找不到我们的设备或者发出去的消息回不来，为了解决这个问题 NAT（Network Address Translation，网络地址转换）技术出现了。NAT 是一个 IP 地址耗尽的快速修补方案，内部网络使用私有地址，当内网需要访问互联网时，私有地址转换成合法的公网的 IP 地址，NAT 技术配置 NAT 转换器来完成转换过程，转换器能够转换并且维护一个地址转换表，以便让返回来的分组数据能够找到内网地址和外网地址的对应关系。当外网的分组数据到达时，NAT 转化器查找地址转换表，转换分组数据目标地址为内网地址之后，转发该分组数据到内网。

2. NAT 工作原理

典型的 NAT 组网模型，网络通常是被划分为私网和公网两部分，各自使用独立的地址，如图 8.1-2 所示。私网使用私有地址 10.0.0.0/24，而公网使用公网地址。为了让主机 A 和 B 访问互联网上的服务器（Server），需要在网络边界部署一台 NAT 设备来执行地址转换任务。NAT 设备可以是一个专用的服务器，也可以运行在内网的边界路由器上或者防火墙上。NAT 设备具有两个基本的接口，一个是内部接口，用于接入内部网络的主机，分配的是私网地址；一个是外部接口，分配了公网 IP，用于进行私网和公网 IP 地址的转换。

下面参照图 8.1-2，用一个动态 NAT 的例子来说明 NAT 的工作原理。

（1）A 向 Server 发送报文，网关是 10.0.0.254，源地址是 10.0.0.1，目的地址是 61.144.249.229，如图 8.1-3 所示。

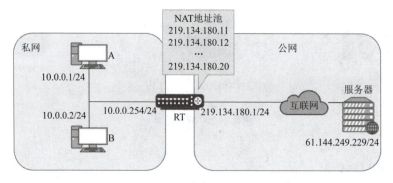

图 8.1-2 动态 NAT 应用

图 8.1-3 A 向服务器发送报文

（2）路由器收到 IP 报文后，查找路由表，将 IP 报文转发至出接口，由于出接口上配置了 NAT，路由器需要将源地址 10.0.0.1 转换为公网地址，如图 8.1-4 所示。

（3）路由器从地址池中查找第一个可用的公网地址 219.134.180.11，用这个地址替换数据包的源地址，转换后的数据包源地址为 219.134.180.11，目的地址不变。同时，路由器在自己的 NAT 表中添加一个表项，其作用是记录私有地址 10.0.0.1 到公网地址 219.134.180.11 的映射。接下来，路由器再将报文转发给目的地址 61.144.249.229，如图 8.1-5 所示。

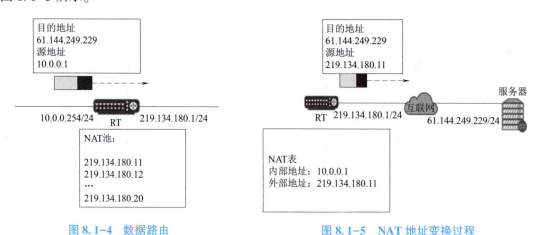

图 8.1-4 数据路由　　　　　　　图 8.1-5 NAT 地址变换过程

（4）服务器收到报文后对其做出相应处理：服务器发送回应报文，报文的源地址是 61.144.249.229，目的地址是 219.134.180.11，如图 8.1-6 所示。

(5) 路由器收到报文后，发现报文的目的地址 219.134.180.11 在 NAT 地址池内，于是先检查 NAT 表，在找到对应表项后，使用私有地址 10.0.0.1 替换公网地址 219.134.180.11。转换后的报文源地址不变，目的地址为 10.0.0.1，如图 8.1-7 所示。

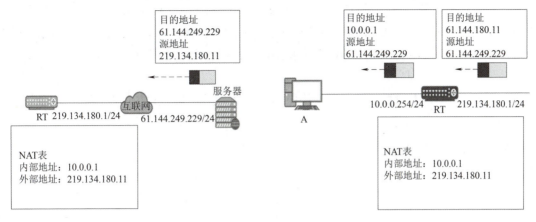

图 8.1-6　服务器发送回送报文　　　　图 8.1-7　回送报文地址替换

(6) 接下来，路由器将报文转发给 A。A 收到报文，地址转换结束，如图 8.1-8 所示。

图 8.1-8　A 接收回送报文

如果 B 也要访问 Server，则 RT 会从地址池中分配另一个可用的公网地址 219.134.180.12，并在 NAT 表中添加一个相应的表项，记录 B 的私有地址 10.0.0.2 到公网地址 219.134.180.12 的映射关系。

3. NAT 分类

NAT 可分为静态地址复用和动态地址复用两种：

1) 静态地址转换

静态地址转换是一个内部地址和外部地址一一对应。内部网的主机与外部通信时，其数据包在被路由器发送到外网之前，静态 NAT 规定的内部地址会被转换成对应的外网地址；而路由器在将外网的数据包发送到内部网之前，也会将外网地址转换成相应的内网地址。

2) 动态地址转换

动态地址转换分为一对一动态 NAT、PAT 和 NAT 接口地址复用三种。

(1) 一对一动态 NAT。

若一个内部网主机发起与外网主机的会话，在数据包进入外网之前，路由器在用于地址转换的外网地址池中随机挑选一个空闲地址，用它来作为新的源地址，从而替换了内网的源地址。路由器保留这个转换记录的目的是将回应包的目的地址转换成内网的目的地址。在会话期间，该地址被独占使用，而当会话结束后，外网地址被释放，可以进行再次分配。

（2）PAT。

对于没有空闲地址可用的情况下，可以在一对一动态 NAT 的配置基础上启用 PAT （Port Address Translation，地址端口转换）功能，而此时，路由器将会挑选一个已使用地址的空闲端口，用这个地址和端口的配对来替换内网数据包中的相应地址和端口。

（3）NAT 接口地址复用。

为了减少使用公网地址，也可以使用路由器的外部接口地址作为 NAT 转换的地址。

4. NAT 配置命令语法

NAT 配置中常用的命令语法如表 8.1-1 所示。

表 8.1-1　NAT 配置中常用的命令语法

序号	命令	功能	参数解释
1	ip nat start	启动 NAT 配置	
2	ip nat {inside | outside}	设置 NAT 的内部和外部接口	Inside：NAT 内部接口；Outside：NAT 外部接口
3	ip nat inside source static {<local-ip> <global-ip> | {tcp | udp} <global-ip> <global-port> <local-ip> <local-port>}	使用静态 NAT 方式，定义 NAT 转换规则	local-ip：内部 IP；global-ip：外部 IP；TCP | UDP：协议；<global-ip> <global-port>：外部 IP 地址和端口号；<local-ip> <local-port>：本地 IP 地址和端口号
4	ip nat inside source {list <list-number> pool <pool-name> [overload [<interface-name>]] | vrf <vrf name>}	使用动态地址池的方式，定义 NAT 转换规则	list-number：ACL 号；pool-name：POOL 名
5	ip nat pool <pool-name> <start-address> <end-address> prefix-length <prefix-length>	定义 NAT 转换用地址池	pool-name：地址池名；start-address：起始地址；end-address：结束地址；prefix-length：网络前缀
6	show ip nat statistics	显示 NAT 的统计数据	

路由器动态
NAT 配置

任务实施：路由器动态 NAT 配置

1. 配置思路

（1）确定 NAT 转换的内外地址。

(2) 定义地址池 1.2.3.1~1.2.3.10。

(3) 指定 NAT 转换应用的内部和外部接口。

(4) 定义访问列表,确定访问规则,将 NAT 配置应用于访问列表。

2. 数据规划

本任务的数据规划如表 8.1-2 所示。

表 8.1-2 数据规划

序号	设备	接口	IP 地址	网关
1	PC		ip:10.0.0.1/24	10.0.0.254
2	R1	fei-1/1	10.0.0.254/24	
3		gei-0/1	1.2.3.253/24	
		地址池	1.2.3.1-1.2.3.10	
4	R2	gei-0/1	1.2.3.254/24	

3. 操作步骤

第一步:按照网络拓扑图连接交换机、路由器和计算机。

第二步:配置路由器 1。

ZXR10#conf t

ZXR10(config)#ip nat start   //启动 NAT 配置

ZXR10(config)#interface fei_1/1   //进入端口 fei_1/1

ZXR10(config-if)#porttype l3

ZXR10(config-if)#ip address 10.0.0.254 255.255.255.0   //配置接口 IP

ZXR10(config-if)#ip nat inside   //定义为 NAT 内部接口

ZXR10(config-if)#no shutdown

ZXR10(config-if)#exit

ZXR10(config)#interface gei_0/1   //进入接口 gei_0/1

ZXR10(config-if)#ip address 1.2.3.253 255.255.255.0   //配置接口 IP

ZXR10(config-if)#ip nat outside   //定义为 NAT 外部接口

ZXR10(config-if)#no shutdown

ZXR10(config-if)#exit

ZXR10(config)# ip access-list standard 3   //定义标准访问列表 3

ZXR10(config-std-acl)#permit 10.0.0.0 0.0.0.255 //允许网络 10.0.0.0 数据通过

ZXR10(config-std-acl)#exit

ZXR10(config)#ip nat pool pooltoout 1.2.3.1 1.2.3.10 prefix-length 24   //定义 NAT 地址池名为 pooltoout、地址池范围为 1.2.3.1~1.2.3.10,子网掩码为 255.255.255.0

ZXR10(config)#ip nat inside source list 3 pool pooltoout   //应用动态 NAT 配置,并绑定访问列表 3

ZXR10(config)#ip route 0.0.0.0 0.0.0.0 1.2.3.254   //配置默认路由

ZXR10(config)#exit

ZXR10#write

第三步：配置路由器2。

ZXR10(config)#interface gei_0/1

ZXR10(config-if)#ip address 1.2.3.254 255.255.255.0//配置接口IP

ZXR10(config-if)#no shutdown

ZXR10(config-if)#exit

ZXR10(config)#ip route 0.0.0.0 0.0.0.0 1.2.3.253   //配置默认路由

ZXR10(config)#exit

ZXR10#write

4. 验证

1）数据配置和状态验证

在路由器1上执行"show ip nat translations"命令后，可以看到NAT配置结果，内部地址是"10.0.0.123"，公有地址是1.2.3.1，如图8.1-9所示。

```
ZXR10#show ip nat translations
Pro     Inside global       Inside local       TYPE    VPN    OUTPORT
---         1.2.3.1           10.0.0.123        D/d     0     -------
```

图8.1-9　NAT配置显示

2）业务验证

将计算机的IP地址配置为10.0.0.1，掩码为255.255.255.0，网关为10.0.0.254后，执行"ping 1.2.3.254"命令，链路是通的。

任务总结

NAT将私网IP地址在路由器的出口处转换为公网IP地址，从而实现私网用户上网功能或私网内的服务器在互联网上提供服务，分为静态转换和动态转换。

静态转换：私有地址与公有地址是1∶1，不节省IP地址，但是使用NAT能隐藏私有IP，IP地址对是一对一的，是一成不变的，某个私有IP地址只转换为某个公有IP地址。借助于静态转换，可以实现外部网络对内部网络中某些特定设备（如服务器）的访问。

动态转换：将内部网络的私有IP地址转换为公用IP地址时，IP地址是不确定的，可随机转换为任何指定的合法IP地址。

任务评估

任务完成之后，教师按照表8.1-3来评估每个学生的任务完成情况，或者学生按照表8.1-3中的内容来自评任务完成情况。

表 8.1-3　任务评估表

任务名称：路由器动态 NAT 配置		学生：	日期：	
评估项目	分值	评价标准	评估结果	得分情况
1. 数据规划	30	交换机数据规划正确，每错 1 处扣 5 分，扣完为止		
2. 命令输入	30	交换机命令行输入完备和正确		
3. 配置和状态检查	20	show ip nat translations，查看配置运行结果，内外地址转换正确		
4. 业务验证	10	内网电脑 ping 外网地址通		
5. 完成时间	10	在规定的时间（30 min）内完成，超时 1 min 扣 1 分，扣完为止		
评价人：			总分：	

任务 8.2　路由器动态 PAT 配置

【任务描述】一个私网的 PC 上配置私网地址，安装了客户端软件，开放了 54349、54367、54380 三个端口，通过路由器分别访问外部网络的服务器的 2112、2113 和 2114 端口的服务，路由器外网接口地址为 IP 为 1.2.3.253/24，路由器下一跳地址是 1.2.3.254/24，分配给内网的公网 IP 为 1.2.3.1。PAT 转换配置实例组网如图 8.2-1 所示。

图 8.2-1　PAT 转换配置实例组网

【任务要求】在路由器上配置 PAT 数据使主机可以访问外网服务，并进行数据验证。

【实施环境】计算机 1 台、ZXR10 1809 路由器 2 台、串口线 1 条、RS232 转 USB 线 1 条、网线 2 根。

知识准备：PAT 认知

1. PAT 概述

传统的 NAT 技术仅对内外网的 IP 地址进行转换，虽然解决了使用内部 IP 设备访问外网的问题，但存在明显的缺点。静态 NAT 内部 IP 与外网 IP 在路由器的 NAT 表中设置成固定的 1 对 1 映射关系，不会提高公网 IP 的利用率。动态 NAT 内网 IP 和公网 IP 是多对多的关系，同一时间一个内网 IP 对应一个公网 IP，当公网 IP 用完后，NAT 将拒绝为后面申请上网的内网 IP 提供服务，直到有公网 IP 释放，因此，这种方法对公网 IP 的利用率也非常有限。

如果不局限于仅对 IP 地址进行转换，把传输层的端口号也加入转换范围，则会极大的增加公网 IP 的利用率。使用端口号的 NAT 技术叫作网络地址与端口号转换 NAPT（Network Address andPort Translation），也称为 PAT（Port Address Translation），它是 NAT 技术的一个增强版。即 PAT 不仅转换 IP 包中的源 IP 地址，还会转换源端口号。这使得多台内网主机利用少至 1 个外网（公网）IP 地址，就可以实现与外网的通信。PAT 通过<内部地址+内部端口>与<外部地址+外部端口>之间的转换，实现一对多的通信，大幅提高了公网 IP 地址的利用率。

当前在数据通信网络技术中统称的 NAT 技术实际都是指的 NAPT/PAT 技术，而传统意义上的 NAT 技术已经很少使用了。

2. PAT 工作原理

PAT 与 NAT 类似，只是增加了端口号的映射。假设私网主机 A（10.0.0.1）需要访问公网的服务器的 WWW 服务（61.144.249.229），在路由器 RT 上配置 PAT，在公网地址池中选择一个 IP：219.134.180.11。地址转换过程如下：

（1）A 向服务器发送报文，网关是 RT（10.0.0.254），源地址和端口是 10.0.0.1：1024，目的地址和端口是 61.144.249.229：80，如图 8.2-2 所示。

（2）RT 收到 IP 报文后便开始查路由表，将 IP 报文转发至出接口，由于出接口上配置了 PAT，需要将源地址 10.0.0.1：1024 转换为公网地址和端口。RT 用地址池中可用的公网地址 219.134.180.11，用这个地址替换数据包的源地址，并查找这个公网地址的一个可用端口，如 2001，用这个端口替换源端口。转换后的数据包源地址为 219.134.180.11：2001，目的地址和端口不变。同时，RT 在自己的 NAT 表中添加一个表项，用来记录私有地址 10.0.0.1：1024 到公网地址 219.134.180.11：2001 的映射。接下来，RT 再将报文转发给目的地址 61.144.249.229，如图 8.2-3 所示。

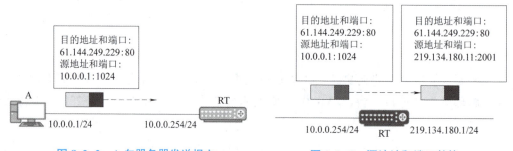

图 8.2-2　A 向服务器发送报文　　　　图 8.2-3　源地址和端口替换

（3）服务器收到报文后做相应处理。Server 发送回应报文，报文的源地址是 61.144.249.229：80，目的地址是 219.134.180.11：2001，如图 8.2-4 所示。

（4）RT 收到报文后，发现报文的目的地址在 NAT 地址池内，于是检查 NAT 表，找到对应表项后，使用私有地址和端口 10.0.0.1：1024 替换公网地址 219.134.180.11：2001，转换后的报文源地址和端口不变，目的地址和端口为 10.0.0.1：1024。此时，RT 再将报文转发给 A，如图 8.2-5 所示。

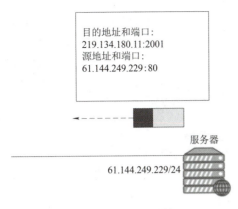

图 8.2-4　Server 回送报文

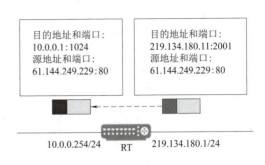

图 8.2-5　回送报文转换

如果 B 也要访问 Server，则 RT 分配同一个公网地址 219.134.180.11，但分配另一个端口 3001，并在 NAT 表中添加一个相应的表项，将 B 的私有地址 10.0.0.2：1024 记录到公网地址 219.134.180.11：3001 的映射关系中。

3. Easy IP

在标准的 PAT 配置中，需要创建公网地址池或者一对一建立 IP 地址静态对应关系，也就是必须先知道公网 IP 地址的范围。而在拨号接入的上网方式中，公网 IP 地址是由运营商动态分配的，无法事先确定，标准的 PAT 无法做地址转换。若要解决这个问题，就需要使用 Easy IP。Easy IP 又称为基于接口的地址转换。在地址转换时，Easy IP 的工作原理与 PAT 相同，对数据包的 IP 地址、协议类型、传输层端口号同时进行转换。但 Easy IP 直接使用公网接口的 IP 地址作为转换后的源地址。Easy IP 适用于拨号接入互联网，动态获取公网 IP 地址的场合。Easy IP 不用配置地址池，只需要配置一个 ACL，用来指定需要进行 NAT 转换的私有 IP 地址范围，如图 8.2-6 所示。

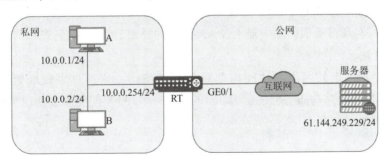

图 8.2-6　Easy IP

4. NAT 服务器

从基本 NAT 和 PAT 的工作原理可知，NAT 表项由私网主机主动向公网主机发起访问而生成，公网主机无法主动向私网主机发起连接。因此 NAT 隐藏了内部网络结构，具有屏蔽主机的作用。但是在实际应用中，内网网络可能需要对外提供服务，如对于 Web 服务，常规的 NAT 就无法满足需求了。为了满足公网用户访问私网内部服务器的需求，需要使用 NAT Server 功能将私网地址和端口静态映射成公网地址和端口，供公网用户访问。当从外网访问私网的主机 A 的 HTTP 服务的时候，如果映射成 10.0.0.1：8080 到 219.134.180.11：80 的时候，只需要在浏览器中输入 http：//219.134.180.11：80 或者其域名即可，如图 8.2-7 所示。

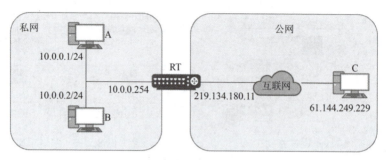

图 8.2-7　NAT 服务器

5. 各种 NAT 和 PAT 技术比较

静态 NAT：只能一对一，一台主机对应一条公网地址，仅限于单台主机使用，并没有起到节省公网 IP 的作用。

动态 NAT：使用公有地址池，并以先到先得的原则分配这些地址。当具有私有 IP 地址的主机请求访问互联网时，动态 NAT 从地址池中选择一个未被其他主机占用的 IP 地址进行一对一的转化。当数据会话结束后，路由器会释放掉公有 IP 地址回到地址池，以提供其他内部私有 IP 地址的转换。当同一时刻地址池中地址被 NAT 转换完毕，则其他私有地址不能够被 NAT 转换。

PAT：普遍应用于接入设备中，它可以将中小型的网络隐藏在一个合法的 IP 地址后面。PAT 将内部连接映射到外部网络中的一个单独的 IP 地址上，同时在该地址上加上一个由 NAT 设备选定的 TCP 或 UDP 端口号。

Easy IP：它的实现原理与 PAT 转换原理类似，可以算是 PAT 的一种特例，不同的是 Easy IP 方式可以实现自动根据路由器上 WAN 接口的公网 IP 地址映射到私网 IP 地址，而无须创建公网地址池。

NAT 服务器：用于外网用户访问内部服务器的情形，它通过事先配置好的服务器的"公网 IP 地址+端口号"与服务器的"私网 IP 地址+端口号"间的静态映射关系来实现。

任务实施：路由器动态 PAT 配置

路由器动态
PAT 配置

1. 配置思路

（1）配置接口地址和 PAT 内外接口。

（2）配置内网 IP 及端口和外网接口 IP 及端口的映射关系。

（3）配置访问列表。

2. 数据规划

端口 54349、54367、54380 通过路由器分别访问外部网络的某服务器的 2112、2113 和 2114，其数据规划如表 8.2-1 所示。

表 8.2-1 数据规划

序号	设备	接口	IP 地址	网关（下一跳地址）	源端口	目标端口
1	PC	网卡接口	10.0.0.1/24	10.10.0.254	54349	2112
					54367	2113
					54380	2114
2	R1	fei_1/1	10.0.0.254/24			
3	R1	gei_0/1	1.2.3.253/24	1.2.3.254		
4	R2	gei_0/1	1.2.3.254/24	1.2.3.253		

3. 操作步骤

第一步：按照网络拓扑图连接交换机、路由器和计算机。

第二步：配置路由器 1。

ZXR10(config)#interface fei_1/1

ZXR10(config-if)#porttype l3

ZXR10(config-if)#ip address 10.0.0.254 255.255.255.0   //配置路由器内部接口地址

ZXR10(config-if)#exit

ZXR10(config)#interface gei_0/1

ZXR10(config-if)#ip address 1.2.3.253 255.255.255.0   //配置路由器外部接口地址

ZXR10(config-if)#exit

ZXR10(config)#ip nat start

ZXR10(config)#interface fei_1/1

ZXR10(config-if)#ip nat inside   //NAT 转换内部接口

ZXR10(config-if)#exit

ZXR10(config)#interface gei_0/1

ZXR10(config-if)#ip nat outside   //NAT 转化外部接口

ZXR10(config-if)#exit

ZXR10(config)#ip nat inside source static tcp 10.0.0.1 54349 1.2.3.1 2112 //静态 NAT 及端口映射

ZXR10(config)# ip nat inside source static tcp 10.0.0.1 54367 1.2.3.1 2113 //静态 NAT 及端口映射

ZXR10(config)# ip nat inside source static tcp 10.0.0.1 54380 1.2.3.1 2114 //静态 NAT 及端口映射

ZXR10(config)#ip route 0.0.0.0 0.0.0.0 1.2.3.254 //配置静态路由表

ZXR10(config)#exit

ZXR10#write

第三步：配置路由器 2。

ZXR10#conf t

ZXR10（config）#interface gei_0/1

ZXR10（config-if）#ip address1.2.3.254 255.255.255.0

ZXR10（config-if）#no shutdown

ZXR10（config-if）#exit

ZXR10（config）#ip route 0.0.0.0 0.0.0.0 1.2.3.253　　//配置默认路由

ZXR10（config-if）#exit

ZXR10#write

4. 验证

1）数据配置检查和状态检查

在路由器上执行"show ip nat translations"命令查看动态 PAT 条目信息，如图 8.2-8 所示。

```
ZXR10#show ip nat translations
Pro       Inside global         Inside local      TYPE   VPN   OUTPORT
---        1.2.3.1:2112         10.0.0.1:54349    S/-     0    -------
---        1.2.3.1:2113         10.0.0.1:54367    S/-     0    -------
---        1.2.3.1:2114         10.0.0.1:54380    S/-     0    -------
```

图 8.2-8　PAT 验证结果

2）业务验证

在计算机上，打开客户端软件访问服务器软件可以成功。

> ★使 NAT 和 PAT 技术可实现用户内网和外网间的互连访问，方便了人们的生活、工作及生产。因此，同学们要建立服务人民、奉献社会的人生观，不断发挥自己在社会中的价值。请大家查阅相关资料，形成自己的理解和感悟。
>
> 党的二十大报告指出，以"坚持人民至上"作为首要内容，从马克思主义立场观点方法维度深刻揭示了中国共产党在新时代的价值使命和价值追求。同时，党的二十大报告还强调并指出，要"以中国式现代化推进中华民族伟大复兴"，突出体现了推进中国式现代化的必然性、重要性和紧迫性。人民群众是党的力量之源和胜利之本，必须坚持人民至上的原则。认真学习贯彻党的二十大精神，就要在新征程上站稳立场，坚持以人民为中心的发展思想，创新人类文明新形态，推动中国式现代化的建设。作为新时代的我们，要把党的二十大精神融入生活和工作中，做到学思用贯通、知信行合一，真真正正干业务、切切实实为人民服务，用心奉献社会。

任务总结

NAT 分为静态转换、动态转换和端口转换。端口转换在大多数网络中，一般都使用的是 IP 上的某个端口（如 80、443、3389 等），所以不需要进行全地址映射，只需要私有地址端口映射到公有地址端口上，直接访问公有地址加端口号的形式即可。这样可以使一个公有地址对应多个私有地址，从而大大缓解了公有地址紧缺的问题。

无论对于哪种 NAT 工作方式，都要使用地址转换关联表，在不同产品的实现中，这个关联表的存储结构和在 IP 转发表中的结构有很大不同。关联表中会记录源 IP、目的 IP、连接协议类型、传输层源端口、目的端口，以及转换后的源 IP、源端口、目的 IP、目的端口信息，这里的源和目的都是对应于从内网到外网的访问方向。依据 NAT 具体工作方式，这些信息可能全部填充，也可能部分填充。例如只按照 IP 做静态映射的方式，就不需要填入任何端口相关信息；对于静态端口映射，则只填入源相关的内容，而目的端的信息为空。

任务评估

任务完成之后，教师按照表 8.2-2 来评估每个学生的任务完成情况，或者学生按照表 8.2-2 中的内容来自评任务完成情况。

表 8.2-2　任务评估表

任务名称：路由器动态 PAT 配置		学生：	日期：	
评估项目	分值	评价标准	评估结果	得分情况
1. 数据规划	20	交换机数据规划正确，错误一处扣 5 分，扣完为止		
2. 命令输入	30	交换机命令行输入完备和正确		
3. 数据配置检查	20	show ip nat translations，查看配置运行结果，内外地址和端口的转化关系		
4. 业务检查	10	使用客户端可以登录服务器		
5. 完成时间	10	在规定的时间（30 min）内完成，超时 1 min 扣 1 分，扣完为止		
6. 素养评价	10	在实际工作生活中如何服务人民、奉献社会，请发表自己的看法		
评价人：			总分：	

模块总结

　　NAT 和 PAT 技术是用来解决内外部网络互相访问的问题。NAT 将内部地址转换成预先设置的地址池的一个公网 IP 或者一个固定 IP，以此地址在公网上传送数据包，当数据包返回并达到路由器时，路由器再根据 NAT 表替换成内部 IP 发往内部主机。

　　NAT 分为两种方式：静态地址转换和动态地址转换。静态地址转换是建立一个内部地址和外部地址的一一对应关系；动态地址转换分为一对一动态 NAT、PAT 和 NAT 接口地址复用三种。一对一动态 NAT 是路由器在外网地址池中随机挑选一个空闲地址，将它作为新的源地址。动态地址转换的第二种 PAT 技术，路由器将会挑选一个已使用地址的空闲端口，用这个地址+端口的配对来替换内网数据包中的相应地址和端口，从而实现地址复用。基于此技术，又衍生了 Easy IP 和 NAT Server 技术，前者使用路由器的接口地址作为转换后的外部地址，后者则通过建立内部 IP 和端口与外部 IP 和端口的一对一映射关系，从而方便外网用户访问内部网络。

模 块 练 习

一、填空题

1. NAT 在进行内部地址和外网地址转换时可以使用两种方法，一种是_____，另一种是_____转换。

2. PAT 是_____转换。

3. Easy IP 直接使用_____作为转换后的源地址。

4. 公网用户访问私网内部服务器时，需要使用 NAT 服务器功能，将私网地址和端口静态映射成_____，供公网用户访问。

二、实操题

1. 题图 8-1 所示为某企业内部网络，分配的是内部地址，内部主机 A、B 通过一台交换机连接到路由器的一个接口上，要求使用静态 NAT 技术让这台主机访问外网。

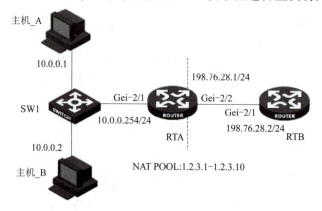

题图 8-1　某企业内部网络

2. 题图 8-2 所示为某企业内部网络，分配的是内部地址，内部主机 A、B 通过一台交换机连接到路由器 1809 的一个接口上，要求使用静态 PAT 技术让这台主机访问外网。

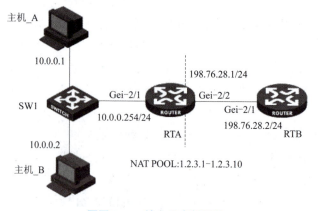

题图 8-2　某企业内部网络

模块 9

网络可靠性实施

网络的高可靠性体现在设备一致处于服务状态并且一直保持较高的运行效率，要保障网络的可靠性，在交换和路由体系之中，有一些协议对于网络的运行、维护和管理具有重要的作用，比如 STP 协议可以避免网络产生回路，保证网络稳定可靠；LACP 可以增加交换机之间链路的带宽并提供主备或者负荷分担功能；DHCP 协议可以使网络主机自动获取 IP 地址，减少网络管理的工作量；VRRP 可以实现对关键节点的主备备份，增强网络的可靠性。本模块可以帮助学生掌握重要协议的原理和配置方法，让大家能够在组网时将它们灵活运用。

【知识目标】

1. 熟悉 STP 协议的基本概念，了解 STP 的工作原理，掌握 STP 的配置方法；
2. 熟悉 LACP 协议的基本概念，了解 LACP 的工作原理；掌握 LACP 的配置方法；
3. 熟悉 DHCP 协议的基本概念，了解 DHCP 的工作原理；掌握 DHCP 的配置方法；
4. 熟悉 VRRP 协议的基本概念，了解 VRRP 的工作原理；掌握 VRRP 的配置方法。

【技能目标】

1. 会根据组网情况配置 STP 协议，能分析、定位和处理网络环路引发的故障；
2. 会根据组网情况配置 LACP 协议，能够解决网络带宽不足、网络单链路引发网络不稳定的问题；
3. 会根据组网情况配置 DHCP 服务，能分析、定位和处理由于 DHCP 失败产生的问题；
4. 会根据组网情况配置 VRRP 协议，能解决网络单点故障问题，分析、定位和处理 VRRP 故障。

【素养目标】

培养纪律意识，依据法律法规工作。

融入点：交换机和路由器都需要按照不同的协议来进行配置，以实现不同的功能。协议可以理解为约定的标准和要求。学习本模块后，学生可以明白在社会生活中要树立纪律观念，做任何事都要按规矩进行。

任务 9.1 交换机 STP 协议避免环路实施

【任务描述】某小型企业有 2 个办公室，每个办公室一台交换机，两台交换机的 23 端口之间使用一条网线互连。为了避免因为网线或者交换机端口故障引发中断，在两个交换机的 24 端口之间又加上了一条网线。这样两个交换机之间使用了 2 条网线连接形成两条链路，如图 9.1-1 所示。

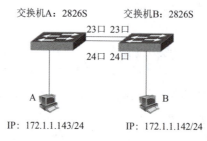

图 9.1-1 网络拓扑图

【任务要求】在交换机上启用 STP 协议，防止网络环路，进行数据配置并验证。

【实施环境】计算机 2 台、ZXR10 2826S 系列交换机 2 台、串口线 1 条、RS232 转 USB 线 1 条、网线 4 根。

知识准备：STP 协议认知

组网的时候，为了防止某个关键设备或者某条关键链路发生故障，往往会在关键节点或者关键链路上增加备份设备或者备份链路，这种冗余的配置是提高网络的稳定性和可靠性的主要方法。当单个设备、单个链路或端口发生故障时，可以切换至正常的设备和链路上继续运行；同时，冗余设备和链路也可以分担流量负载和增加容量。

1. 网络环路的影响

虽然冗余配置增强了网络的可靠性，但是也会引发网络环路。网络环路造成网络广播风暴，耗尽交换资源，造成交换机瘫痪，环路也会产生 MAC 地址表抖动，从而造成网络中断，主要影响包括以下情况。

1）广播风暴

广播信息在冗余网络中不断的转发，直至导致交换机出现超负荷运转，最终耗尽所有带宽资源、阻塞全网通信。如图 9.1-2 所示，比如主机 A 发了一个广播信息，这条广播信息会从 SW1 的 F0/1 和 F0/2 发出，从 SW1 的 F0/1 发出的广播到达 SW2 后，会从 SW2 的 F0/2 再发回到 SW1，从 SW1 的 F0/2 发出的广播到达 SW2 后，会从 SW2 的 F0/1 再发回到 SW1。如此循环，这条广播在两个交换机中循环发送。由于二层的广播报文没有 TTL 的限制，便会一直存在，不会被交换机丢弃，将占用大量网络带宽。

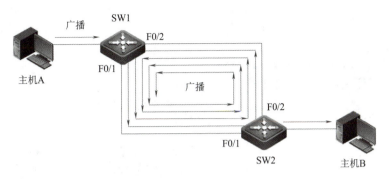

图 9.1-2 广播风暴

2）多帧复制

多帧复制是指单播的数据帧被多次复制传送到目的站点，如图 9.1-3 所示。主机 A 给主机 B 发送数据帧，因为 SW1 上没有主机 B 的 MAC，SW1 会通过两个链路发起泛洪操作，这样，SW2 在两个接口收到数据帧后给 SW1 回复主机 B 的 MAC，主机 A 会发送两条数据帧到主机 B，而且由于源 MAC 和目的 MAC 相同，主机 B 便收到两个同样的单播帧，如此就出现了多帧复制的现象。

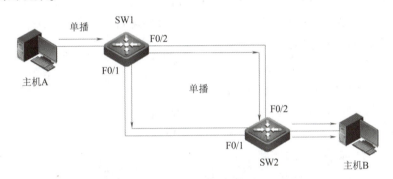

图 9.1-3 多帧复制

3）MAC 地址表抖动

由于相同帧的拷贝在交换机的不同端口上被接收会引起 MAC 地址表反复更新，从而导致 MAC 地址漂移（图 9.1-4），SW1 会在 F0/1 和 F0/2 都生成主机 B 的 MAC 地址，SW2 会在 F0/1 和 F0/2 都生成主机 A 的 MAC 地址，而交换机的一个接口能对应多个 MAC 地址，但是一个 MAC 地址只能对应一个接口，所以主机 A 和 B 的 MAC 地址被反复的记录在交换机的不同接口上，引起 MAC 表的抖动，造成交换机的通信时断时续。

2. STP 协议原理

STP（Spanning Tree Protocol，生成树协议）的出现解决了以上的第二层网络环路问题，STP 阻塞某条链路使另外的链路处于工作状态，当正常工作的链路由于发生故障而断开时，阻塞的链路被立刻激活，迅速取代故障链路的位置，以保证网络的正常运行。

为了实现此功能，在 STP 协议中定义了 RB（Root Bridge，根桥）、RP（Root Port，根接

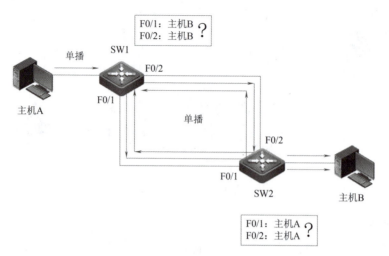

图 9.1-4　MAC 地址表抖动

口）、DP（Designated Port，指定端口）、路径开销（Path Cost）等概念，并使用 BPDU（Bridge Protocol Data Unit，网桥协议数据单元）彼此之间交互 STP 协议消息，其目的就是在通过裁剪冗余环路的同时也实现链路备份和保证路径最优。另外，生成树协议还使网络具备了链路的备份功能，当网络拓扑发送变化时，生成树协议能自动感知，并重新计算产生新的生成树，确认无环的转发路径。

如图 9.1-5 所示，主机 A 到交换机 S1 有两条链路：S2 到 S1 和 S3 到 S1，由于 S2 的端口指定为指定端口，S3 的端口指定为替换端口，所以正常状态下 A 到 S1 会经过 S2，A 到 S3 到 S1 的链路不参与转发；当 A 到 S2 到 S1 的链路中断，则 A 到 S3 再到 S1 的链路会进入工作状态。当 A 到 S2 再到 S1 的链路恢复，STP 协议会重新计算来决定是 A 到 S2 再到 S1 还是 A 到 S3 再到 S1。

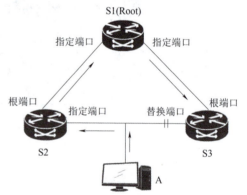

图 9.1-5　STP 协议拓扑图

STP 通过 4 个步骤实现上面的功能：

（1）在交换机网络中选举一个 RB。

在 STP 中，每台交换机都有一个标示符，叫作 BID（Bridge ID，桥 ID），每一台运行 STP 的交换机都拥有一个唯一的 BID。IEEE 802.1d 标准中规定 BID ＝ "16 位的桥优先级（Bridge Priority）+48 位的 MAC 地址"，其中 BID 桥优先级占据高 16 bit，其余低 48 bit 是桥 MAC 地址，交换机的端口编号最小的那个端口的 MAC 地址作为整个桥的 MAC 地址。

根桥的选择依据是 BID 最小的称为根桥，所以首先看桥优先级，桥优先级的值最小的交换机是根桥。在 STP 网络中，桥优先级可配置，范围是 0～65 535，默认为 32 768，可以修改，但修改值必须为 4096 的整数倍。在图 9.1-6 中，交换机 SW2 的 BID 是 4096.00-d0-f8-00-22-22，其中 4096 是桥的优先级，比 SW1 和 SW3 的优先级 32768 小，所以 SW2 是根桥。如果桥优先级相同，则 MAC 地址最小的交换机将成为根桥，所以 SW3 比 SW1 的

00-d0-f8-00-11-11 和 SW2 的 00-d0-f8-00-33-33 小，可以被选为根桥。

（2）在每个非根桥上选举一个。

在一个交换网络中，除了根桥之外的其他交换机都是非根桥，STP 将为每个非根桥选举一个根接口。所谓根接口，实际上是非根桥上所有接口中收到的最优 BPDU 接口，即到达根桥路径成本最低的接口，可以简单地将其理解为交换机在 STP 树上指向根桥的接口。非根桥

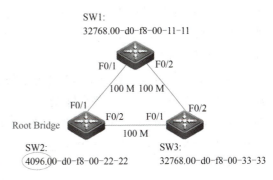

图 9.1-6　根桥选择

中可能会有一个或多个接口接入同一个交换网络，STP 将会在这些接口中选举并且只会选出一个根接口。在图 9.1-7 中，SW1 的 F0/1（直连）到 SW2 的路径成本低于 F0/2（交换直连），SW3 的 F0/1（直连）到 SW2 的路径成本低于 F0/2（交换直连），所以 SW1 选择 F0/1，SW3 选择 F0/1 作为根接口。

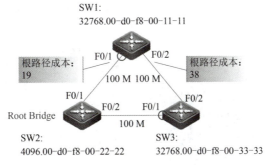

图 9.1-7　根接口选择

（3）选举指定接口（Designated Port，DP）。

选定根接口后，STP 将在每个网段中选举一个指定接口，而这个接口是该网段内所有接口到达根桥的最优接口，根桥的所有接口都是指定接口，因为根桥上的接口到根桥的路径成本最低。非根桥的指定端口在根接口中选择，SW1 的 F0/1 和 SW3 的 F0/1 到 SW2 的路径成本一样，但是 SW1 的交换机 ID 比 SW3 的交换机 ID 小，所以 SW1 的 F0/1 被选定为指定端口，如图 9.1-8 所示。

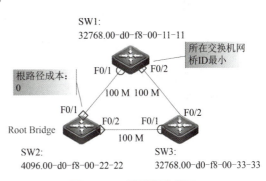

图 9.1-8　选举指定端口

（4）阻塞非指定接口，打破二层环路。

经过前三步的计算，如果交换机的某些接口既不是根接口又不是指定接口，这种接口称为非指定接口，该接口将会被 STP 阻塞，连接该接口的链路也随之中断，如此一来，网络中的二层环路也就不存在了。如图 9.1-9 所示，SW3 的 F0/2 接口既不是根接口，也不是指

定接口，所以接口被阻塞，SW1 和 SW3 之间的链路也随之被阻塞，SW1、SW2 和 SW3 之间在正常工作状态时无环路。

接下来，如果 SW1 到 SW2 之间的链路中断，SW2 和 SW3 之前的链路会接管工作。当 SW1 和 SW2 之间的链路恢复正常，STP 协议会重新计算生成树并再次阻塞冗余链路，且如此反复。

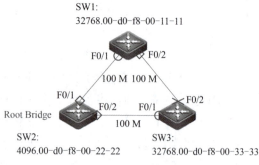

图 9.1-9 阻塞冗余链路

3. RSTP 和 MSTP

RSTP（Rapid Spanning Tree Protocol，快速生成树协议）在普通 STP 协议的基础上增加了端口，可以快速由 Blocking 状态转变为 Forwarding 状态的机制，提高了拓扑的收敛速度。

MSTP（Multiple Spanning Tree Protocol，多生成树协议）是在快速和普通生成树协议基础上，增加对带有 VLAN ID 的帧转发的处理。整个网络拓扑结构可以规划为总生成树 CIST，分为 CST（主干生成树）和 IST（区域生成树），如图 9.1-10 所示。

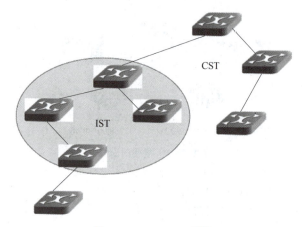

图 9.1-10 MSTP 网络

在整个多生成树的拓扑结构中，可以把 IST 视为单个的交换机，这样就可以把 CST 作为一个 RSTP 生成树来进行配置信息的交互。在一个 IST 区域内可以创建多个实例，这些实例只在本区域内有效。可以把每一个实例等同于一个 RSTP 生成树，而不同的是，还要与区域外的网桥进行 BPDU 的交互。

用户在创建某个实例时，必须将一个或多个 VLAN ID 划入此实例中。IST 区域内的网桥上属于这些 VLAN 的端口通过 BPDU 的交互，最终构成一个生成树结构（每个实例对应一个生成树结构）。这样，该区域内的网桥在转发带有这些 VLAN ID 的数据帧时，将根据对应实例的生成树结构进行转发。对于要转发到该区域外的数据帧，无论其带有何种 VLAN ID，均按照 CST 的 RSTP 生成树结构进行转发。

与 RSTP 相比，MSTP 的优点为：在某个 IST 区域中，可以按照用户设定的生成树结构对带有某个 VLAN ID 的数据帧进行转发，并保证不会造成环路。

4. STP 的配置语法

STP 的配置语法如表 9.1-1 所示。

表 9.1-1　STP 的配置语法

序号	命令	功能	参数解释
1	set stp {enable | disable}	使能/关闭 STP	enable：使能（启动）；disable：关闭
2	set stp forceversion {mstp | rstp | stp}	设置 STP 的强制类型	mstp：多生成树协议；rstp：快速生成树协议
3	show stp	显示 STP 的信息	
4	show stp instance [<0-15>]	显示 STP 实例的信息	0-15：STP 实例

任务实施：交换机 STP 协议配置

1. 配置思路

在两个互连的交换机上启用生成树协议，生成树协议即可自动实现任务要求。

交换机 STP 协议配置

2. 数据规划

数据规划如表 9.1-2 所示。

表 9.1-2　数据规划

序号	设备	接口	IP 地址	对端端口
1	PCA	网卡	172.1.1.143/24	交换机 A-1
2	PCB	网卡	172.1.1.142/24	交换机 B-1
3	交换机 A	23		交换机 B-23
		24		交换机 A-24
		1		PCA 网卡
4	交换机 B	23		交换机 A-23
		24		交换机 A-24
		1		PCB 网卡

3. 操作步骤

第一步：连接组网并进行初始测试。

按照图 9.1-1 连接交换机和计算机，此时 2 台交换机之间只连接 1 根网线。将计算机的网卡设置 IP 地址都设置在 172.1.1.0/24 网段，计算机 A 的 IP：172.1.1.143/24，计算机 B 的 IP：172.1.1.142/24。在计算机 A、B 上做相互的 ping 测试，如在 B 上执行"ping 172.1.1.143 -t"命令，检测网络是否可达，"-t"参数意义为一直 ping 指定的计算机，直到按"Ctrl+C"组合键中断。

第二步：增加环路并测试。

在两个交换机的 24 号端口之间加一条冗余的网线，按照步骤一的方法，使用 ping 命令检测网络是否可达。

第三步：启动 STP。

中兴 ZXR10 2800 系列交换机在默认状态下，STP 不启用。分别在交换机 A、B 上启动 STP，在交换机上进行如下配置。

交换机 A 的配置：

zte(cfg)#show stp　　　　　　//查看 STP,确认目前状态

zte(cfg)#set stp enable　　　　　//启动 STP 协议

zte(cfg)#set stp forceversion stp　　//将 STP 模式设置为 STP

在交换机 B 上做同样的配置。

在启动 STP 之后，根据步骤一的方法观察网络状态是否可达。

第四步：拔掉 23 口之间的网线，观察 A 和 B 之间是否互通。

4. 实验现象分析

执行第一步后，可以观察网络状态可达，因为两个主机处于同一网段，且互相连通。

执行第二步后，一开始可以 ping 通，一段时间后出现了 ping 失败。此时由于加入了第二条链路而且没有启用 STP，交换机之间出现了环路，网络不通。

执行第三步，即启动 STP 后，如果在一段时间以后可以 ping 通，说明在启动 STP 后，STP 生效，闭塞了环路，化解了环路带来的影响。

此时，查看 STP 实例状态，如图 9.1-11 所示。

zte(cfg)# show stp instance

```
zte>show stp instance
  Spanning tree enabled protocol stp
  RootID:
  Priority       : 32768      Address  : 00.22.93.4d.7d.e6
  HelloTime(s)   : 2          MaxAge(s): 20
  ForwardDelay(s): 15

  Reg  RootID:
  Priority       : 32768      Address  : 00.22.93.4d.7d.e6
  RemainHops     : 20

  BridgeID:
  Priority       : 32768      Address  : 00.22.93.4d.7d.e6
  HelloTime(s)   : 2          MaxAge(s): 20
  ForwardDelay(s): 15         MaxHops  : 20

  Interface PortId Cost    Status  Role       Bound GuardStatus
  --------- ------ ------  ------- ---------- ----- -----------
  23        128.23 200000  Forward Designated SSTP  None
  24        128.24 200000  Forward Designated SSTP  None
```

图 9.1-11　STP 实例状态

执行第四步后，此时拔掉的是选定端口之间的链路，而 24 端口之间的链路被 STP 协议阻塞，因此 ping 不通。过一段时间后，可以 ping 通，因为此时 STP 协议被重新计算，剩下

的 24 接口的链路被激活,所以网络又通了。

任务总结

STP 协议处于二层交换网络中,使从根到所有的节点仅存在唯一的路径;当最佳路径故障时,自动激活被堵塞的部分接口,实现链路备份。注意,此处的阻塞是指逻辑阻塞,不是物理阻塞,所以不是 shutdown。对于 STP 的基本配置,只需要在交换机上启用 STP 并选择 STP、RSTP 或者 MSTP 类型即可。

任务评估

任务完成之后,教师按照表 9.1-3 来评估每个学生的任务完成情况,或者学生按照表 9.1-3 中的内容来自评任务完成情况。

表 9.1-3 任务评估表

任务名称:交换机 STP 协议的实施		学生:	日期:	
评估项目	分值	评价标准	评估结果	得分情况
1. 数据规划	20	交换机数据规划正确,错误一处扣 5 分,扣完为止		
2. 命令行输入	10	交换机命令行输入完备和正确		
3. 配置数据检查	10	show stp instance 显示 23 和 24 是交换机互连接口		
4. 状态检查	10	show stp instance 显示 STP 激活		
5. 业务验证	40	1. 加入第二条链路前,AB 互 ping		
		2. 加入第二条链路后,AB 互 ping		
		3. 启动 STP 后,AB 互 ping		
		4. 拆除第二条链路后,AB 互 ping		
6. 完成时间	10	在规定的时间(30 min)内完成,超时 1 min 扣 1 分,扣完为止		
评价人:			总分:	

任务 9.2 交换机 LACP 协议扩充互连带宽实施

【任务说明】某企业的一个部门分为两个办公室,它们之间的交换机使用网线互连。由于两个办公室之间需要进行大量的数据交互,它们之间一条链路的带宽不能满足数据传送的需求,现在需要在两台交换机之间配置两条链路并使用端口聚合增加带宽。

S1 和 S2 之间运行 LACP 协议。S1 接口 Gei-0/1/1/15 与 S2 接口 Gei-0/1/1/15 直连,S1 接口 Gei-0/1/1/16 与 S2 接口 Gei-0/1/1/16 直连,如图 9.2-1 所示。

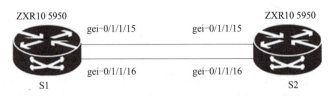

图 9.2-1　LACP 的配置

【任务要求】两个交换机配置 LACP 协议实现端口聚合，完成数据配置并验证。

【实施环境】2 台 ZXR10 5950-36TM-H 系列交换机、串口线 1 根、RS232 转 USB 线 1 根、网线 4 根。

知识准备：LACP 认知

1. 链路聚合概述

互连时，两台交换机之间的链路可能会成为流量的瓶颈，所以可以考虑在交换机之间增加第二条以上的链路以增加带宽。在任务 9.1 中，虽然交换机之间有两条链路，但是链路之间只是互相备份，并没有起到增加带宽的作用。以太网链路聚合技术通过将多条以太网物理链路捆绑在一起成为一条逻辑链路来实现增加链路带宽的目的，而且这些捆绑在一起的链路通过相互间的动态备份，可以有效提高链路的可靠性。

链路聚合技术主要有以下四个优势：

（1）增加带宽：链路聚合接口的最大带宽可以达到各成员接口带宽之和。

（2）负载分担：当某条活动链路出现故障时，流量可以切换到其他可用的成员链路上，从而提高链路聚合接口的可靠性。

（3）避免二层环路：多条链路在逻辑上是一条链路，因此，虽然交换机之间存在多条链路，但是交换机之间没有二层环路。

（4）负载分担：在一个链路聚合组内可以实现在各成员活动链路上的负载分担。如图 9.2-2 所示，两台交换机之间通过 A、B、C、D 4 条以太网物理链路相连，将这四条链路捆绑在一起，就成了一条逻辑链路。这条逻辑链路的最大带宽等于原先四条以太网物理链路的带宽总和，从而达到了增加链路带宽的目的。同时，两台交换机之间的数据传送四条以太网物理链路可以进行负荷分担，当 D 链路中断时，其上的业务会重新分配至 A、B、C 链路，从而有效提高了链路的可靠性。

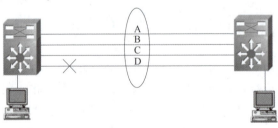

图 9.2-2　链路聚合示意

2. 链路聚合的一些基本概念

在进行链路聚合配置时，经常用到链路聚合的一些概念。

（1）链路聚合组与链路聚合接口。

链路聚合组（Link Aggregation Group，LAG）是指将若干条以太链路捆绑在一起所形成的逻辑链路。每个聚合组唯一对应着一个逻辑接口，这个逻辑接口称之为链路聚合接口或 Eth-Trunk（以太网链路聚合）接口。链路聚合接口可以作为普通的以太网接口来使用，与普通以太网接口的差别在于：转发的时候链路聚合组需要从成员接口中选择一个或多个接口来进行数据转发。

（2）成员接口和成员链路。

组成 Eth-Trunk 接口的各个物理接口称为成员接口，而成员接口对应的链路称为成员链路。

（3）活动接口和非活动接口、活动链路和非活动链路。

链路聚合组的成员接口存在活动接口和非活动接口两种。转发数据的接口称为活动接口，不转发数据的接口称为非活动接口。活动接口对应的链路称为活动链路，非活动接口对应的链路称为非活动链路。

（4）活动接口数下限阈值和上限阈值。

活动接口数下限阈值是保证达到链路聚合最小性能要求的最小链路数量。例如，每条物理链路能提供 1 Gbit/s 的带宽，现在最小需要 2 Gbit/s 的带宽，那么活动接口数下限阈值必须要大于等于 2。如果当前活动链路的数量小于下限阈值时，Eth-Trunk 接口的状态转为 Down。

活动接口数上限阈值是保证达到链路聚合可靠性要求的最大链路数量。例如，假设上限阈值是 4，则即使链路数量超过 4 条也只能有 4 条链路工作，而其他的 Eth-Trunk 端口被置为 Down 状态。

3. 链路聚合模式

链路聚合模式分为手工模式和 LACP 模式两种。

（1）在手工模式下，Eth-Trunk 的建立、成员接口的加入由手工配置，没有链路聚合控制协议 LACP 的参与。当需要在两个直连设备之间提供一个较大的链路带宽，而设备又不支持 LACP 协议时，可以使用手工模式。手工模式可以起到增加带宽、提高可靠性和负载分担的作用。

（2）LACP（Link Aggregation Control Protocol，链路聚合控制协议）是一种基于 IEEE802.3ad 标准的实现链路动态聚合与解聚合的协议，它是链路聚合中常用的一种协议。

4. LACP 的工作原理

LACP 为数据交换设备提供一种标准的协商方式。然后系统根据自身配置自动形成聚合链路并启动聚合链路收发数据。LACP 通过 LACPDU（Link Aggregation Control Protocol Data Unit，LACP 协议数据单元）与对端交互信息，待对端接收到这些信息后，将这些信息与其他端口所保存的信息进行比较，以选择能够汇聚的端口，双方对端口加入或退出某个动态聚合组达成的意见一致，从而确定承担业务流量的链路。

LACP 工作阶段包括互发 LACPDU 报文、确定主动端、确定活动链路、链路切换四个阶段，具体实现方法如下。

1）互发 LACPDU 报文

先在对接的两台设备上创建 Eth-Trunk 并配置为 LACP 模式，然后向 Eth-Trunk 中手工加入成员接口。此时成员接口上便启用了 LACP 协议，两端互发 LACPDU 报文，LACPDU 报文中包含设备的系统优先级、MAC 地址、接口优先级、接口号和操作 Key 等信息，如图 9.2-3 所示。

图 9.2-3 互发 LACPDU 报文

2）确定主动端

两端设备均会收到对端发来的 LACPDU 报文。以 DeviceB 为例，当 DeviceB 收到 DeviceA 发送的报文时，DeviceB 会查看并记录对端信息，然后比较系统优先级字段，如果 DeviceA 的系统优先级高于本端的系统优先级，则确定 DeviceA 为 LACP 主动端。如果 DeviceA 和 DeviceB 的系统优先级相同，比较两端设备的 MAC 地址，MAC 地址小的一端为 LACP 主动端，如图 9.2-4 所示。

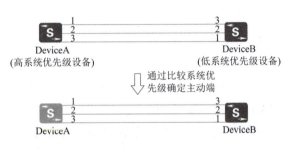

图 9.2-4 确定主动端

3）确定活动链路

选出主动端后，设备两端会以主动端的接口优先级来选择活动接口，如果主动端的接口优先级都相同则选择接口编号比较小的为活动接口。LACP 模式支持设置活动接口数上限阈值以在保证带宽的情况下提高网络可靠性，当前活动接口数量达到上限阈值时，再向 Eth-Trunk 中添加成员接口，不会增加 Eth-Trunk 活动接口的数量，超过上限阈值的链路状态将被置为 Down，作为备份链路。若两端设备选择了一致的活动接口，活动链路组便可以建立起来，这些活动链路以负载分担的方式转发数据。

如图 9.2-5 所示，在 LACP 模式下，如果活动链路数上限阈值为 2，通过 LACP 协商后，链路 1 和链路 2 因为优先级较高被选作活动链路，链路 3 则为备份链路。聚合链路中的活动链路参与数据转发，总带宽等于被选中的活动链路带宽之和。

4）链路切换

在 LACP 模式链路聚合组中，如果某条活动链路故障，链路聚合组自动在备份链路中选择一条优先级最高的链路作为活动链路接替故障链路，参与数据转发的链路数目不变，保证数据传输的可靠性。

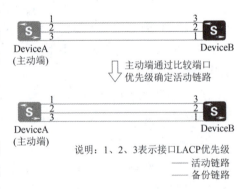

图 9.2-5 确定活动链路

如果 LACP 模式链路聚合组两端设备中的任何一端检测到以下事件，都会触发聚合组的链路切换。

（1）在用链路发生链路 Down 事件。

（2）以太网 OAM 检测到在用链路失效。

（3）LACP 协议发现在用链路故障。

（4）接口不可用。

（5）在使用了 LACP 抢占功能的前提下，更改备份接口的优先级高于当前活动接口的优先级。

当满足上述切换条件其中之一时，按照规定步骤切换，如图 9.2-6 所示。

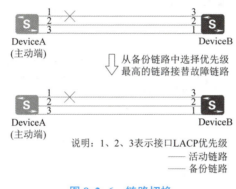

图 9.2-6　链路切换

（1）关闭故障链路。

（2）从 N 条备份链路中选择优先级最高的链路接替活动链路中的故障链路。

（3）优先级最高的备份链路转为活动状态并转发数据，完成切换。

5. 配置语法

配置 LACP 协议的命令语法如表 9.2-1 所示。

表 9.2-1　LACP 协议的命令语法

序号	命令	功能	参数解释
1	ZXR10（config）# interface < smartgroup-name>	创建链路聚合组 SmartGroup，并进入 smartgroup 接口配置模式	smartgroup-name：链路聚合组名称
2	S1（config-if）# switch attribute enable	激活链路聚合组	
3	ZXR10(config)#lacp	进入 LACP 配置模式	

续表

序号	命令	功能	参数解释
4	ZXR10（config-lacp）#interface <interface-name>	进入 LACP 接口配置模式	interface-name：接口名字
5	ZXR10（config-lacp-sg-if-smartgroup-name）# lacp mode {802.3ad ǀ on}	设置链路聚合组的聚合模式	802.3ad：聚合控制方式是采用 802.3ad 标准的 LACP 协议；On：指静态 trunk，此时不运行 LACP 协议；缺省配置是静态 trunk 模式（on 模式）
6	ZXR10（config-lacp-sg-if-smartgroup-name）# lacp load-balance <mode>	设置链路聚合组的负荷分担方式	mode：链路聚合负荷分担模式，支持的参数是 dstip、dst-mac、src-dst-ip、src-dst-mac、src-ip、src-mac、src-port、dst-port、src-dst_port、enhance，缺省模式为 src_dst_mac
7	ZXR10（config-lacp-sg-if-smartgroup-name）#lacp minimum-member < member_number>	配置 SmartGroup 协议 UP 阈值	member_number：配置 SmartGroup 协议 UP 阈值，范围为 1~8
8	ZXR10（config-lacp-member-if-interface-name）# smart group <smartgroup-id> mode {passive ǀ active ǀ on}	添加接口到链路聚合组并设置接口的链路聚合模式	<smartgroup-id>链路聚合组号，范围为 1~128；passive 指接口的 LACP 处于被动协商模式；active 指接口的 LACP 处于主动协商模式；on 指静态 trunk，聚合的两端都需要设置成 on 模式
9	ZXR10（config-lacp-member-if-interface-name）# lacp timeout {long ǀ short}	配置 LACP 成员端口的长、短超时	long 配置端口 LACP 长超时；short 配置端口 LACP 短超时
10	ZXR10#show lacp ǀ[<smartgroup-id >] {counters ǀ internal ǀ neighbors} ǀ sys-id	查看 LACP 当前的配置和状态	<smartgroup-id>链路聚合组名称，范围为 1~128；counters 查看端口 LACP 收发包状态；internal 显示成员端口的聚合状态；neighbors 查看对端邻居的成员端口状态；sys-id 查看 LACP 系统的优先级

任务实施：交换机 LACP 协议配置

1. 配置思路

（1）S1 和 S2 上分别创建聚合组。

（2）分别在 S1 和 S2 上的接口配置模式下设置聚合组接口的交换属性。

（3）将 S1、S2 上聚合组的聚合控制方式配置为采用 802.3ad 标准的 LACP 协议，配置负荷分担策略，以及活动接口数最小阈值。

交换机 LACP 协议配置

（4）分别将 S1、S2 的实接口绑入聚合组。

（5）分别为 S1、S2 上聚合组中成员接口配置 LACP 协商模式以及超时时长。

2. 数据规划

根据组网和实现功能进行数据规划，如表 9.2-2 所示。

表 9.2-2 数据规划

序号	交换机	聚合组	聚合方式	接口
1	S1	1	LACP	gei-0/1/1/15 gei-0/1/1/16
2	S2	1	LACP	gei-0/1/1/15 gei-0/1/1/16

3. 操作步骤

第一步：连接设备。

根据网络拓扑也数据规划，使用两根网线分别将 S1 的接口 15 连接 S2 的接口 15，再将 S2 的接口 16 连接 S2 的接口 16。

第二步：配置 S1。

S1（config）#interface smartgroup1   //创建端口聚合组 1

ZXR10（config-if-smartgroup1）#switch attribute enable   //激活端口聚合组

Would you change the L2/L3 attribute of the interface?［yes/no］:yes//此输入 yes 激活端口二层属性

ZXR10（config-if-smartgroup1）#exit

ZXR10（config）#lacp   //启用 LACP

ZXR10（config-lacp）#interface smartgroup1

ZXR10（config-lacp-sg-if-smartgroup1）#lacp mode 802.3ad   //在聚合组 1 启用 802.3ad 标准的 LACP 协议

ZXR10（config-lacp-sg-if-smartgroup1）#lacp load-balance dst-mac //设置负载分担的模式，基于目的 MAC

ZXR10（config-lacp-sg-if-smartgroup1）#lacp minimum-member 1   // 链路聚合活动接口

数下线为1

　　ZXR10（config-lacp-sg-if-smartgroup1）#exit

　　ZXR10（config-lacp）#interface gei-0/1/1/15

　　ZXR10（config-lacp-member-if-gei-0/1/1/15）#smartgroup 1 mode active //将聚合模式设置为active

　　ZXR10（config-lacp-member-if-gei-0/1/1/15）#lacp timeout short　　//lacp 报文超时时间为端周期(1 s)

　　ZXR10（config-lacp-member-if-gei-0/1/1/15）#exit

　　ZXR10（config-lacp）#interface gei-0/1/1/16

　　ZXR10（config-lacp-member-if-gei-0/1/1/16）#smartgroup 1 mode active

　　ZXR10（config-lacp-member-if-gei-0/1/1/16）#lacp timeout short

　　ZXR10（config-lacp-member-if-gei-0/1/1/16）#exit

第三步：配置 S2。

　　ZXR10（config）#interface smartgroup1

　　ZXR10（config-if-smartgroup1）#switch attribute enable

　　Would you change the L2/L3 attribute of the interface?［yes/no］:yes

　　ZXR10（config-if-smartgroup1）#exit

　　ZXR10（config）#lacp

　　ZXR10（config-lacp）#interface smartgroup1

　　ZXR10（config-lacp-sg-if-smartgroup1）#lacp mode 802.3ad

　　ZXR10（config-lacp-sg-if-smartgroup1）#lacp load-balance dst-mac

　　ZXR10（config-lacp-sg-if-smartgroup1）#lacp minimum-member 1

　　ZXR10（config-lacp-sg-if-smartgroup1）#exit

　　ZXR10（config-lacp）#interface gei-0/1/1/15

　　ZXR10（config-lacp-member-if-gei-0/1/1/15）#smartgroup 1 mode active

　　ZXR10（config-lacp-member-if-gei-0/1/1/15）#lacp timeout short

　　ZXR10（config-lacp-member-if-gei-0/1/1/15）#exit

　　ZXR10（config-lacp）#interface gei-0/1/1/16

　　ZXR10（config-lacp-member-if-gei-0/1/1/16）#smartgroup 1 mode active

　　ZXR10（config-lacp-member-if-gei-0/1/1/16）#lacp timeout short

　　ZXR10（config-lacp-member-if-gei-0/1/1/16）#exit

　　ZXR10（config-lacp）#

4. 验证

在 S1 和 S2 上使用"show lacp 1 internal"命令查看 SmartGroup 配置和生效情况，如图 9.2-7 所示。从其中可以看出，端口 15、16 都处于主动协商模式，而且是"Fast LACPDUS"状态，这说明此时的检测状态是快速端口检测状态，接收 LACP 协议报文的超时时间为 3 s。如果将其配置为"Slow LACPDUS",接收 LACP 协议报文的超时时间为 90 s。

```
ZXR10(config)#show lacp 1 internal
Smartgroup:1
Flags:          * - Port is Active member Port
                S - Port is requested in Slow LACPDUS
                F - Port is requested in Fast LACPDUS
                A - Port is in Active mode
                P - Port is in Passive mode
Actor              Agg      LACPDUS  Port   Oper   Port  RX         Mux
Port[Flags]        State    Interval Pri    Key    State Machine    Machine
--------------------------------------------------------------------------------
gei-0/1/1/15[FA*]  ACTIVE   1        32768  0x111  0x3f  CURRENT    COLL&DIST
gei-0/1/1/16[FA*]  ACTIVE   1        32768  0x111  0x3f  CURRENT    COLL&DIST
```

图 9.2-7　LACP 链路配置情况

拔掉两个交换机之间的 15 端口的网线后可以看到,16 号端口处于 active 状态,15 号端口处于 inactive 状态,如图 9.2-8 所示。

```
ZXR10(config)#show lacp 1 internal
Smartgroup:1
Flags:          * - Port is Active member Port
                S - Port is requested in Slow LACPDUS
                F - Port is requested in Fast LACPDUS
                A - Port is in Active mode
                P - Port is in Passive mode
Actor              Agg      LACPDUS  Port   Oper   Port  RX              Mux
Port[Flags]        State    Interval Pri    Key    State Machine         Machine
--------------------------------------------------------------------------------
gei-0/1/1/15[ A ]  INACTIVE 1        32768  0x111  0x47  PORT_DISABLED   DETACHED
gei-0/1/1/16[FA*]  ACTIVE   1        32768  0x111  0x3f  CURRENT         COLL&DIST
```

图 9.2-8　一个链路 down 掉后的交换机状态

任务总结

链路聚合(Link Aggregation)是指将具有相同传输介质类型、相同传输速率的物理链路段"捆绑"在一起,在逻辑上看起来好像是一条链路。链路聚合又称中继(Relay),允许交换机之间或交换机和服务器之间的对等的物理链路同时成倍地增加带宽。因此,它是增加链路的带宽、创建链路的传输弹性和冗余等方面的一种很重要的技术。

聚合的链路又称干线(Trunk)。如果 Trunk 中的一个端口发生堵塞或故障,数据包会被分配到该 Trunk 中的其他端口上进行传输。如果这个端口恢复正常,那么数据包将被重新分配到该 Trunk 中所有正常工作的端口上进行传输。

基本的 LACP 配置主要包括:启用 LACP,定义聚合组并加入端口,设置聚合组聚合模式,定义聚合的各种参数等。配置聚合组后,可以对它进行各种设置,如设置 PVID、加入 VLAN、静态绑定 MAC 地址等。

任务评估

任务完成之后,教师按照表 9.2-3 来评估每个学生的任务完成情况,或者学生按照表 9.2-3 中的内容来自评任务完成情况。

表 9.2-3　任务评估表

任务名称：交换机 STP 协议实施		学生：	日期：	
评估项目	分值	评价标准	评估结果	得分情况
1. 数据规划	10	交换机数据规划正确，每错 1 处扣 5 分，扣完为止		
2. 命令行输入	50	交换机命令行输入完备和正确		
3. 验证	10	show lacp 1 internal，显示聚合组配置情况，和数据规划一致		
	10	拔掉 1 根网线后，另 1 条链路正常工作		
4. 完成时间	20	在规定的时间（30 min）内完成，超时 1 min 扣 1 分，扣完为止		
评价人：			总分：	

任务 9.3　DHCP 协议实现 IP 地址自动分配

【任务说明】某企业中的每个部门都是一个局域网，它们内部的计算机能够被自动分配到 IP 地址，如图 9.3-1 所示。

图 9.3-1　DHCP Server 配置实例拓扑图

【任务要求】在三层交换机上配置 DHCP 协议，为局域网内的主机分配 IP 地址，完成数据配置并进行验证。

【实施环境】3 台测试计算机、1 台 ZXR10 5950-36T-H 三层交换机、串口线 1 根、RS232 转 USB 线 1 根、网线 4 根。

知识准备：DHCP 认知

1. DHCP 协议概述

在给网络中的计算机配置 IP 地址时，可以采用静态分配的方法，即在每台计算机上打开网卡配置手动输入 IP 地址、掩码、网关和 DNS。但是，如果局域网中的计算机太多，维护员给每一台计算机配置 IP 地址是一项繁杂的工作，而且有时候会发生用户私自修改 IP 地址导致 IP 地址重复，引发 ARP 协议冲突，从而导致计算机通信失败的情况。DHCP

（Dynamic Host Configuration Protocol，动态主机配置协议）的出现解决了这个问题。DHCP 是 TCP/IP 协议族中的一种，主要是用来从预先定义好的 IP 地址池中选择一个 IP 地址分配给一个计算机，而且保证地址不重复。DHCP 通常被应用在大型的局域网络环境中，主要作用是集中管理、分配 IP 地址，使网络环境中的主机动态获取 IP 地址、Gateway 地址、DNS 服务器地址等信息，并能够提升地址的使用率。

DHCP 协议保证任何 IP 地址在同一时刻只能由一台 DHCP 客户机使用，可以给用户分配永久固定的 IP 地址，也可以分配动态可变化的 IP 地址。当网络中已经存在手工配置的 IP 地址的主机时，DHCP 可以略过这个 IP 地址只分配其他地址。

2. DHCP 协议工作原理

DHCP 协议采用客户端/服务器模式，DHCP 服务器控制管理一段 IP 地址，客户机向这台服务器申请 IP 地址。当 DHCP 客户端程序发出一个请求 IP 地址的消息时，DHCP 服务器会根据目前已经配置的地址，提供一个可供使用的 IP 地址和子网掩码给客户端，以及与配置有关的地址生效时间段，当到达这个时间之后，客户端便会重新向 DHCP 服务器发起申请。DHCP 客户端使用端口 68，服务端使用端口 67。

DHCP 获取 IP 地址的过程如图 9.3-2 所示。

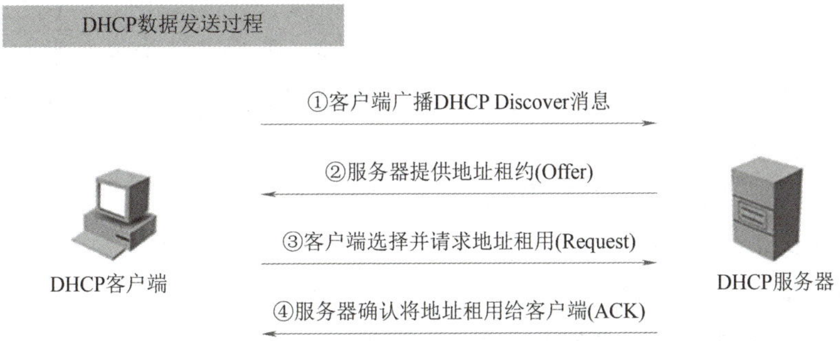

图 9.3-2　DHCP 获取 IP 地址的过程

第一步：搜索。

当 DHCP 客户端第一次登录网络的时候，计算机发现本机上没有任何 IP 地址设定，将以广播方式发送 DHCP Discover 发现信息来寻找 DHCP 服务器，即向 255.255.255.255 发送特定的广播信息。网络上每台安装了 TCP/IP 协议的主机都会接收这个广播信息，但只有 DHCP 服务器才会对其做出响应。

第二步：提供。

在网络中接收到 DHCP Discover 发现信息的 DHCP 服务器就会做出响应，它从尚未分配的 IP 地址池中挑选一个分配给 DHCP 客户机，向 DHCP 客户机发送一个包含分配的 IP 地址和其他参数的 DHCP Offer。此时客户端还没有 IP，因此返回信息也是以广播的方式返回的。

第三步：选择。

DHCP 客户端接收到 DHCP Offer 提供信息之后，选择第一个接收到的提供信息（如果有多个 DHCP 服务器），然后以广播的方式回答一个 DHCP Request 请求信息，该信息包含向它所选定的 DHCP 服务器请求 IP 地址的内容。

第四步：确认。

当 DHCP 服务器收到 DHCP 客户端回答的 DHCP Request 请求信息之后，便向 DHCP 客户端发送一个包含它所提供的 IP 地址和其他设置的 DHCP ACK 确认信息，确认租约，并指定租约时长，告诉 DHCP 客户端可以使用它提供的 IP 地址。然后 DHCP 客户机便将其 TCP/IP 协议与网卡绑定，另外，除了 DHCP 客户机选中的 DHCP 服务器外，其他的 DHCP 服务器将收回曾经提供的 IP 地址。

3. DHCP 地址分配方式

DHCP 服务器有以下三种 IP 地址的分配方式。

（1）手工分配：在手工分配中，网络管理员在 DHCP 服务器上，通过手工方法配置指定 IP 地址给某个 DHCP 客户机，一般根据客户机的 MAC 地址来识别，一旦该 IP 地址与 MAC 地址绑定，除非删除绑定关系，否则该地址不能用来分配给其他客户机。

（2）自动分配：在自动分配中，当 DHCP 客户机第一次向 DHCP 服务器租用到 IP 地址后，这个地址就永久地分配给了该 DHCP 客户机，而不会再分配给其他客户机。

（3）动态分配：当 DHCP 客户机向 DHCP 服务器租用 IP 地址时，DHCP 服务器只是暂时分配给客户机一个 IP 地址。只要租约到期，这个地址就会还给 DHCP 服务器，以供其他客户机使用。如果 DHCP 客户机仍需要一个 IP 地址来完成工作，则可以再要求获取另一个 IP 地址。

动态分配方式是唯一能够自动重复使用 IP 地址的方法，它对于暂时连接到网上的 DHCP 客户机来说尤为方便，对于永久性与网络连接的新主机来说也是分配 IP 地址的好方法。DHCP 客户机在不再需要时才放弃 IP 地址，当 DHCP 客户机要正常关闭时，它可以把 IP 地址释放给 DHCP 服务器，然后 DHCP 服务器就可以把该 IP 地址分配给申请 IP 地址的其他 DHCP 客户机。

4. DHCP 配置语法

DHCP 配置语法如表 9.3-1 所示。

表 9.3-1　DHCP 配置语法

序号	命令	功能	参数解释
1	ZXR10（config）# dhcp	进入 DHCP 配置模式	
2	ZXR10（config-dhcp）#enable	启用内置 DHCP 进程	
3	ZXR10（config）#ip pool <pool-name>	配置 IP 地址池，DHCP 服务器将其中的地址分配给客户主机	Pool-name：地址池名字

续表

序号	命令	功能	参数解释
4	ZXR10（config-ip-pool）#range <start-ip><end-ip><mask-ip>	地址池范围	start-ip：开始地址； end-ip：结束地址； mask-ip：地址掩码
5	ZXR10（config）#ip dhcp pool <dhcppool-name>	定义 DHCP Pool 的名字	dhcp pool-name：dhcp-pool 名字
6	ZXR10（config-dhcp-pool）ip-pool<ip-pool-name>	绑定指定的 IP Pool 到 DHCP Pool	ip-pool-name：ip-pool 名字
7	ZXR10（config-dhcp-pool）# lease-time [[infinite]	[<days> <hours><minutes>]]	地址租期	Days：天； Hours：小时； Minutes：分
8	ZXR10（config-dhcp-pool）# dns-server（<ip-address>）	设置 DNS 服务器地址	ip-address：DNS 服务器地址
9	ZXR10（config）#ip dhcp policy < policy-name>< priority>	定义 DHCP 策略名和优先级	policy-name：策略名； priority：优先级
10	ZXR10（config-dhcp-policy）# dhcp-pool<dhcppool-name>	绑定指定的 DHCP Pool 到 DHCP Policy	
11	ZXR10（config）# switchvlan-configuration	进入 VLAN 配置模式	
12	ZXR10（config-vlan1000）# switchport pvid<interface>	VLAN 封装接口	Interface：接口
13	ZXR10（config-if-vlanid）# mode <server>		Server：DHCP 工作模式

任务实施：路由交换机 DHCP 实施

1. 配置思路

路由交换机 S1 在作为 DHCP 服务器的同时充当默认网关，获取 IP 地址并接入网络。

（1）启用 IP 地址池，并绑定地址池为 DHCP 地址，定义 DHCP 租期、DNS 服务器地址等。

（2）定义 DHCP 策略和优先级，并绑定 DHCP 地址池。

（3）定义 VLAN，给 VLAN 划分接口，并定义 VLAN 接口地址。

（4）把 DHCP 地址池和服务应用在接口上。

路由交换机 DHCP 实施

2. 数据规划

根据网络进行数据规划，如表 9.3-2 所示。

表 9.3-2　数据规划

序号	设备	接口	IP
1	S1	gei-0/1/1/17	10.10.1.1
2	S1	地址池	10.10.1.3/24-10.10.1.254/24
3	PC1	GW	10.10.1.1

3. 操作步骤

第一步：按照拓扑图（图 9.3-1）连接路由器、交换机和计算机。

第二步：配置 S1。

ZXR10(config)#ip pool pool1　　　　//配置 IP Pool

ZXR10(config-ip-pool)#range 10.10.1.3 10.10.1.254 255.255.255.0

ZXR10(config-ip-pool)#exit

ZXR10(config)#ip dhcp pool pool1　　　　//把 IP Pool 和 DHCP Pool 绑定

ZXR10(config-dhcp-pool)#ip-pool pool1

ZXR10(config-dhcp-pool)#lease-time 2 0 0　　　　//地址租期 2 天 0 小时 0 分

ZXR10(config-dhcp-pool)#dns-server 202.102.128.68　　　　//设定给主机的 DNS 地址

ZXR10(config-dhcp-pool)#exit

ZXR10(config)#ip dhcp policy policy1 1　　　　//把 DHCP Pool 和 DHCP Policy 绑定

ZXR10(config-dhcp-policy)#dhcp-pool pool1

ZXR10(config-dhcp-policy)#exit

ZXR10(config)#switchvlan-configuration　　　　//进入 VLAN 配置模式

ZXR10(config-swvlan)#vlan 1000

ZXR10(config-swvlan-sub-1000)#switchport pvid gei-0/1/1/17

ZXR10(config-swvlan-sub-1000)#exit

ZXR10(config-swvlan)#exit

ZXR10(config)#interface vlan1000

ZXR10(config-if-vlan1000)#ip address 10.10.1.1 255.255.255.0

ZXR10(config-if-vlan1000)#exit

ZXR10(config)#dhcp

ZXR10(config-dhcp)#enable

ZXR10(config-dhcp)#interface vlan1000

ZXR10(config-dhcp-if-vlan1000)#mode server

ZXR10(config-dhcp-if-vlan1000)#policy policy1

ZXR10(config-dhcp-if-vlan1000)#exit

ZXR10(config-dhcp)#exit

ZXR10(config)#exit

ZXR10#write

4. 验证

1)数据配置和状态检查

在 S1 上查看 IP Pool 的配置：S1（config）#show ip local pool，显示结果如图 9.3-3 所示。地址池开始地址为 10.10.1.3，结束地址为 10.10.1.254。地址共有 252 个，使用 1 个。

```
ZXR10#show ip local pool
PoolName        Begin        End            Mask    Free        Used
pool1           10.10.1.3    10.10.1.254    24      252         1
Total:1
```

图 9.3-3 DHCP 配置结果

2)业务检查

在主机上将 IP 地址获取方式设置为自动获得 IP 地址。保存配置后，主机将在网络中发送广播请求，申请 DHCP 服务器分配 IP，如图 9.3-4 所示。

如果正常获取完 IP，可以在网络状态的详细信息中查看到地址分配的详情，如图 9.3-5 所示。

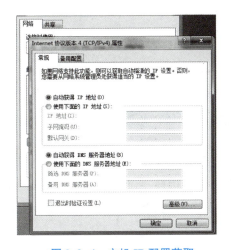 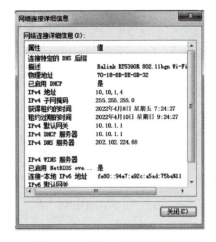

图 9.3-4 主机 IP 配置获取　　　　图 9.3-5 主机 IP 配置获取结果

任务总结

DHCP 是一个应用层协议，将客户主机 IP 地址设置为动态获取方式时，DHCP 服务器就会根据 DHCP 协议给客户端分配 IP，使客户机能够利用这个 IP 上网。DHCP 可以自动分配 IP、子网掩码、网关、DNS。

DHCP 服务器和客户端需要在一个局域网内，它也可以为其他网段内主机分配 IP，只要连接两个网段中间的路由器能转发 DHCP 配置请求即可，但这要求路由器具备中继功能。

任务评估

任务完成之后,教师按照表 9.3-3 来评估每个学生的任务完成情况,或者学生按照表 9.3-3 中的内容来自评任务完成情况。

表 9.3-3 任务评估表

任务名称:路由器 DHCP 实施		学生:	日期:	
评估项目	分值	评价标准	评估结果	得分情况
1. 数据规划	30	交换机数据规划正确,每错一处扣 5 分,扣完为止		
2. 命令输入	30	交换机命令行输入完备和正确		
3. 配置检查	10	show ip local pool,显示地址配置情况,和数据规划一致		
4. 业务检查	20	接入笔记本电脑查看笔记本是否正确获得 IP 地址,show ip local pool 显示分配成功的 IP 地址		
5. 完成时间	10	在规定的时间(30 min)内完成,超时 1 min 扣 1 分,扣完为止		
评价人:			总分:	

任务 9.4 路由器 VRRP 实施

【任务描述】某公司建立了自己的专网,分公司通过一个路由器连接至总公司,当这个路由器发生故障时,分公司访问总公司的链路将中断。因此,该公司考虑在各分公司增加一个路由器备用,当其中一个路由器出现故障时,另一个路由器便可以接管业务,如图 9.4-1 所示。

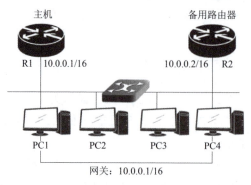

图 9.4-1 某公司网络拓扑图

【任务要求】2 台路由器互为备份，进行数据配合并验证。

【实施环境】计算机 2 台、ZXR10 1809 路由器 2 台、ZXR10 2826S 二层交换机 1 台、串口线 1 根、RS232 转 USB 线 1 根、网线若干根。

知识准备：VRRP 认知

1. VRRP 概述

当主机使用缺省网关与外部网络联系时，如图 9.4-2 所示，如果网关出现故障，与其相连的主机将无法连接到互联网，导致业务中断。VRRP（Virtual Router Redundancy Protocol，虚拟路由冗余协议）的出现很好地解决了这个问题，VRRP 将多台设备组成一个虚拟设备，通过配置虚拟设备的 IP 地址为缺省网关，实现缺省网关的备份。当一台网关设备发生故障时，VRRP 协议能够选举新的网关设备承担数据流量，从而保障网络的可靠通信。如图 9.4-3 所示，当 R1 设备故障时，发往缺省网关的流量将由 R2 设备转发。

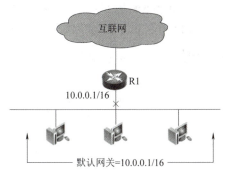

图 9.4-2 单点网关

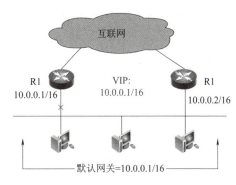

图 9.4-3 冗余网关

2. VRRP 中的重要概念

1）虚拟设备、VRID、主设备和备设备

虚拟设备是指由一个主设备和多个备设备组成的一个虚拟网关，VRID（Virtual Router Identifier，虚拟路由器标识符）用来表示一个 VRRP 组。主设备负责转发数据报文和周期性向备设备发送 VRRP 协议报文。备设备不负责转发数据报文，在主设备发生故障时会通过选举形式成为新的主设备，该角色会接收来自主设备的 VRRP 报文并加以分析。

2）虚拟 IP

虚拟 IP 是配置在虚拟设备上的 IP 地址，一个虚拟设备可以拥有一个或者多个虚拟 IP 地址。IP 地址拥有者是指分配给虚拟设备的虚拟 IP 的真实拥有者，如在图 9.4-3 中，分配给虚拟路由的 IP 为 10.0.0.1，但是这个 IP 已经分配给 R1 的物理接口 G0/0/1 了，所以这个接口就是 IP 拥有者，IP 拥有者会直接跳过选举成为主设备，并且是不可抢占的。

3）虚拟 MAC 地址

虚拟 MAC 地址是由虚拟设备生成的 MAC 地址，每一个虚拟设备都会自动生成一个虚拟 MAC 地址，这个 MAC 地址是用于虚拟设备处理 ARP 报文的。

4）优先级

用于表示物理设备的优先级，这个参数用于主设备的选举，取值范围是 1~254，优先级数值越低，则优先级越高。该优先级有两个比较特殊的值，分别是 0 和 255，优先级 0 是由原来的主设备发送的声明此设备不再参与 VRRP 组，优先级为 255 的是 IP 拥有者的优先级，拥有这个优先级会直接成为主机。

5）抢占模式

当备设备接收到的 VRRP 报文通过分析得出当前主设备的优先级低于备设备，则备设备会切换为主设备。

3. VRRP 状态

VRRP 一共有三种状态，分别是初始状态（Initialize）、活动状态（Master）、备份状态（Backup）。

（1）初始状态：刚配置 VRRP 时和检测到故障的状态，在这个状态下，VRRP 不可用。

（2）活动状态：当处于活动状态的设备接收到接口的 Shutdown 事件时，转为初始状态。

（3）备份状态：处于备份状态下的设备，当接收到接口的 Shutdown 事件时，转为初始状态。如果 Master_Down_Interval 定时器超时，则切换为活动状态。

三种状态之间的转换关系如图 9.4-4 所示。

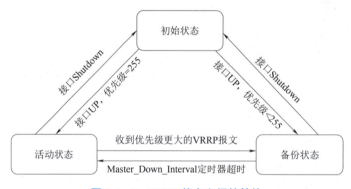

图 9.4-4　VRRP 状态之间的转换

4. VRRP 工作流程

VRRP 备份组会通过优先级选举出主设备，主设备会使用虚拟 MAC 发送 ARP 报文，使与主设备连接的主机或者客户端建立与虚拟 MAC 对应的 ARP 映射表；同时，主设备会周期性发布 VRRP 报文向所有备设备通告其配置信息与工作状态。

如果当前主设备出现故障，备设备将会在 Master_Down_Interval 定时器超时或者其他联动技术检测到主设备出现故障时，会根据备设备组内成员的优先级选举出新的主设备，如果备设备只有一台设备则直接成为主设备。

新的主设备使用虚拟 MAC 发送 ARP 报文，使连接在当前 VRRP 组内的客户端或者设备刷新其 ARP 映射表。

如果原来的主设备从故障中恢复过来，如果其优先级为 255 则会直接切换到主设备，若不是则会恢复到备设备状态，如果当前为抢占模式，当原主设备接收到新主设备的 VRRP 报文发现其优先级高于原主设备，则原主设备会直接成为主设备。如果处于非抢占模式，则原主设备会在新主设备出现故障时通过选举等方式成为主设备。

5. VRRP 两种工作模式

1）主备备份模式

主备备份模式就是只由主设备负责转发数据，而备设备则处于待机备份模式不参与数据转发，当主设备出现故障时才会切换到主设备进行数据转发。

2）负载分担模式

在主备备份模式，若主设备一直正常工作，备设备则长期处于待机状态，显然这种做法比较浪费，可以通过在用户侧网关设备上配置两个 VRRP 备份组来实现负载均衡。比如图 9.4-5 启动了两个 VRRP 组，其中 PC1 和 PC2 使用组 1 的虚拟路由器作为默认网关，地址为 10.0.0.1，而 PC3 和 PC4 则使用组 2 的虚拟路由器作为默认网关，IP 地址为 10.0.0.2。路由器 R1 和 R2 互为备份，对于 4 台计算机来说，这种设置使它们的流量被两个路由器均分了。

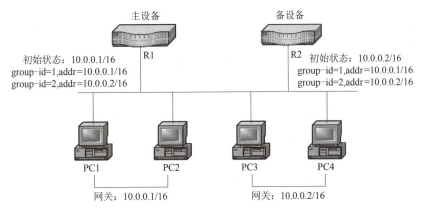

图 9.4-5　VRRP 实现负荷分担

6. VRRP 配置命令语法

VRRP 配置命令语法如表 9.4-1 所示。

表 9.4-1　VRRP 配置命令语法

序号	命令	功能	参数解释
1	vrrp <group> ip <ip-address> [secondary]	在接口上设置 VRRP 的虚拟 IP 地址，运行 VRRP 协议	group：VRRP 组； ip-address：VRRP 虚拟地址； secondary：一个 VRRP 组中可以配置多个虚拟地址，下挂的主机可以使用其中任意一个作为网关进行通信

续表

序号	命令	功能	参数解释
2	show vrrp [＜group＞ | brief | interface <interface-name>]	显示所有 VRRP 组的配置信息	group：VRRP 组；interface：接口

任务实施：路由器 VRRP 协议配置

路由器 VRRP 协议配置

1. 配置思路

R1 和 R2 之间运行的是 VRRP 协议。R1 的接口地址配置为 10.0.0.1，R2 的接口地址配置为 10.0.0.2，VRRP 虚拟地址选用 R1 的接口地址 10.0.0.1；因此，R1 被称为 IP 地址拥有者，拥有最高优先级 255，R1 将作为主用路由器。

2. 数据规划

根据需求进行数据规划，如表 9.4-2 所示。

表 9.4-2 数据规划

序号	设备	IP 地址	虚拟 IP 地址	接口
1	R1	10.0.0.1		gei-0/1
2	R2	10.0.0.2		gei-0/1
3	IP 地址拥有者 R1		10.0.0.1	

3. 操作步骤

第一步：连接设备，即根据拓扑图进行网络连接。

第二步：配置 R1。

R1(config)#interface gei_0/1

R1(config-if)#no shutdown

R1(config-if)#ip address 10.0.0.1 255.255.0.0

R1(config-if)#vrrp 1 ip 10.0.0.1   //配置 VRRP 组 1,虚拟 IP 地址是 10.0.0.1

R1(config-if)#exit

ZXR10(config)#exit

ZXR10#write

第三步：配置 R2。

R2(config)#interface gei_0/1

R2(config-if)#no shutdown

R2(config-if)#ip address 10.0.0.2 255.255.0.0

R2(config-if)#vrrp 1 ip 10.0.0.1   //配置 VRRP 组 1,虚拟地址是 10.0.0.1

R2(config-if)#exit

ZXR10(config)#exit

ZXR10#write

4. 配置验证

1）数据配置检查和状态检查

在 R1 上输入"show vrrp 1"命令，查看 VRRP 配置和生效情况如图 9.4-6 所示，从中可以看出 R1 的状态处于活动状态，而且是 IP 地址的拥有者（Owner）。

在 R2 上输入"show vrrp 1"命令，查看 VRRP 配置和生效情况如图 9.4-7 所示，从中可以看到 R2 的状态处于备份状态。

```
ZXR10#show vrrp 1
gei_0/1 - Group 1
  State is Master, Owner
  Virtual IP address is 10.0.0.1
  Virtual MAC address is 0000.5e00.0101
  Advertisement interval is 1.000 sec
  Preemption is enabled ,min delay is 0.000 sec
  Priority is 255 (config 100)
  Authentication is disabled
  Master Router is 10.0.0.1 (local), priority is 255
  Master Advertisement interval is 1.000 sec
  Master Down interval is 3.003 sec
```

```
ZXR10#show vrrp 1
gei_0/1 - Group 1
  State is Backup
  Virtual IP address is 10.0.0.1
  Virtual MAC address is 0000.5e00.0101
  Advertisement interval is 1.000 sec
  Preemption is enabled ,min delay is 0.000 sec
  Priority is 100 (config 100)
  Authentication is disabled
  Master Router is 10.0.0.1 , priority is 255
  Master Advertisement interval is 1.000 sec
  Master Down interval is 3.609 sec (expires in 3.269 sec)
```

图 9.4-6 R1 的主用 VRRP 配置　　　　图 9.4-7 R2 的备用 VRRP 配置

2）业务验证

当拔掉 R1 的 gei_0/1 到交换机的网线，而此时 R2 检测到 R1 的 VRRP 接口 Shutdown，因此，转为初始状态，如图 9.4-8 所示。在 Master_Down_Interval 定时器（这里是 3.609 s）超时后，R2 则切换为活动状态，如图 9.4-9 所示。

```
ZXR10#show vrrp 1
gei_0/1 - Group 1
  State is Initial
  Virtual IP address is 10.0.0.1
  Virtual MAC address is 0000.5e00.0101
  Advertisement interval is 1.000 sec
  Preemption is enabled ,min delay is 0.000 sec
  Priority is 100 (config 100)
  Authentication is disabled
  Master Router is 0.0.0.0 , priority is 0
  Master Advertisement interval is 0.000 sec
  Master Down interval is 3.609 sec
```

```
ZXR10#show vrrp 1
gei_0/1 - Group 1
  State is Master
  Virtual IP address is 10.0.0.1
  Virtual MAC address is 0000.5e00.0101
  Advertisement interval is 1.000 sec
  Preemption is enabled ,min delay is 0.000 sec
  Priority is 100 (config 100)
  Authentication is disabled
  Master Router is 10.0.0.2 (local), priority is 100
  Master Advertisement interval is 1.000 sec
  Master Down interval is 3.609 sec
```

图 9.4-8 R2 拔掉网线后初始状态　　　　图 9.4-9 超时后的 R2 状态

当恢复 R1 到交换机之间的网线后，R1 和 R2 又变为如图 9.4-6 和 9.4-7 所示的状态。

任务总结

VRRP 把同一个广播域中的多个路由器接口编为一组，形成一个虚拟路由器，并为其分配一个 IP 地址，作为虚拟路由器的接口地址。虚拟路由器的接口地址既可以是其中一个路由器接口的 IP 地址，也可以是第三方 IP 地址。如果使用路由器的接口 IP 地址，则拥有这个 IP 地址的路由器作为主用路由器，而其他路由器则作为备份。如果采用第三方地址，则优先级高的路由器成为主用路由器；当两台路由器的优先级相同时，则谁先发 VRRP 报文，谁就成为主用路由器。

在这个广播域中的主机上把虚拟路由器的 IP 地址设为网关。当主用路由器发生故障时，将在备份路由器中选择优先级最高的路由器接替它的工作，这对于域中的主机来说并没有任何影响。只有当这个 VRRP 组中的所有的路由器都不能正常工作时，该域中的主机才不能与外界通信。另外，还可以将这些路由器编为多个组，使它们互为备份，然后域中的主机使用不同的 IP 地址作为网关，这样可以实现数据的负载均衡。

> ★交换机和路由器都需要按照不同的协议来配置，以实现不同的功能。协议可以视为约定的标准和要求。同学们在社会生活中也要建立纪律意识，做任何事都要依据法律法规来办事。
>
> 党的二十大精神强调，加快建设法治社会，弘扬社会主义法治精神，传承中华社会主义优秀传统法律文化，引导全体人民做社会主义法治的忠实崇尚者、自觉遵守者、坚定捍卫者，努力使遵法、学法、守法、用法在全社会蔚然成风。因此，我们要坚决贯彻落实党中央关于全面依法治国的重大决策部署，遵守法律，依法办事，不断提高运用法治思维和法治方式，把普法融入法治实践、融入日常生活，在法治实践中持续提升自己的法治意识和法治素养。

任务评估

任务完成之后，教师按照表 9.4-3 来评估每个学生的任务完成情况，或者学生按照表 9.4-3 中的内容来自评任务完成情况。

表 9.4-3　任务评估表

任务名称：路由器 VRRP 实施		学生：	日期：	
评估项目	分值	评价标准	评估结果	得分情况
1. 数据规划	20	交换机数据规划正确，每错 1 处扣 5 分，扣完为止		
2. 命令输入	20	交换机命令行输入完备和正确		
3. 配置检查	10	show vrrp 1，显示数据配置正确		
4. 业务验证	10	show vrrp 1，显示 VRRP 配置情况，R1 主用，R2 备用		
	10	在拔掉 R1 gei_0/1 到交换机的网线后，R1 和 R2 的 show vrrp 1 状态，R2 主用，R1 备用		
	10	在恢复 R1 gei_0/1 到交换机的网线后，R1 主用，R2 备用		
5. 完成时间	10	在规定的时间（20 min）内完成，超时 1 min 扣 1 分，扣完为止		
6. 素养评价	10	谈一谈在社会中应如何遵守纪律、依法行事		
评价人：			总分：	

模 块 总 结

本模块主要介绍了 STP、DHCP、LACP、VRRP 四个协议的原理和配置方法。STP 是生成树协议,主要是通过指定工作链路、闭塞备用链路的办法避免网络出现环路。DHCP 是动态主机协议,用来给网络中的主机自动分配 IP 地址,减少配置 IP 地址的工作量,以避免由于 IP 地址冲突引发的网络故障。LACP 是链路聚合协议,用来扩充交换机之间的中继链路的带宽,并可以进行流量的负荷分担和主备备份。VRRP 协议是虚拟路由冗余协议,用来在网络的重要节点上配置备份路由器的冗余网关,当节点故障后,备用节点可以自动地接管业务。应用这 4 种协议可以减少网络维护的工作量,从而有利于保证网络安全可靠地运行。

模 块 练 习

一、选择题

1. 在网络中应用 STP 协议,可以解决网络中的(　　)问题。
   A. 广播风暴　　　　　　　　　B. 多帧复制
   C. MAC 地址表抖动　　　　　　D. 无效路由

2. 2 台交换机之间使用 4 根网线连接,并配置了 LCAP 聚合,则关于 LACP 说法正确的是(　　)。
   A. 2 台交换机之间的链路带宽为 4 条链路的总带宽
   B. 要在这两个交换机上启用 STP 协议,否则便会出现环路
   C. 当其中的一条链路中断,这条链路的数据会转移到其他链路
   D. 4 条链路中的最低工作链路数量可以配置

3. DHCP 协议分配地址的方式不包括(　　)。
   A. 静态分配　　　B. 动态分配　　　C. 自动分配　　　D. 指定分配

4. 1 个 VRRP 组路由器的 IP 地址为 192.168.1.123 和 192.168.1.124,则可以将 VRRP 的虚拟 IP 地址定义为(　　)。
   A. 192.168.1.123　　　　　　　B. 192.168.1.124
   C. 192.168.1.125　　　　　　　D. 192.168.1.254

二、填空题

1. 当 DHCP 获取的 IP 地址超过租期后,DHCP 客户端会_____。
2. VRRP 可以工作于 2 种模式_____和_____。
3. 目前常用 LACP 协议基于_____标准。
4. 在 STP 协议中,桥 ID 的定义为_____。
5. 链路聚合模式分为_____模式和_____模式。

三、实操题

如题图 9-1 所示，网络中启动了两个 VRRP 组，其中 PC1 和 PC2 使用组 1 的虚拟路由器作为默认网关，地址为 10.0.0.1，而 PC3 和 PC4 则使用组 2 的虚拟路由器作为默认网关，地址为 10.0.0.2。路由器 R1 和 R2 互为备份，只有当两个路由器全部失效时四台主机与外界的通信才会中断。完成路由器的配置并验证。

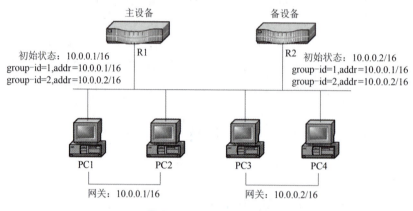

题图 9-1 网络连接图

模块 10
项目实战——企业简单组网

本项目设计了一个企业组网的真实应用案例，把模块 0 至模块 9 所用到的一些知识点和技能点串联在一起进行综合应用。学习这个项目后，学习者能够分析企业的组网需求，选择合适的网络设备，设计网络组网架构，规划组网数据，调测设备，完成业务验证，达到企业建网的目标。本项目的实施有助于提高知识和技能的综合运用能力，以及分析问题和解决问题的能力。

项目说明

某小型公司是一个高科技企业，专门开发物联网应用平台，由于产品技术先进、价格合理，市场销售情况良好。该公司的总部设置在 A 市，为了发展业务开拓市场，又在 B 市开设了分公司。该公司的组成如表 10-1 所示。

表 10-1 某公司的组成

公司	部门	部门人数	办公室设置
总部	财务	4	1 个房间
	行政	7	
	人事	4	
	研发	53	3 个房间
	网络	5	1 个房间
	销售	20	1 个房间
	服务	16	1 个房间
B 分公司	财务	2	1 个房间
	行政	2	
	销售	11	1 个房间
	服务	7	1 个房间

该公司原先的企业内部网设计混乱，部门 VLAN 设置按照房间设置，IP 地址混用，速率很低，而且经常发生网络中断故障，因此决定重新组建自己内部网络，且要求新建的网络满足以下功能。

（1）按照部门划分 VLAN，公司总部各部门和分公司各部门内部之间可以在二层通信，而不同部门之间的二层不能通信；公司总部各部门和分公司不同部门之间可以三层通信。

（2）IP 地址的分配，公司总部各部门和分公司各部门每个部门各分配一个单独的网段，且网段不宜过大，满足本部门人数即可。公司各部门的办公电脑自动获取 IP 地址。

（3）公司总部和 B 分公司之间申请了两条专线实现互连，其中联通专线带宽 100 Mbit/s，电信专线 50 Mbit/s，两条专线互为备份。

（4）公司总部向联通公司申请了两个公网 IP 地址作为外部接口地址用以访问互联网，两个 IP 一主一备。另外，申请了三个公网 IP 用来作为内外部地址转换，分公司也通过总公司的联通链路访问互联网。

（5）公司总部开通了云服务器系统向客户提供服务，提供了一个公网 IP 加端口号的访问连接，保证用户随时通过互联网访问公司内部的云系统服务器，云系统的端口号是 60000，在公司内部也能访问云服务器。

（6）公司内所有路由器启用 Telnet 服务，但是只允许网络部员工登录路由器修改数据配置。

（7）公司外网只能浏览网页，其余所有业务均被禁止。

（8）访问外网的出口要进行主备配置，确保到外部网络不中断。

根据以上要求，在尽量节省设备和节省 IP 地址的情况下，完成设备选型、组网设计、数据规划、数据配置和业务验证。

项目实施

1. 项目分析

逐条分析项目需求后可知，实现方法和用到的知识点如表 10-2 所示。

表 10-2 实现方法和用到的知识点

项目要求	实现	知识点
1	1. 根据公司和部门划分 VLAN，不同的公司以及不同的部门属于不同的 VLAN； 2. 财务、行政和人事部门共用一台接入交换机，上行端口共用一个端口； 3. 研发使用三台接入交换机，上行端口可以考虑使用三个上行端口或者三台交换机级联后采用一个上行端口，根据布线的方便程度合理选择； 4. 利用路由实现不同 VLAN 之间的通信	1. VLAN 划分； 2. VLAN 间路由； 3. 单臂路由

续表

项目要求	实现	知识点
2	1. 根据部门人数合理规划 IP 地址。考虑研发人数较多单独使用一个 192.168 的 24 位掩码的地址段，其余总部部门单独使用一个 192.168 的 24 位地址段并根据部门划分子网； 2. 利用 DHCP 实现 IP 地址自动分配，在公司总部和 B 分公司的汇聚交换机的汇聚口上绑定地址池进行地址分配； 3. 为每个 VLAN 分配一个 IP 地址段	1. IP 地址计算和分配； 2. VLSM 地址计算和应用； 3. 子网规划； 4. DHCP 应用
3	1. 网络互联采用静态路由； 2. 利用优先级实现总公司和分公司 B 之间的主备路由选择； 3. 可以考虑使用路由汇总	1. 静态路由； 2. 默认路由； 3. 路由优先级； 4. 路由汇总
4	连接外网的路由器开通 NAT，映射公网 IP，实现内部访问互联网	NAT 应用
5	连接外网的路由器开通 PAT 外部访问企业内部的服务器	PAT 应用
6	1. 网络部 PC 能够 Telnet 到所有路由器； 2. 通过 ACL 禁止除网络部门外的 Telnet 到所有路由器	1. Telnet 服务器 2. ACL 应用
7	1. 在连接外网的路由器上使用 ACL 允许浏览互联网网页； 2. 在连接外网的路由器上使用 ACL 允许访问云服务器的流量； 3. 在连接外网的路由器上使用 ACL 禁止其他互联网业务	ACL 应用
8	连接互联网的节点上配置主备路由器实现主备或者负荷分担	VRRP

2. 项目组网

根据网络要求和组网分析，网络组网如图 10-1 所示。

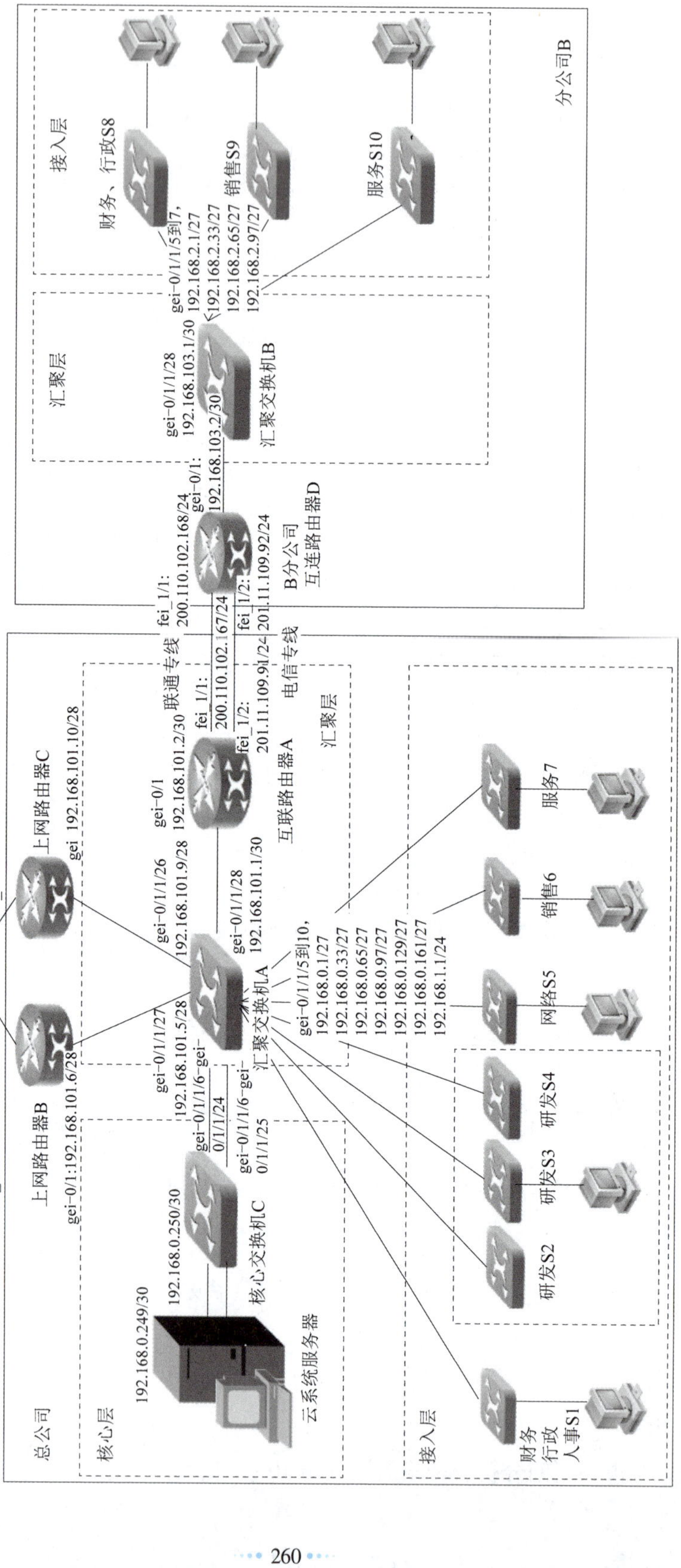

图 10-1 网络组网图

3. 设备选型

根据组网要求和功能，结合前面提到的设备的配置和性能，设备选择如表10-3所示。

表10-3 设备选型

序号	设备	具体型号	数量
1	接入层交换机	ZXR10 2826S	10
2	汇聚交换机	ZXR10 5950-36TM-H	2
3	核心交换机	ZXR10 5950-36TM-H	1
4	互联路由器	ZXR10 1809	4

4. 数据规划

数据规划是实现网络功能的最重要的部分，也是完成设备调测的前提。本项目中的数据规划包括接口互连和VLAN规划、IP地址规划、路由规划、DHCP规划、NAT和PAT地址规划以及端口规划、ACL规划、VRRP规划、LACP规划等。

1）接口互连和VLAN规划

设备之间的端口互连关系和端口所属的VLAN规划如表10-4所示。

表10-4 端口互连和VLAN规划

位置	本端设备	对端设备	VLAN	本端端口号—对端端口号
总公司	财务接入S1	汇聚交换机A	10	1~4端口—PC 24—gei-0/1/1/5
	行政接入S1	汇聚交换机A	20	5~11—PC 24—gei-0/1/1/5
	人事接入S1	汇聚交换机A	30	12~15—PC 24—gei-0/1/1/5
	研发接入S2	汇聚交换机A	40	1~23—PC 24—gei-0/1/1/6
	研发接入S3	汇聚交换机A	40	1~23—PC 24—gei-0/1/1/7
	研发接入S4	汇聚交换机A	40	1~7—PC 24—gei-0/1/1/8
	网络接入S5	汇聚交换机A	50	1~5—PC 24—gei-0/1/1/9
	销售接入S6	汇聚交换机A	60	1~20—PC 24—gei-0/1/1/10

续表

位置	本端设备	对端设备	VLAN	本端端口号—对端端口号
总公司	服务接入 S7	汇聚交换机 A	70	1~16—PC 24—gei-0/1/1/11
	汇聚交换机 A	互连路由器 A	101	gei-0/1/1/28—gei_0/1
	汇聚交换机 A	上网路由器 B	102	gei-0/1/1/27—gei_0/1
	汇聚交换机 A	上网路由器 C	103	gei-0/1/1/26—gei_0/1
	互连路由器 A	互连路由器 D		Fei_1/1—Fei_1/1 Fei_1/2—Fei_1/2
	核心交换机 C	汇聚交换机 A	104	gei-0/1/1/5—gei-0/1/1/24 gei-0/1/1/6—gei-0/1/1/25
	核心交换机 C	云服务器	104	gei-0/1/1/7—网卡 1 gei-0/1/1/8—网卡 2
分公司	财务接入 S8	汇聚交换机 B	10	1~2—PC 24—gei-0/1/1/5
	行政接入 S8	汇聚交换机 B	20	3~4—PC 24—gei-0/1/1/5
	销售接入 S9	汇聚交换机 B	60	1~11—PC 24—gei-0/1/1/6
	服务接入 S10	汇聚交换机 B	60	1~7—PC 24—gei-0/1/1/7
	汇聚交换机 B	互连路由器 D	105	gei-0/1/1/28—gei_0/1
	互连路由器 D	互连路由器 A		fei_1/1—fei_1/1 fei_1/2—fei_1/2

2）IP 地址规划

设备 IP 地址规划如表 10-5 所示。

表 10-5 IP 地址规划

位置	部门/设备	接口/VLAN	IP 地址/掩码	GW/对端 IP 地址
总公司	财务	PC 网卡	192.168.0.0-31/27	192.168.0.1
	行政	PC 网卡	192.168.0.32-63/27	192.168.0.33
	人事	PC 网卡	192.168.0.64-95/27	192.168.0.65
	研发	PC 网卡	192.168.1.0-255/24	192.168.1.1
	网络	PC 网卡	192.168.0.96-127/27	192.168.0.97

续表

位置	部门/设备	接口/VLAN	IP 地址/掩码	GW/对端 IP 地址
总公司	销售	PC 网卡	192.168.0.128-159/27	192.168.0.129
	服务	PC 网卡	192.168.0.160-191/27	192.168.0.161
	汇聚交换机 A	VLAN10	192.168.0.1/27	
	汇聚交换机 A	VLAN20	192.168.0.33/27	
	汇聚交换机 A	VLAN30	192.168.0.65/27	
	汇聚交换机 A	VLAN40	192.168.1.1/24	
	汇聚交换机 A	VLAN50	192.168.0.97/27	
	汇聚交换机 A	VLAN60	192.168.0.129/27	
	汇聚交换机 A	VLAN70	192.168.0.161/27	
	汇聚交换机 A	VLAN101	192.168.101.1/30	
	汇聚交换机 A	VLAN102	192.168.101.5/30	
	汇聚交换机 A	VLAN103	192.168.101.9/30	
	云服务器	VLAN104	192.168.0.249/30	192.168.0.250/30
	互连路由器 A	gei_0/1(内连)	192.168.101.2/30	192.168.101.1/30
	上网路由器 B	gei_0/1(内连)	192.168.101.6/28	192.168.101.5/28
	上网路由器 C	gei_0/1(内连)	192.168.101.10/28	192.168.101.9/28
	互连路由器 A	fei_1/1(外连主)	200.110.102.167/24	200.110.102.168/24
	互连路由器 A	fei_1/2(外连备)	201.11.109.91/24	201.11.109.92/24
	互连路由器 B	fei_1/1(外连)	201.101.102.178/24	201.101.102.179/24
	互连路由器 C	fei_1/1(外连)	201.101.102.190/24	201.101.102.191/24
分公司	财务	PC 网卡	192.168.2.0-31/27	192.168.1.1
	行政	PC 网卡	192.168.2.32-63/27	192.168.1.33
	销售	PC 网卡	192.168.2.64-95/27	192.168.1.65
	服务	PC 网卡	192.168.2.96-126/27	192.168.1.97
	汇聚交换机 B	VLAN10	192.168.2.1/27	
	汇聚交换机 B	VLAN20	192.168.2.33/27	
	汇聚交换机 B	VLAN60	192.168.2.65/27	
	汇聚交换机 B	VLAN70	192.168.2.97/27	
	汇聚交换机 B	VLAN106	192.168.103.1/30	192.168.103.2/30
	互连路由器 D	gei_0/1	192.168.103.2/30	
	互连路由器 D	fei_1/1(内连主)	200.110.102.168/24	
	互连路由器 D	fei_1/2(内连备)	201.11.109.92/24	

3) 路由规划

路由规划采用静态路由，汇聚交换机 A、互连路由器 A 和上网路由器 B 的路由规划如表 10-6 所示。

表 10-6 路由规划

设备	序号	目的地址	下一跳地址	接口	路由类型	优先级	备注
汇聚交换机 A	1	192.168.2.0/27	192.168.101.2	VLAN101	明细	默认	到 B 分公司 PC 的路由
	2	192.168.2.32/27	192.168.101.2	VLAN101	明细	默认	
	3	192.168.2.64/27	192.168.101.2	VLAN101	明细	默认	
	4	192.168.2.96/27	192.168.101.2	VLAN101	明细	默认	
	5	192.168.2.0/25	192.168.101.2	VLAN101	汇总	默认	到 B 分公司 PC 汇总 1~4 的路由
	6	0.0.0.0	192.168.101.6	VLAN102	默认	默认	汇聚交换机访问外网的路由
互连路由器 A	1	192.168.2.0/27	200.110.102.168	fei_1/1	明细	1	到 B 分公司的主用路由
	2	192.168.2.32/27	200.110.102.168	fei_1/1	明细	1	
	3	192.168.2.64/27	200.110.102.168	fei_1/1	明细	1	
	4	192.168.2.96/27	200.110.102.168	fei_1/1	明细	1	
	5	192.168.2.0/25	200.110.102.168	fei_1/1	汇总	1	到 B 分公司的主用汇总 1~4 路由
	6	192.168.2.0/27	201.11.109.92	fei_1/2	明细	5	到 B 分公司的备用路由
	7	192.168.2.32/27	201.11.109.92	fei_1/2	明细	5	
	8	192.168.2.64/27	201.11.109.92	fei_1/2	明细	5	
	9	192.168.2.96/27	201.11.109.92	fei_1/2	明细	5	
	10	192.168.2.0/25	201.11.109.92	fei_1/2	汇总	5	到 B 分公司的备用汇总 6~9 路由
	11	192.168.0.0/27	192.168.101.1	gei-0/1	明细	默认	到总公司各部门的路由
	12	192.168.0.32/27	192.168.101.1	gei-0/1	明细	默认	
	13	192.168.0.64/27	192.168.101.1	gei-0/1	明细	默认	
	14	192.168.0.96/27	192.168.101.1	gei-0/1	明细	默认	
	15	192.168.0.128/27	192.168.101.1	gei-0/1	明细	默认	
	16	192.168.0.160/27	192.168.101.1	gei-0/1	明细	默认	
	17	192.168.0.249/30	192.168.101.1	gei-0/1	明细	默认	
	18	192.168.1.0/24	192.168.101.1	gei-0/1	明细	默认	

续表

设备	序号	目的地址	下一跳地址	接口	路由类型	优先级	备注
互连路由器A	19	192.168.0.0/24	192.168.101.1	gei-0/1	汇总	默认	B公司到总部各部门（除了研发部门）的汇总11~17路由
	20	0.0.0.0/0.0.0.0	192.168.101.1	gei-0/1	默认	默认	上网的默认路由
上网路由器B	1	0.0.0.0/0.0.0.0	201.101.102.179	fei_1/1	默认	1	公司访问互联网的出局主用路由
	2	192.168.0.0/27	192.168.101.5	gei_0/1	明细	默认	上网路由器到公司内部的回程路由
	3	192.168.0.32/27	192.168.101.5	gei_0/1	明细	默认	
	4	192.168.0.64/27	192.168.101.5	gei_0/1	明细	默认	
	5	192.168.0.96/27	192.168.101.5	gei_0/1	明细	默认	
	6	192.168.0.128/27	192.168.101.5	gei_0/1	明细	默认	
	7	192.168.0.160/27	192.168.101.5	gei_0/1	明细	默认	
	8	192.168.1.0/24	192.168.101.5	gei_0/1	明细	默认	
	9	192.168.2.0/27	192.168.101.5	gei_0/1	明细	默认	
	10	192.168.2.32/27	192.168.101.5	gei_0/1	明细	默认	
	11	192.168.2.64/27	192.168.101.5	gei_0/1	明细	默认	
	12	192.168.2.96/27	192.168.101.5	gei_0/1	明细	默认	
	14	192.168.0.249/30	192.168.101.5	gei_0/1	明细	默认	
	15	192.168.0.0/24	192.168.101.5	gei_0/1	汇总	默认	上网路由器到公司内部的回程汇总2~7和14的路由
	16	192.168.2.0/25	192.168.101.5	gei_0/1	汇总	默认	上网路由器到公司内部的回程汇总9~12路由

4）DHCP 规划

部门计算机的 IP 地址由接入的汇聚交换机端口进行分配，其 DHCP 规划如表 10-7 所示。

表 10-7 DHCP 规划

序号	地址池	地址范围	默认网关	设备：接口
1	Pool-caiwu	192.168.0.2-30	192.168.0.1	汇聚交换机A：gei-0/1/1/5
2	Pool-xingzheng	192.168.0.34-62	192.168.0.33	汇聚交换机A：gei-0/1/1/5

续表

序号	地址池	地址范围	默认网关	设备：接口
3	Pool-renshi	192.168.0.66-94	192.168.0.65	汇聚交换机A：gei-0/1/1/5
4	Pool-yanfa	192.168.1.2-254	192.168.1.1	汇聚交换机A：gei-0/1/1/6
5	Pool-wangluo	192.168.0.98-126	192.168.0.97	汇聚交换机A：gei-0/1/1/7
6	Pool-xiaoshou	192.168.0.130-148	192.168.0.129	汇聚交换机A：gei-0/1/1/8
7	Pool-fuwu	192.168.0.162-190	192.168.0.161	汇聚交换机A：gei-0/1/1/9
8	Pool-caiwu-f	192.168.2.2-30	192.168.2.1	汇聚交换机B：gei-0/1/1/5
9	Pool-xingzheng-f	192.168.2.34-62	192.168.2.33	汇聚交换机B：gei-0/1/1/5
10	Pool-xiaoshou-f	192.168.2.66-94	192.168.2.65	汇聚交换机B：gei-0/1/1/6
11	Pool-fuwu-f	192.168.2.98-126	192.168.2.97	汇聚交换机B：gei-0/1/1/7

5）NAT 和 PAT 规划

内外网互相访问的 NAT 和 PAT 地址以及端口规划如表 10-8 所示。

表 10-8　NAT 和 PAT 地址以及端口规划

设备	源地址/端口号	地址池/端口号	接口
上网路由器 B	192.168.0.2/24-192.168.2.253/24	211.12.24.201-211.12.24.203	gei_0/1
上网路由器 C	192.168.0.2/24-192.168.2.253/24	189.100.100.171-189.100.100.173	gei_0/1
上网路由器 B	192.168.0.249:60000	211.12.24.204:60000	gei_0/1
上网路由器 C	192.168.0.249:60000	189.100.100.274:60000	gei_0/1

6）ACL 规划

访问控制列表用来控制允许的流量和拒绝不允许的流量，其 ACL 规划如表 10-9 所示。

表 10-9　ACL 规划

设备	允许	禁止
所有路由器	来自 192.168.0.64/27 的 Telnet 流量	禁止所有其他源地址的 Telnet 流量
互连路由器 B	1. 允许 http 和 https 流量 2. 允许到或者来自 192.168.0.249 端口 60000 的流量	禁止其他所有流量
互连路由器 C	1. 允许 http 和 https 流量 2. 允许到或者来自 192.168.0.249 端口 60000 的流量	禁止其他所有流量

7）VRRP 规划

在路由器 B 和 C 上启用 VRRP 协议，其 VRRP 规划如表 10-10 所示。

表 10-10　VRRP 规划

设备	接口	IP	IP 拥有者
互联路由器 B	gei_0/1	192.168.101.6/28	IP 拥有者
互联路由器 C	gei_0/1	192.168.102.10/28	

8）LACP 规划

在汇聚交换机 A 和核心交换机 C 之间启用 LACP 协议，其 LACP 规划如表 10-11 所示。

表 10-11　LACP 规划

设备	接口	对端设备	对端接口
汇聚交换机 A	gei-0/1/1/24	核心交换机	gei-0/1/1/5
汇聚交换机 A	gei-0/1/1/25	核心交换机	gei-0/1/1/6

5. 设备调测

二维码标题：项目实战——设备调测配置

1）配置接入交换机 S1

接入交换机的配置以 S1 为例，S1 接入交换机将财务、行政和人事部门的计算机接入网络，交换机根据规划将不同端口划入 VLAN。其中，24 端口是上连口，接入汇聚交换机 A 的 gei-0/1/1/5。

配置 VLAN：

zte(cfg)#set vlan 10 add port 1-6 untag　　//财务部 VLAN 配置

zte(cfg)#set vlan 10 add port 24 tag

zte(cfg)#set port 1-6 pvid 10

zte(cfg)#set vlan 10 enable

zte(cfg)#set vlan 20 add port 7-13 untag　　//行政部 VLAN 配置

zte(cfg)#set vlan 20 add port 24 tag

zte(cfg)#set port 7-13 pvid 20

zte(cfg)#set vlan 20 enable

zte(cfg)#set vlan 30 add port 14-17 untag　　//人事部 VLAN 配置

zte(cfg)#set vlan 30 add port 24 tag

zte(cfg)#set port 14-17 pvid 30

zte(cfg)#set vlan 30 enable

zte(cfg)#saveconfig

其他接入交换机的配置方法略。

2）配置汇聚交换机 A

汇聚交换机 A 主要功能是接入总公司业务部门的计算机，给电脑分配 IP 地址，实现不同 VLAN 电脑之间的三层路由，并上连到互连路由器 A 和上网路由器 B 和 C。

(1) 配置 VLAN 接口。

ZXR10#conf t

ZXR10(config)#switchvlan-configuration   //配置财务部门等 7 个 VLAN

ZXR10(config-swvlan)#vlan 10

ZXR10(config-swvlan-sub-10)#exit

ZXR10(config-swvlan)#vlan 20

ZXR10(config-swvlan-sub-20)#exit

ZXR10(config-swvlan)#vlan 30

ZXR10(config-swvlan-sub-30)#exit

ZXR10(config-swvlan)#vlan 40

ZXR10(config-swvlan-sub-40)#exit

ZXR10(config-swvlan)#vlan 50

ZXR10(config-swvlan-sub-50)#exit

ZXR10(config-swvlan)#vlan 60

ZXR10(config-swvlan-sub-60)#exit

ZXR10(config-swvlan)#vlan 70

ZXR10(config-swvlan-sub-70)#exit

ZXR10(config-swvlan)#interface gei-0/1/1/5

ZXR10(config-swvlan-if-gei-0/1/1/5)#switchport mode trunk

ZXR10(config-swvlan-if-gei-0/1/1/5)##switchport trunk vlan 10

ZXR10(config-swvlan-if-gei-0/1/1/5)##switchport trunk vlan 20

ZXR10(config-swvlan-if-gei-0/1/1/5)##switchport trunk vlan 30

ZXR10(config-swvlan-if-gei-0/1/1/5)#exit

ZXR10(config)#interface gei-0/1/1/5.1   //财务部门接口

ZXR10(config-if-gei-0/1/1/5.1)#ip address 192.168.0.1 255.255.255.224

ZXR10(config-if-gei-0/1/1/5.1)#no shutdown

ZXR10(config-swvlan-if-gei-0/1/1/5.1)#exit

ZXR10(config)#interface gei-0/1/1/5.2   //行政部门接口

ZXR10(config-swvlan-if-gei-0/1/1/5.2)#ip address 192.168.0.33 255.255.255.224

ZXR10(config-swvlan-if-gei-0/1/1/5.2)#no shutdown

ZXR10(config-swvlan-if-gei-0/1/1/5.2)#exit

ZXR10(config-swvlan)#interface gei-0/1/1/5.3   //人事部门接口

ZXR10(config-swvlan-if-gei-0/1/1/5.3)#ip address 192.168.0.65 255.255.255.224

ZXR10(config-swvlan-if-gei-0/1/1/5.3)#no shutdown

ZXR10(config)#switchvlan-configuration

ZXR10(config-swvlan)#interface gei-0/1/1/6   //研发部门 VLAN 端口配置

ZXR10(config-swvlan-if-gei-0/1/1/6)#switchport mode trunk

ZXR10(config-swvlan-if-gei-0/1/1/6)#switchport trunk vlan 40

ZXR10(config-swvlan-if-gei-0/1/1/6)#exit

ZXR10(config-swvlan)#interface gei-0/1/1/7

ZXR10(config-swvlan-if-gei-0/1/1/7)#switchport mode trunk

ZXR10(config-swvlan-if-gei-0/1/1/7)#switchport trunk vlan 40

ZXR10(config-swvlan-if-gei-0/1/1/7)#exit

ZXR10(config-swvlan)#interface gei-0/1/1/8

ZXR10(config-swvlan-if-gei-0/1/1/8)#switchport mode trunk

ZXR10(config-swvlan-if-gei-0/1/1/8)#switchport trunk vlan 40

ZXR10(config-swvlan-if-gei-0/1/1/8)#exit

ZXR10(config)#interface vlan40   //研发部接口

ZXR10(config-if-vlan40)#ip address 192.168.1.1 255.255.255.0

ZXR10(config-if-vlan40)#no shutdown

（2）在每个 VLAN 接口上配置 DHCP 服务，该接口连接的计算机可以自动获取 IP 地址、网关等配置。

以下是财务部门的 DHCP 配置：

ZXR10(config)#ip pool pool-caiwu

ZXR10(config-ip-pool)#range 192.168.0.2 192.168.30.253 255.255.255.224

ZXR10(config-ip-pool)#exit

ZXR10(config)#ip dhcp pool pool-caiwu

ZXR10(config-dhcp-pool)#ip-pool pool-caiwu

ZXR10(config-dhcp-pool)#lease-time 15 0 0

ZXR10(config-dhcp-pool)#dns-server 202.102.128.68

ZXR10(config-dhcp-pool)#default-router 192.168.0.1

ZXR10(config-dhcp-pool)#exit

ZXR10(config)#ip dhcp policy policy1 1

ZXR10(config-dhcp-policy)#dhcp-pool pool-caiwu

ZXR10(config-dhcp-policy)#exit

ZXR10(config)#dhcp

ZXR10(config-dhcp)#enable

ZXR10(config-dhcp)#interface gei-0/1/1/5.1

ZXR10(config-dhcp-if-gei-0/1/1/5.1)#mode server

ZXR10(config-dhcp-if-gei-0/1/1/5.1)#policy policy1

ZXR10(config-dhcp-if-gei-0/1/1/5.1)#exit

ZXR10(config-dhcp)#

以下是行政部门的 DHCP 配置：

ZXR10(config)#ip pool pool-xingzheng

ZXR10(config-ip-pool)#range 192.168.0.34 192.168.0.62 255.255.255.224

ZXR10(config-ip-pool)#exit

ZXR10(config)#ip dhcp pool pool-xingzheng

ZXR10(config-dhcp-pool)#ip-pool pool-xingzheng

ZXR10(config-dhcp-pool)#lease-time 15 0 0

ZXR10(config-dhcp-pool)#dns-server 202.102.128.68

ZXR10(config-dhcp-pool)#default-router 192.168.0.33

ZXR10(config-dhcp-pool)#exit

ZXR10(config)#ip dhcp policy policy2 1

ZXR10(config-dhcp-policy)#dhcp-pool pool-xingzheng

ZXR10(config-dhcp-policy)#exit

ZXR10(config)#dhcp

ZXR10(config-dhcp)#enable

ZXR10(config-dhcp)#interface gei-0/1/1/5.1

ZXR10(config-dhcp-if-gei-0/1/1/5.2)#mode server

ZXR10(config-dhcp-if-gei-0/1/1/5.2)#policy policy2

ZXR10(config-dhcp-if-gei-0/1/1/5.2)#exit

ZXR10(config-dhcp)#

其他部门的 DHCP 略。

（3）配置汇聚交换机路由。

以下是总公司到 B 分公司的路由：

ZXR10(config)#ip route 192.168.2.0 255.255.255.128 192.168.101.2

以下是总公司访问外网的路由：

ZXR10(config)#ip route 0.0.0.0 0.0.0.0 192.168.101.6

3）配置互连路由器 A

互连路由器 A 完成与 B 分公司的互联，并限制到其 Telnet 流量。

（1）配置 IP 接口地址。

ZXR10(config)#int gei_0/1

ZXR10(config-if)#no shutdown

ZXR10(config-if)#ip address 192.168.101.2 255.255.255.252 //路由器连接汇聚交换机 A 上连接口地址

ZXR10(config-if)#exit

ZXR10(config)#int fei_1/1

ZXR10(config-if)#porttype l3

ZXR10(config-if)#ip address 200.110.102.167 255.255.255.0 //路由器连接路由器 D 主用接口

ZXR10(config-if)#no shutdown

ZXR10(config-if)#exit

ZXR10(config)#int fei_1/2

ZXR10(config-if)#porttype l3

ZXR10(config-if)#ip address 201.11.109.91 255.255.255.0 //路由器连接路由器 D 备用接口

ZXR10(config-if)#no shutdown

ZXR10(config-if)#exit

(2) 配置路由。

路由器 A 上到分公司 B 的主用路由和备用路由。

ZXR10(config)#ip route 192.168.2.0 255.255.255.128   200.110.102.168

ZXR10(config)#ip route 192.168.2.0 255.255.255.128 201.11.109.92 5 tag 200

路由器 A 上到总公司部门的路由：

ZXR10(config)#ip route 192.168.0.0 255.255.255.0 192.168.101.1

ZXR10(config)#ip route 192.168.1.0 255.255.255.0 192.168.101.1

路由器 A 访问外网的路由：

ZXR10(config)#ip route 0.0.0.0 0.0.0.0 192.168.101.1

(3) 配置 Telnet。

路由器配置好 IP 和路由后，Telnet 任一个接口地址即可使用。

(4) 限制 Telnet 流量。

按照要求，网络部门可以 Telnet 到路由器，其他部门不能 Telnet 到路由器。

ZXR10#conf t

ZXR10(config)# ip access-list extend   121

ZXR10(config-ipv4-acl)#permit tcp 192.168.0.96 0.0.0.31 any eq 23

ZXR10(config-ipv4-acl)# deny tcpany any eq 23

ZXR10(config-ipv4-acl)#permitip any any

ZXR10(config-ipv4-acl)# exit

ZXR10(config)#interfacegei_0/1

ZXR10(config-if)# ip access 121 in

ZXR10(config-if)#exit

ZXR10(config)#exit

ZXR10#write

4) 配置上网路由器 B

上网路由器主要让公司内部可以访问外网，以及让外网用户访问公司内部的云服务器，还要限制 Telnet 流量。

(1) 配置接口 IP 地址。

ZXR10(config)#int gei_0/1

ZXR10(config-if)#no shutdown

ZXR10(config-if)#ip address 192.168.101.6 255.255.255.240 //路由器B连接汇聚交换机A上连接口地址

ZXR10(config-if)#exit

ZXR10(config)#int fei_1/1

ZXR10(config-if)#porttype l3

ZXR10(config-if)#ip address 201.101.102.178 255.255.255.0 //路由器B连接外网接口

ZXR10(config-if)#no shutdown

（2）配置路由。

上网默认路由：

ZXR10(config)#ip route 0.0.0.0 0.0.0.0 201.101.102.179

到B分公司回程路由：

ZXR10(config)#ip route 192.168.2.0 255.255.255.128 192.168.101.5

到总公司部门的回程路由：

ZXR10(config)#ip route 192.168.0.0 255.255.255.0 192.168.101.5

ZXR10(config)#ip route 192.168.1.0 255.255.255.0 192.168.101.5

（3）配置NAT。

ZXR10#conf t

ZXR10(config)#ip nat start

ZXR10(config)#interface gei_0/1

ZXR10(config-if)#ip nat inside

ZXR10(config-if)#exit

ZXR10(config)#interface fei_1/1

ZXR10(config-if)#ip nat outside

ZXR10(config-if)#exit

ZXR10(config)# ip access-list standard4

ZXR10(config-std-acl)#permit 192.168.0.0 0.0.0.255

ZXR10(config-std-acl)#permit 192.168.1.0 0.0.0.255

ZXR10(config-std-acl)#permit 192.168.2.0 0.0.0.127

ZXR10(config-std-acl)#exit

ZXR10(config)#ip nat pool pooltoout211.12.24.201 211.12.24.203 prefix-length 24

ZXR10(config)#ip nat inside source list4 pool pooltoout

ZXR10(config)#exit

ZXR10#write

（4）配置PAT。

ZXR10(config)#ip nat start

ZXR10(config)#interfacegei_0/1

ZXR10(config-if)#ip nat inside

ZXR10(config-if)#exit

ZXR10(config)#interfacefei_1/1

ZXR10(config-if)#ip nat outside

ZXR10(config-if)#exit

ZXR10(config)#ip nat inside source static tcp 192.168.0.249 60000 211.12.24.204 60000

ZXR10(config)#exit

(5) 配置 VRRP。

ZXR10(config)#interface gei_0/1

ZXR10(config-if)#ip address 192.168.101.6 255.255.255.240

ZXR10(config-if)#vrrp 1 ip 192.168.101.6

ZXR10(config-if)#exit

(6) 限制流量。

ZXR10(config)#ip access-list extended 122

ZXR10(config-ext-acl)#permit tcp any 80 any eq 80

ZXR10(config-ext-acl)#permit tcp any any eq 8080

ZXR10(config-ext-acl)#permit tcp any any eq 60000

ZXR10(config-ext-acl)#deny ip any any

5) 配置核心交换机 C

核心交换机 C 和汇聚交换机 A 之间有两条 LACP 链路，在核心交换机上进行 LACP 配置。

(1) 配置核心交换 C 上的 VLAN 和绑定接口。

ZXR10(config)#switchvlan-configuration

ZXR10(config-swvlan)#vlan 104

ZXR10(config-swvlan-sub)#switchport pvid gei-0/1/1/5

ZXR10(config-swvlan-sub)# switchport pvid gei-0/1/1/6

ZXR10(config-swvlan-sub)#switchport pvid gei-0/1/1/7

ZXR10(config-swvlan-sub)# switchport pvid gei-0/1/1/8

ZXR10(config-swvlan-sub)# interface gei-/1/1/5

ZXR10(config-swvlan-if-gei-0/1/1/5)#switchport mode trunk

ZXR10(config-swvlan-if-gei-0/1/1/5)#switchport trunk vlan 104

ZXR10(config-swvlan-sub)#interface gei-/1/1/6

ZXR10(config-swvlan-if-gei-0/1/1/6)#switchport mode trunk

ZXR10(config-swvlan-if-gei-0/1/1/6)#switchport trunk vlan 104

ZXR10(config-swvlan-sub)# interface gei-/1/1/7

ZXR10(config-swvlan-if-gei-0/1/1/7)#switchport mode access

ZXR10(config-swvlan-if-gei-0/1/1/7)#switchport access vlan 104

ZXR10(config-swvlan-sub)#interface gei-/1/1/8

ZXR10(config-swvlan-if-gei-0/1/1/8)#switchport mode access

ZXR10(config-swvlan-if-gei-0/1/1/8)#switchport access vlan 104

(2)配置接口 5 和接口 6 的 LACP。

ZXR10(config)#interface smartgroup1

ZXR10(config-if-smartgroup1)#switch attribute enable

Would you change the L2/L3 attribute of the interface?[yes/no]:yes

ZXR10(config-if-smartgroup1)#exit

ZXR10(config)#lacp

ZXR10(config-lacp)#interface smartgroup1

ZXR10(config-lacp-sg-if-smartgroup1)#lacp mode 802.3ad

ZXR10(config-lacp-sg-if-smartgroup1)#lacp load-balance dst-mac

ZXR10(config-lacp-sg-if-smartgroup1)#lacp minimum-member 1

ZXR10(config-lacp-sg-if-smartgroup1)#exit

ZXR10(config-lacp)#interface gei-0/1/1/5

ZXR10(config-lacp-member-if-gei-0/1/1/5)#smartgroup 1 mode active

ZXR10(config-lacp-member-if-gei-0/1/1/5)#lacp timeout short

ZXR10(config-lacp-member-if-gei-0/1/1/5)#exit

ZXR10(config-lacp)#interface gei-0/1/1/6

ZXR10(config-lacp-member-if-gei-0/1/1/6)#smartgroup 1 mode active

ZXR10(config-lacp-member-if-gei-0/1/1/6)#lacp timeout short

ZXR10(config-lacp-member-if-gei-0/1/1/6)#exit

(3)配置连接云服务器的接口地址。

ZXR10(config)#interface vlan104

ZXR10(config-if-vlan104)#ip address 192.168.0.250 255.255.255.252

ZXR10(config-if-vlan104)#no shutdown

6. 学生任务

上面的任务实施并没有完成全部设备的规划和配置,其余的数据规划和数据配置,请同学们完成:

任务 1:完成汇聚交换机 B、互连路由器 B 和上网路由器 C 的路由规划。

任务 2:根据总部财务接入交换机配置方法及数据规划,完成总公司其余 6 个接入交换机和 B 分公司 4 个加入交换机配置。

任务 3:完成汇聚交换机 A 的网络、销售和服务的端口和接口配置,完成人事、研发、网络、销售和服务部门的 DHCP 配置。

任务 4:根据汇聚交换机 A 配置方法及数据规划,完成汇聚交换机 B 配置。

任务 5:根据互连路由器 A 配置方法及数据规划,完成互连路由器 D 配置。

任务 6:根据上网路由器 B 配置方法及数据规划,完成上网路由器 C 配置。

项目评估

1. 规划、配置和状态评估

任务完成之后,教师按照表 10-12 ~ 表 10-17 中的内容来评估每个学生的任务完成情况,或者学生按照表 10-12 ~ 表 10-17 中的内容来自评任务完成情况。

表 10-12 路由规划评估表

项目名称:企业简单组网实战		学生:	日期:	
评估任务 1:汇聚交换机 B、互连路由器 B 和上网路由器 C 的路由规划	分值	评价标准	评估结果	得分情况
1. 汇聚交换机 B 规划	30	规划路由与组网图吻合,有明细和汇总路由而且正确,每处错误扣 10 分,扣完为止		
2. 互连路由器 B 规划	30	规划路由与组网图吻合,有明细和汇总路由而且正确,每处错误扣 10 分,扣完为止		
3. 上网路由器 C 规划	40	规划路由与组网图吻合,有明细和汇总路由而且正确,每处错误扣 10 分,扣完为止		
总分:				

表 10-13 接入交换机任务评估表

项目名称:企业简单组网实战		学生:	日期:	
评估任务 2:总公司其余 6 个接入交换机和 B 分公司 4 个加入交换机配置	分值	评价标准	评估结果	得分情况
1. 配置命令输入	50	VLAN 配置输入命令正确完成,每个交换机 5 分,共 10 台交换机 50 分		
2. 配置检查	40	show VLAN 显示 VLAN 端口配置与规划数据相符,每台交换机 4 分,10 台交换机 40 分		
3. 状态检查	10	VLAN 状态为 enable,每个状态异常扣 2 分,扣完为止		
总分:				

表 10-14　汇聚交换机 A 任务评估表

项目名称：企业简单组网实战		学生：	日期：	
评估任务 3：汇聚交换机 A 未完成的数据配置（网络、销售和服务的端口和接口配置，人事、研发、网络、销售和服务部门的 DHCP 配置）	分值	评价标准	评估结果	得分情况
1. 配置命令输入	50	配置命令输入正确，顺利完成配置；未完成不得分		
2. 配置检查	10	show VLAN 和 show interface 命令执行结果和规划数据一致，不一致的，每处扣 2 分，扣完为止		
	10	show ip DHCP configuration 命令执行结果和规划数据一致，不一致的，每处扣 2 分，扣完为止		
	15	show ip for route 命令执行结果和规划数据一致，只要错一处就完全不得分		
	5	show lacp 命令执行结果与规划数据一致，错误不得分		
3. 状态检查	10	接口状态 up，DHCP 状态 enable，LACP 状态 enable，每错一处扣 5 分，扣完为止		
总分：				

表 10-15　汇聚交换机 B 任务评估表

项目名称：企业简单组网实战		学生：	日期：	
评估任务 4：汇聚交换机 B 配置	分值	评价标准	评估结果	得分情况
1. 配置命令输入	50	配置命令输入正确，完成配置。未完成不得分		
2. 配置检查	10	show VLAN 和 show interface 命令执行结果和规划数据一致，不一致的，每处扣 2 分，扣完为止		
	10	show ip DHCP configuration 命令执行结果和规划数据一致，不一致的，每处扣 2 分，扣完为止		
	20	show ip for route 命令执行结果和规划数据一致，错误一处完全不得分		
3. 状态检查	10	接口状态 up，DHCP 状态 enable，每错一处扣 5 分，扣完为止		
总分：				

表 10-16　互连路由器 D 任务评估表

项目名称：企业简单组网实战		学生：	日期：	
评估任务 5：互连路由器 D 配置	分值	评价标准	评估结果	得分情况
1. 配置命令输入	50	所有配置命令输入正确，完成配置；未完成不得分		
2. 配置检查	10	show interface 命令执行结果和规划数据一致，每错一处扣 5 分，扣完为止		
	10	show ip route 命令执行结果和规划路由数据一致，每错一处扣 5 分，扣完为止		
	20	show access-list 显示 ACL 配置与规划数据一致，不一致不得分		
3. 状态检查	10	接口状态 up，ACL 为 enable，每错一处扣 5 分，扣完为止		
总分：				

表 10-17　上网路由器 C 任务评估表

项目名称：企业简单组网实战		学生：	日期：	
评估任务 6：网路由器 C 配置	分值	评价标准	评估结果	得分情况
1. 配置命令输入	50	所有配置命令输入正确，完成配置；未完成不得分		
2. 配置检查	5	show interface 命令执行结果和规划数据一致，不一致的每处扣 5 分，扣完为止		
	10	show ip route 命令执行结果和规划路由数据一致，每错一处扣 5 分，扣完为止		
	10	show ip nat translations 显示 NAT 和 PAT 数据规划一致，不一致的得 0 分		
	5	show vrrp 命令显示 VRRP 配置和规划数据一致，不一致的得 0 分		
	10	show access-list 显示 ACL 配置与规划数据一致，不一致的得 0 分		
3. 状态检查	10	接口状态激活，NAT 使用中；VRRP 激活，ACL 应用中。每错一处扣 5 分，扣完为止		
总分：				

2. 功能评估

配置评估完成之后，教师按照表 10-18 中的内容来评估每个学生的任务完成情况，或者学生按照表 10-18 中的内容来自评任务完成情况。

表 10-18　任务评估表

项目名称：企业简单组网实战		学生：	日期：	
评估任务 7：网络功能评估	分值	评价标准	评估结果	得分情况
1. VLAN 隔离验证	10	断掉公司总部的 S1 交换机到汇聚交换机 A 的网线，财务部门、行政部门和人事部门的交换机互相 ping 不通，否则不得分		
2. VLAN 三层路由测试	20	公司总部和 B 分公司的任意两台计算机之间可以 ping 通，否则不得分		
3. 电脑获取 IP 地址	10	所有电脑均可自动获取 IP 地址，而且 IP 地址获取正确，否则不得分		
4. 公司总部和 B 分公司之间备份路由	10	当断掉互联路由器 A 和 D 之间的主用链路时，公司总部和 B 分公司之间的 ping 短暂中断又继续，否则不得分		
5. 公司总部和 B 分公司浏览网页	20	公司总部和 B 分公司的电脑都可以浏览网页，但是仅仅只能浏览网页，其他业务失败，否则不得分		
6. 公司云服务系统访问	10	在外网和公司内网均可以使用云服务系统，否则不得分		
7. 路由器 Telnet 流量	10	只有网络部的电脑能够 Telnet 到路由器，其他部门的计算机都不能，否则不得分		
8. 访问外网备份	5	当路由器 B 掉电后，路由器 C 接管业务，浏览器和访问云服务系统正常，否则不得分		
9. 云服务器链路绑定	5	断掉核心交换机 C 和汇聚交换机之间的一条链路，云服务器系统访问正常，否则不得分		
总分：				

任务拓展

（1）如果路由采用 OSPF 协议，这个公司网络的路由规划和配置应该怎么做？

（2）如果汇聚交换机 A 和 B 均采用主备配置，该如何设计网络？又该如何规划数据？为了使网络中不出现环路，应如何配置交换机？

附　录

英文全称和中文翻译

英文缩写	英文全称	中文翻译
AAA	Authentication、Authorization、Accounting	认证授权加密
ABR	Area Border Router	区域边缘路由器
ACL	Access Control List	访问控制列表
ARP	Address Resolution Protocol	地址解析协议
ARPANET	Advanced Research Projects Agency Network	阿帕网
AS	Autonomous System	自治系统
ASBR	Autonomous System Boundary Router	自治系统边界路由器
ASCII	American Standard Code for Information Interchange	美国标准信息交换码
ATM	Asynchronous Transfer Mode	异步传输模式
BDR	Backup Designated Router	备份指定路由器
BGP	Border Gateway Protocol	边界网关协议
BPDU	Bridge Protocol Data Unit	网桥协议数据单元
CCP	Communication Control Processor	通信控制处理机
CFI	Canonical Format Indicator	规范格式指示
CRC	Cyclic Redundancy Check	循环冗余校核
CSMA/CD	Carries Sense Multiple Access with Collision Detection	载波检测多路侦听
DCE	Data Communications Equipment	数据通信设备
DDN	Digital Data Network	数字数据网络
DHCP	Dynamic Host Configuration Protocol	动态主机配置协议
DNS	Domain Name System	域名系统
DP	Designated Port	选举指定接口
DR	Designated Router	指定路由器
DTE	Data Terminal Equipment	数据终端设备
DWDM	Dense Wavelength Division Multiplexing	密集波分复用
EBCDIC	Extended Binary Coded Decimal Interchange Code	广义二进制编码的十进制交换码
EGP	Exterior Gateway Protocols	外部网关协议
EPROM	Erasable Programmable Read-Only Memory	可擦写可编程只读存储器
FDDI	Fiber Distributed Data Interface	光纤分布式数据接口

续表

英文缩写	英文全称	中文翻译
FIB	Forwarding Information Base	转发信息库
FR	Frame Relay	帧中继
FTP	File Transfer Protocol	文件传输协议
GTP	GPRS Tunneling Protocol	GPRS 隧道协议
GUA	Global Unicast Address	全球单播地址
GW	Gateway	网关
HDLC	High-level Data Link Control	高级数据链路控制协议
HTML	Hyper Text Markup Language	超文本标记语言
HTTP	Hyper Text Transfer Protocol	超文本传输协议
HTTPS	Hyper Text Transfer Protocol over Secure Socket Layer	超文本安全协议
IAB	Internet Architecture Board	因特网架构委员会
IANA	Internet Assigned Number Authority	国际互联网分址机构
ICMP	Internet Control Message Protocol	Internet 控制报文协议
IDC	Internet Data Center	互联网数据中心
IEEE	Institute of Electrical and Electronics Engineers	电气和电子工程师协会
IGMP	Internet Group Manage Protocol	Internet 组管理协议
IGP	Interior Gateway Protocol	内部网关协议
IMS	IP Multimedia Subsystem	IP 多媒体子系统
IP	Internet Protocol	因特网协议
IPRAN	IP Radio Access Network	基于 IP 的无线接入网
IPTV	Internet Protocol Television	网络电视
IPv4	Internet Protocolversion 4	网际协议版本 4
ISDN	Public Switched Telephone Network	综合业务数据网
IS-IS	Intermediate System-to-Intermediate System	中间系统到中间系统
ISO	International Organization for Standardization	国际标准化组织
LACP	Link Aggregation Control Protocol	链路聚合控制协议
LACPDU	Link Aggregation Control Protocol Data Unit	链路聚合控制协议数据单元
LAG	Link Aggregation Group	链路聚合组
LAN	Local Area Network	局域网
LLA	Link-Local Address	链路本地地址
LLC	Logical Link Control	逻辑链路层
LSA	Link-State Advertisement	链路状态通告

续表

英文缩写	英文全称	中文翻译
LSDB	Link-State Database	链路状态数据库
MAC	Media Access Control	介质访问控制层
MAN	Metropolitan Area Network	城域网
MSTP	Multiple Spanning Tree Protocol	多生成树协议
MSTP	Multiple Spanning Tree Protocol	多生成树协议
NAPT	Network Address Port Translation	网络地址端口转换
NAT	Network Address Translation	网络地址转换
NBMA	Non-Broadcast Multiple Access	非广播-多路访问网络
NCP	Network Control Protocol	网络控制协议
OSI/RM	Open System Interconnection/Reference Model	开放系统互连参考模型
OSPF	Open Shortest Path First	开放式最短路径优先
PC	Personal Computer	个人计算机
PING	Packet Internet Grope	互联网包探索器
PON	Passive Optical Network	网络无源光网络
POP3	Post Office Protocol-Version 3	邮局协议版本3
POS	Packet Over SONET	同步光纤分组网络
PPP	Point to Point Protocol	点到点协议
PRI	Primary Rate Interface	基群速率接口
PSTN	Public Switched Telephone Network	公共交换电话网
PTN	Packet Transport Network	分组传送网
PVID	Port Default VLAN ID	端口默认的虚拟局域网标识
RB	Root Bridge	根桥
RIP	Routing Information Protocol	路由信息协议
RP	Root Port	根接口
RSTP	Rapid Spanning Tree Protocol	快速生成树协议
SAP	Service Access Point	服务访问点
SCTP	Stream Control Transmission Protocol	流控制传输协议
SDH	Synchronous Digital Hierarchy	同步数字体系
SFP	Small Form Pluggable	小型可插拔
SMTP	Simple Mail Transfer Protocol	简单邮件传输协议
SNMP	Simple Network Management Protocol	简单网络管理协议
SPF	Shortest Path First	最短路径优先

续表

英文缩写	英文全称	中文翻译
SSH	Secure Shell	安全外壳协议
SSL	Secure Sockets Layer	安全套接字协议
STP	Shielded Twisted Pair	屏蔽双绞线
STP	Spanning Tree Protocol	生成树协议
TCP	Transmission-Control Protocol	传输控制协议
TDM	Time-Division Multiplexing	时分复用
RLP	Remote Login Protocol	远程登录协议
TLS	Transport Layer Security	网络传输层安全
TPID	Tag Protocol Identifier	标签协议标识
UDP	User Datagram Protocol	用户数据报协议
ULA	Unique Local Address	唯一本地地址
URL	Uniform Resource Locator	统一资源定位器
UTP	Unshielded Twisted Pair	屏蔽双绞线
VID	VLAN ID	虚拟局域网标识
VLAN	Virtual Local Area Network	虚拟局域网
VLSM	Variable Length Subnet Mask	可变长子网掩码
VoIP	Voice over Internet Protocol	基于 IP 的语音传输
VPN	Virtual Private Network	虚拟专网
VRID	Virtual Router Identifier	虚拟路由器标识符
VRRP	Virtual Router Redundancy Protocol	虚拟路由冗余协议
WAN	Wide Area Network	广域网
WWW	World Wide Web	万维网